NDK开发与实践

入门篇·微课视频版

蒋 超◎编著

清华大学出版社
北京

内 容 简 介

本书旨在通过深入的理论与丰富的实战案例，引领读者系统地学习 NDK 开发技术。

NDK 技术以其高安全性、卓越性能和高度复用性成为现代应用开发的关键技术之一。本书从基本概念出发，全面地介绍了 NDK 开发所需的核心基础知识，并详细地讲解了如何从零开始构建一个完整的 NDK 项目，以及如何利用集成开发环境高效地对 NDK 项目进行调试与优化。书中不仅涵盖了当前主流的开发技术和最佳实践，更通过理论与实践相结合的教学模式，让读者能够迅速地将所学知识应用于实际工作中，提高开发效率，打造出更优质的应用产品。

本书共 13 章，分为基础篇和实战篇。基础篇（第 1~8 章）详细讲述 NDK 开发理论基础及环境搭建相关知识。从 NDK 基础概念到交叉编译原理、CMake 基本语法的使用，逐步深入到 NDK 实战项目的运用；实战篇（第 9~13 章）利用基础篇所学内容搭建一个完整的 NDK 实战项目。本书示例代码丰富，实用性和系统性较强，并配有视频讲解，助力读者透彻地理解书中的重点、难点。

本书既适合初学者入门，精心设计的案例对于工作多年的开发者也有参考价值，并可作为高等院校和培训机构相关专业的教学参考书。

图书在版编目（CIP）数据

NDK开发与实践. 入门篇: 微课视频版/蒋超编著. -- 北京: 清华大学出版社, 2025. 2. -- (开发者成长丛书). -- ISBN 978-7-302-68303-2

Ⅰ. TN929.53

中国国家版本馆CIP数据核字第20256FG126号

责任编辑： 赵佳霓
封面设计： 刘　键
责任校对： 韩天竹
责任印制： 杨　艳

出版发行： 清华大学出版社
网　　址： https://www.tup.com.cn，https://www.wqxuetang.com
地　　址： 北京清华大学学研大厦 A 座　　**邮　　编：** 100084
社 总 机： 010-83470000　　**邮　　购：** 010-62786544
投稿与读者服务： 010-62776969，c-service@tup.tsinghua.edu.cn
质 量 反 馈： 010-62772015，zhiliang@tup.tsinghua.edu.cn
课 件 下 载： https://www.tup.com.cn,010-83470236
印 装 者： 大厂回族自治县彩虹印刷有限公司
经　　销： 全国新华书店
开　　本： 186mm×240mm　　**印　　张：** 16.5　　**字　　数：** 381 千字
版　　次： 2025 年 4 月第 1 版　　**印　　次：** 2025 年 4 月第 1 次印刷
印　　数： 1～1500
定　　价： 69.00 元

产品编号：104505-01

前言

PREFACE

随着互联网技术的不断发展，移动端技术日新月异，尤其是在 Android 开发领域。从最早的 Java 开发到现在的 Kotlin 流行，再到 NDK（Native Development Kit）在高性能需求场景中的广泛应用，Android 开发领域经历了巨大的变革。

笔者从业互联网多年，亲眼见证了移动端技术的发展历程。目前，NDK 作为 Android 开发中不可或缺的一部分，其生态系统日趋完善，越来越多的公司和个人开发者在利用 NDK 的强大功能提升应用性能和用户体验。NDK 使开发者可以使用 C 和 C++编写高效的代码，尤其在游戏开发、音视频处理等领域展现了强大的优势。

本书旨在系统地介绍 NDK 开发的完整学习路径，帮助读者从基础入门，逐步深入到实际应用。通过本书，读者可以全面掌握 NDK 的核心概念、编译方法、库的使用及开发调试技巧。书中不仅涵盖了 NDK 的基础知识和开发环境的搭建，还通过丰富的案例和代码示例，详细地讲解了 NDK 在实际项目中的应用。

本书的基础篇将带领读者从 NDK 的基本概念、JNI 的基础知识开始，逐步深入到动态库和静态库的使用场景、交叉编译、CMake 的使用等。我们将通过实战案例，展示如何在 Android Studio 中集成 NDK 环境，如何使用 CMake 进行项目管理，以及如何在实际开发中处理复杂的数据类型和函数调用。

本书的实战篇选取了 Opus 和 Breakpad 开源库作为案例，通过详尽的代码讲解和实战演练，帮助读者掌握 NDK 在大数据传输和音视频处理中的实际应用技巧。此外，本书还介绍了如何在 Android Studio 中进行 Native 代码的调试和问题跟踪，帮助开发者快速地定位和解决开发中的难题。

通过编写本书，笔者总结了多年的开发经验，并查阅了大量官方文档和技术资料。希望本书能帮助读者在 NDK 学习和开发的道路上少走弯路，提升技术水平，实现职业发展。愿本书成为开发者在 NDK 开发中的良师益友，帮助开发者开发出更加高效和优质的 Android 应用。

本书主要内容

第 1 章主要介绍了 NDK 的基础概念、学习方法、编译基础及 CMake 的基础概念，并解释了选择 CMake 的原因。

第 2 章主要讲述了如何在不同场景下搭建 NDK 开发环境，包括工具链的介绍和安装、Ubuntu 虚拟机的安装及独立 NDK 环境的配置。

第 3 章主要介绍了 NDK 的实际开发场景，包括使用集成开发环境进行源码集成、命令行预编译、预编译库在 IDE 中的集成方式及开源代码 FFmpeg 的交叉编译案例。

第 4 章主要讲解了 CMake 的基础使用、基本语法、调试方法及多模块使用案例。

第 5 章主要介绍了 NDK 开发中的基本数据类型、引用数据类型，以及 C/C++语言下引用类型的说明和常用数据类型操作函数的使用。

第 6 章主要解析了 NDK 开发中的核心知识点，包括 JavaVM、JNIEnv、全局引用和局部引用及 JNI 中的特殊函数。

第 7 章主要介绍了 NDK 开发的关键函数，涵盖了函数操作的基础知识及如何调用 Java 端的成员函数和静态函数。

第 8 章主要探讨了 NDK 中静态函数和动态函数的注册方式，详细地比较了两种注册方式的使用场景和优缺点。

第 9 章主要讲解了 NDK 开发中大数据量传输的关键知识点，包括 DirectByteBuffer 的介绍、如何使用 DirectByteBuffer 在 Java 和 Native 之间传输大数据及其使用场景。

第 10 章通过一个实战案例，主要介绍了如何使用开源库 opus 开发一款局域网 PTT 语音通话应用。该章节结合了前面所学的知识点，帮助读者加深理解。

第 11 章主要讲述了 NDK 调试的基础知识，包括如何使用集成开发环境调试 Native 代码。掌握调试技巧不仅可以快速地定位问题，还能通过调试快速地熟悉程序的运行逻辑。

第12章主要介绍了如何使用谷歌开源库捕获Native崩溃信息，通过编译和封装Breakpad开源库，加深对所学知识的理解。同时，介绍了线上捕获 Native 崩溃信息的原理及如何使用 addr2line 快速地定位崩溃位置的方法。

第 13 章主要分享了 NDK 开发中的一些最佳实践，帮助读者了解如何有效地降低在实际开发中出现问题的概率，提高开发效率和代码质量。

阅读建议

本书是一本基础入门、项目实战及原理剖析三位一体的技术教程，既包括详细的基础知识介绍，又提供了丰富的实际项目开发案例，每个代码片段都有详细的注释和操作说明。本书的基础知识、项目实战及原理剖析部分均提供了完整可运行的代码示例，帮助读者更好地自学全方位的技术体系。

建议没有 NDK 实际开发经验的读者从头开始，按照顺序详细地阅读每个章节。章节划分完全遵循线性思维，由浅入深、由易到难地介绍 NDK 开发及相关技术，严格按照顺序阅读可以帮助读者避免出现知识断层。

有 NDK 开发经验的读者可以快速地浏览第 1 章和第 2 章，从第 3 章开始进入研读状态。从第 3 章起将介绍 NDK 在实际开发中的应用场景和技术细节，包括源码集成、预编译库的使用及开源代码的交叉编译案例。由于在实际项目中涉及从头搭建项目的情况较少，所以这部分内容可以帮助读者补充开发场景中的空白部分。

第 4 章在第 3 章的基础上进一步地介绍了 CMake 的使用方法和多模块管理，完全性方面符合企业级项目的开发流程和标准。在阅读第 4 章时，可按照书中的步骤仔细编码，结合步骤示例代码的注释和文字说明，帮助读者避免运行错误。

第 5 章到第 7 章详细地介绍了 NDK 开发中的核心知识点和关键函数，包括数据类型操作、JNI 的使用及函数调用。这部分内容深入地解析了 NDK 的核心技术，建议读者多做练习，通过实践加深理解。

第 8 章讲述了 NDK 中静态函数和动态函数的注册方式及其优缺点，这部分内容对于优化 NDK 开发中的函数注册和调用至关重要。

第 9 章和第 10 章为实战篇，通过实际案例介绍了 NDK 在大数据传输和音视频处理中的应用。建议读者在阅读这些章节时，结合前面所学知识进行综合应用，进一步地提升自己的开发技能。

第 11 章到第 13 章介绍了 NDK 开发中的调试技巧、崩溃信息捕获及最佳实践。这部分内容非常重要，可以帮助读者在开发过程中快速地定位和解决问题，提高开发效率和代码质量。

通过系统学习本书内容，读者将能够全面掌握 NDK 开发的各方面，提升自己的技术水平，开发出高性能、高质量的 Android 应用程序。祝各位读者学习愉快，开发顺利！

资源下载提示

素材（源码）等资源：扫描目录上方的二维码下载。

视频等资源：扫描封底的文泉云盘防盗码，再扫描书中相应章节的二维码，可以在线学习。

致谢

感谢我的家人及朋友们在写作过程中给予的大力支持，使我能够更专注地向读者展示相关知识。

由于时间仓促，书中难免存在不足之处，敬请读者见谅，并欢迎提出宝贵意见。

蒋　超

2025 年 1 月

目录

CONTENTS

教学课件（PPT）

本书源码

基础篇

实 战 篇

基 础 篇

第1章

NDK 入门基础

在学习新的内容之前，先介绍学习方法，学习新的知识一般可分为以下几个阶段：

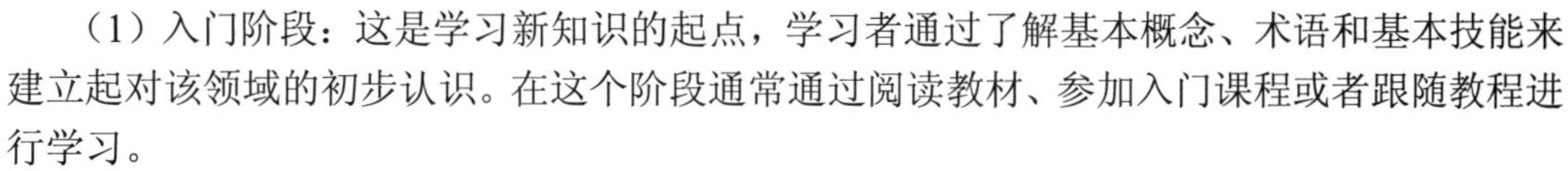

（1）入门阶段：这是学习新知识的起点，学习者通过了解基本概念、术语和基本技能来建立起对该领域的初步认识。在这个阶段通常通过阅读教材、参加入门课程或者跟随教程进行学习。

（2）基础阶段：在入门阶段之后，学习者会进一步深入地学习该领域的基础知识和技能。这个阶段的学习内容通常更加详细和系统化，学习者需要通过学习和实践练习来巩固所学的知识。

（3）进阶阶段：一旦掌握了基础知识和技能，学习者可以进入进阶阶段，深入研究该领域的高级概念和技术。在这个阶段，学习者可以选择更加专业化的学习路径，如深入研究某个特定领域的细节或者探索该领域的前沿技术。

（4）实践阶段：在学习新知识的过程中，实践是非常重要的一部分。在实践阶段，学习者需要将所学的知识应用到实际问题中，通过实际操作和项目实践来提升自己的技能和经验。

上面的阶段并不是严格划分的，而是相互交织和渗透的，要在学习新知识时尽可能地贯穿这些阶段，这样才能使理解更深入，避免死记硬背。以上是学习的一种方法，接下来开始学习 NDK 的相关知识。

1.1 NDK 的概念

NDK 的全称为 Native Development Kit，是一个开发套件/工具集，提供了平台库、工具链、调试工具等。可以让开发者在 Android 中轻松调用 C/C++代码，如开源的 C/C++库。可以让开发者方便地使用原生组件，例如传感器、Activity、触摸输入等。

对于不同的平台，Android 官方提供了相应的 NDK 版本，以满足开发者在不同平台上开发的需要，如 Windows、macOS、Linux 系统。

1.1.1 JNI 的基础概念

对于初学者，刚接触 JNI 和 NDK 时会分不清楚这两个概念。JNI（Java Native Interface）

是一个允许 Java 代码与其他语言（通常是 C/C++语言）进行交互的编程接口。它允许 Java 应用程序调用本地（Native）的方法，也允许本地代码调用 Java 方法。总体来讲，它提供了一组接口，允许 Java 通过这些接口和 C/C++之间进行相互调用、通信，而 NDK 正如上面所说，是一个工具集，是提供平台库、工具链、调试工具的一个集合。对于平时开发而言，一般 NDK 开发或 JNI 开发代表同一个意思，后面以 NDK 开发为主。另外，除了这两个概念以外，通常将 C/C++所编写的函数称为 Native 函数。

1.1.2 NDK 的使用场景

开发者除了需要了解 NDK 开发的相关方法外，还要了解 NDK 的一些使用场景，以及为什么有了 Java/Kotlin 还需要 NDK 开发。对于 Android 开发者，在大部分情况下是以 Java/Kotlin 语言为主的，并不涉及 C/C++的开发，但有时出于可移植、性能等原因需要用到 C/C++，主要有以下场景。

1. 移植性

并非所有平台都支持Java/Kotlin语言环境，而C/C++受到广泛支持，这时可以使用C/C++开发核心功能，提高代码的可移植性，通常只需在不同的平台上进行编译或进行小的改动便可直接使用。

2. 重复利用

现有的库（例如以前遗留的库是使用 C/C++开发的），或者提供自己的库供重复使用。

3. 高性能

C/C++的执行效率要高于 Java，因为 Java 编译后为 class 文件，是运行在 Java 虚拟机（Java Virtual Machine, JVM）上的，需要虚拟机解释后变成机器语言再执行，而 C/C++直接被编译成机器语言，中间少了不少步骤，所以在特定场景下为了提高性能，特别是像游戏、音视频或者计算密集型应用推荐使用 C/C++。

1.1.3 NDK 的学习方法

对于很多想学习 NDK 的开发者，自己在网上查询了很久，也看了不少资料或者书籍却始终无法入门，原因是网上的资料太过零散、官方的资料看不懂、书籍过老，很多开发方法现在已经不适用、自身缺少很多相关的基础知识，对基础术语不了解等，从而导致入门困难。结合以上原因，推荐以下学习方法。

1. 基础知识

系统学习相关术语、概念并理解这些术语和概念的实际意思及区别。

2. 结合基础知识进行实战

结合当前开发环境对相关基础进行实战，加深理解。

3. 学习官方文档及示例

在经过以上几个步骤的学习之后，基本上就有了自学的能力了，可根据实际问题去查阅官方文档，以及学习官方示例。

1.1.4 开发资料

开发资料主要以官方为主，在学习完基础知识之后，读者可尝试着阅读官方文档和相关示例程序来进一步提高相关知识技能。

NDK 官方文档主要介绍了 NDK、编译工具、调试、高级用法等知识，是权威的 NDK 开发文档，网址为 https://developer.android.google.cn/ndk/guides?hl=zh-cn。

NDK Demo 主要为 NDK 开发的各种示例的代码，从最简单的 Hello World 到本地 Activity、Audio、Codec、Sensor 等高级使用示例，是学习 NDK 开发的参考资料，网址为 https://github.com/android/ndk-samples/tree/main。

CMake 的语法在线文档讲解了 CMake 的各种用法，由于当前 NDK 开发的编译脚本主流为 CMake，所以掌握 CMake 是很有必要的，在学习了基础的 CMake 用法之后，如果遇到了比较复杂的语法，则可以在该文档中找到参考用法。

1.2 编译概念

在一般的 Android 应用开发中，开发者不需要关心应用是如何编译出来的，因为 Android Studio 已经做好了，开发者只需单击“构建”按钮便可完成所有编译动作，但是在 NDK 开发中，需要开发者自己写编译脚本，针对不同平台配置不同的参数，这就需要开发者了解与编译相关的知识，以便在不同的场景下编写合适的脚本。

对于很多初学者，可能不太了解什么是动态库，以及什么是静态库。在纯 Android 应用开发中在大多数情况下是接触不到这两种库的，因为很多事 IDE 已经做了，但是在 NDK 中，就需要简单地了解一下它们的区别及应用场景，以便在 NDK 开发中能够灵活地选择合适的方式。

注意： 本书会从上层应用的视角介绍静态库和动态库的概念及应用场景。主要原因是对于初学者不需要关注的细节，先学会用，再进阶，并且从零开始讲解会非常复杂，涉及的知识比较多，篇幅较长，对于初学者并不友好。下面主要以 C 语言及 Ubuntu Linux 的环境展开讲解。

1.2.1 动态库

动态库是一种可重复利用的代码和数据的集合，它可以在程序运行时动态地加载和链接到应用程序中。在编译时动态库不会被链接到应用程序中，而是在程序运行时被加载到内存中。动态库的优点是它可以被多个程序所共享，并且可以在运行时更新或替换。这意味着一个库被更新时，无须重新编译整个程序，只需替换对应的库文件就可以了，这样可以降低程序的维护成本，提高灵活性。

有编程经验的人都知道，编写好代码后，需要编译才能运行在机器上。那么这里的编译是什么？编译后的可执行文件又有哪些组成部分？在讲解动态库之前，先简单地讲解编译的过程，从使用的角度出发，对于初学者比较好切入，也对后面理解动态库有一定的帮助。

前文所讲的“编译”是一个比较笼统的概念，它实际上包括了很多个步骤，接下来以C语言的Hello World程序开始，讲解在C语言环境下的编译和执行，代码如下：

```
//第1章/hello_world.c
#include <stdio.h>

int main(int argc, const char *argv[]) {
    printf("Hello, World!\n");
    return 0;
}
```

将上面的代码保存为hello_world.c文件，然后使用gcc 命令编译hello_world.c，命令如下：

```
gcc hello_world.c
```

以上命令会在当前目录下生成名为a.out的可执行文件，直接使用./a.out即可执行，执行结果如下：

```
./a.out
Hello, World!
```

编译实际上可以分为预编译、编译、汇编及链接4个步骤，如图1-1所示。

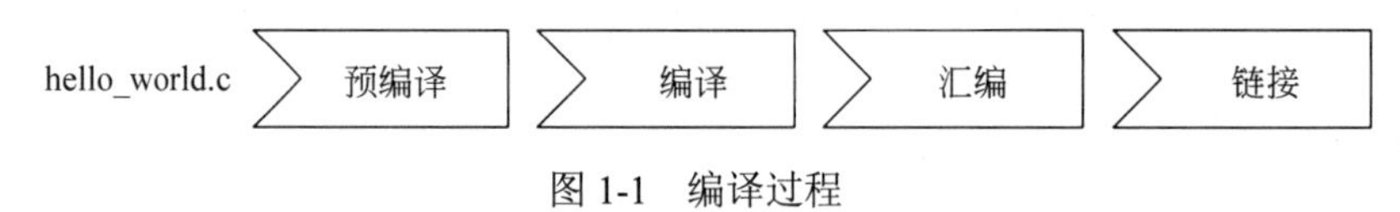

图1-1　编译过程

1. 预编译

编译器会对源代码进行预编译，将源码编译为后缀名为.i的文件。在gcc中使用-E命令生成预编译文件，命令如下：

```
gcc -E hello_world.c -o hello_world.i
```

预编译后的代码如下：

```
//第1章/hello_world.i
#0 "hello_world.c"
#0 "<built-in>"
...
typedef unsigned char __u_char;
typedef unsigned short int __u_short;
typedef unsigned int __u_int;
```

```
typedef unsigned long int __u_long;
…
extern void funlockfile (FILE *__stream) __attribute__ ((__nothrow__ ,
__leaf__));
#885 "/usr/include/stdio.h" 3 4
extern int __uflow (FILE *);
extern int __overflow (FILE *, int);
#902 "/usr/include/stdio.h" 3 4
#2 "hello_world.c" 2
#3 "hello_world.c"
char *ttt = "hello world";
int main(void)
{
    printf("%s\n", ttt);
    return 0;
}
```

完整的hello_world.i文件大概有七百多行，但实际上hello_world.c文件中仅有5行左右，那么为什么预编译后会多出来这么多内容呢？

可以回忆一下前面的源代码，在hello_world.c文件的第1行包含了一个头文件#include <stdio.h>，而预编译的主要作用就是处理这些以#开始的指令，例如这里的#include会将所有#include包含的文件的内容直接插入#include的地方。注意，这里是一个递归的过程，如果stdio.h还包含了其他的头文件，则头文件会将包含的文件的内容插入stdio.h文件中相应的位置，这就是预编译的作用。

预编译不仅处理头文件，所有以#开始的代码它都会处理，例如#define、#undefine、#if、#elif、#endif等。熟悉C语言的读者应该知道这些语法的用法，在预编译后它们会被处理成对应的代码，例如#define宏定义会在预编译阶段将所有的宏替换成实际的代码。同时，在预编译阶段也会忽略注释，例如//或/**/。

所以，经过预编译后的.i文件是不包含任何宏定义的，因为已经被展开替换了，也不包含头文件了，而是直接将头文件插入代码中。

2. 编译

编译可以简单地理解为将C语言转换成汇编的一个过程，计算机执行的是二进制指令，也就是形如010101的指令，而最贴近二进制指令的语言是汇编语言，后缀名为.s。由于不同平台（如x86、ARM、MIPS等）的指令集存在差异，寄存器和寻址模式存在差异，以及硬件的特性不同，所以汇编语言的移植性相对于C/C++语言会差一些。相较于汇编，C/C++语言有着比较好的移植性。这也是当前这个阶段存在的意义，它将预处理后的.i文件转换成当前平台的汇编指令，提高了代码的移植性，使高级语言不必过多地关心硬件特性。

使用gcc -S命令获得汇编代码，命令如下：

```
gcc -S hello_world.i -o hello_world.s
```

这样便会得到一个 hello_world.s 文件，代码如下：

```
//第1章/hello_world.s
    .file    "hello_world.c"
    .text
    .globl   ttt
    .section .rodata
.LC0:
    .string  "hello world"
    .section .data.rel.local,"aw"
    .align 8
    .type    ttt, @object
    .size    ttt, 8
ttt:
    .quad    .LC0
    .text
    .globl   main
    .type    main, @function
main:
.LFB0:
    .cfi_startproc
    endbr64
    pushq    %rbp
    .cfi_def_cfa_offset 16
    .cfi_offset 6, -16
    movq     %rsp, %rbp
    .cfi_def_cfa_register 6
    movq     ttt(%rip), %rax
    movq     %rax, %rdi
    call     puts@PLT
    movl     $0, %eax
    popq     %rbp
    .cfi_def_cfa 7, 8
    ret
    .cfi_endproc
.LFE0:
    .size    main, .-main
    .ident   "GCC: (Ubuntu 11.4.0-1Ubuntu1~22.04) 11.4.0"
    .section .note.GNU-stack,"",@progbits
    .section .note.gnu.property,"a"
    .align 8
    .long    1f - 0f
    .long    4f - 1f
```

```
    .long   5
0:
    .string   "GNU"
1:
    .align 8
    .long   0xc0000002
    .long   3f - 2f
2:
    .long   0x3
3:
    .align 8
4:
```

这是在 x86 环境下的代码，仅仅为了展示一下，只需有个概念就可以了，并不需要熟练掌握。

目前，只需知道汇编这个阶段的作用是提高代码的可移植性和优化代码就可以了。

注意：在不同的平台上得到的汇编代码不一定一样，后续章节将深入讲解。

3.汇编

在这个阶段，汇编器将编译器生成的汇编代码转化成机器指令，例如 01010101，生成目标文件(.o 文件)。这个目标文件包含了与特定架构相关的机器指令。同样地，看一下如何通过 gcc 生成目标文件，命令如下：

```
gcc -c hello_world.s -o hello_world.o
```

命令执行完成之后会得到 hello_world.o 文件，这里就不能直接使用 vim 编辑器打开了，直接打开文件后会看到乱码，因为字符编码格式不同，所以需要转换成十六进制进行查看。通过 vim hello_world.o 打开文件会看到乱码，如图 1-2 所示。

```
1 ^@?^O^^?UH??H?^E^@^@^@^@H???^@^@^@^@?^@^@^@^@]?hello world^@^@^@^@^@^@^@^@^@^@^@^@^@^@GCC:
```

图 1-2 hello_world.o

按 Esc 键，然后按快捷键 Shift+:，输入%!xxd，如图 1-3 所示。

```
~
hello_world.o [+][RO]
:%!xxd
```

图 1-3 使用十六进制查看命令

按 Enter 键，这样就会看到以十六进制展示的代码了，如图 1-4 所示。

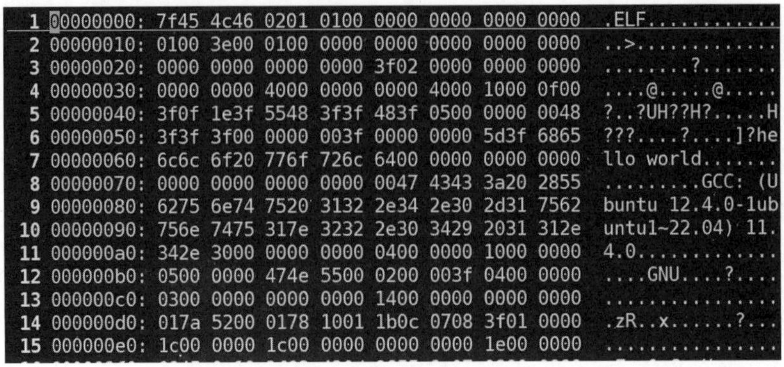

```
 1 00000000: 7f45 4c46 0201 0100 0000 0000 0000 0000  .ELF............
 2 00000010: 0100 3e00 0100 0000 0000 0000 0000 0000  ..>.............
 3 00000020: 0000 0000 0000 0000 3f02 0000 0000 0000  ........?.......
 4 00000030: 0000 0000 4000 0000 0000 4000 1000 0f00  ....@.....@.....
 5 00000040: 3f0f 1e3f 5548 3f3f 483f 0500 0000 0048  ?..?UH??H?.....H
 6 00000050: 3f3f 3f00 0000 003f 0000 0000 5d3f 6865  ???....?....]?he
 7 00000060: 6c6c 6f20 776f 726c 6400 0000 0000 0000  llo world.......
 8 00000070: 0000 0000 0000 0000 0047 4343 3a20 2855  .........GCC: (U
 9 00000080: 6275 6e74 7520 3132 2e34 2e30 2d31 7562  buntu 12.4.0-1ub
10 00000090: 756e 7475 317e 3232 2e30 3429 2031 312e  untu1~22.04) 11.
11 000000a0: 342e 3000 0000 0000 0400 0000 1000 0000  4.0.............
12 000000b0: 0500 0000 474e 5500 0200 003f 0400 0000  ....GNU....?....
13 000000c0: 0300 0000 0000 0000 1400 0000 0000 0000  ................
14 000000d0: 017a 5200 0178 1001 1b0c 0708 3f01 0000  .zR..x......?...
15 000000e0: 1c00 0000 1c00 0000 0000 0000 1e00 0000  ................
```

图 1-4　十六进制代码

汇编阶段的主要作用就是将汇编代码转换成二进制的目标文件，为下一步的链接做准备。

注意： 本书以 Ubuntu22.04 环境来进行开发，2.2 节会讲解如何搭建开发环境，这里先熟悉一下整个流程，后面搭建好环境之后再进行实践。这里如果提示没有这个命令，则可以通过 sudo apt install vim -y 命令安装。

4. 链接

在链接阶段，连接器对目标文件与其他必要的库文件进行链接，生成最终的可执行文件。连接器会处理符号解析、重定位等操作，以确保所有的符号都能正确地找到它们对应的地址。

在 Linux 环境中可以通过如下命令将多个目标文件（.o）链接成一个可执行文件，命令如下：

```
gcc -o executable file1.o file2.o
```

这样就会得到一个名为executable的可执行文件。当然，也可以直接使用gcc -o executable file1.c file2.c 命令生成可执行文件，这是因为 gcc 已经将这些过程包装在一起，前面拆开是为了方便理解各个阶段的作用。

5. 使用 gcc 生成动态库

生成动态库和生成可执行文件的步骤类似，但是需要使用-shared -fpic 参数来指示编译器生成动态库文件，-fpic 表示需要生成位置无关代码，位置无关代码可以保证动态库加载到不同的地址时，对变量和函数地址使用一个偏移表进行正确寻址，实际上，一些版本的 gcc 已经在-shared 参数中默认生成位置无关代码，但是为了统一和严谨，还是加上-fpic。有些书上和博客上也有加-fPIC 的，这个参数和-fpic 类似，对于部分 CPU 架构，上述的偏移表的大小有限制，此时-fpic 会失效，需要使用-fPIC 生成动态库，此时生成的动态库会变得较大，当实在不能确定使用哪个选项时，推荐加-fPIC，下面通过一个例子来说明。创建头文件 func.h，代码如下：

```
//第 1 章/func.h
#ifndef FUNC_H
```

```
#define FUNC_H
#ifdef __cplusplus
extern "C"{
#endif

//函数声明
int add(int a, int b);

#ifdef __cplusplus
}
#endif

#endif
```

创建源文件 func.c，代码如下：

```
//第 1 章/func.c
#include "func.h"


/**
 * 两数相加
 * @param a  num1
 * @param b  num2
 * @return 两数的和
 */
int add(int a, int b){
   return a + b;
}
```

生成一个动态库，命令如下：

```
gcc-shared-fpic -o libfunc.so func.c
```

会得到一个 libfunc.so，如果是多个文件，则只需在后面追加文件名。无论是多少个源文件，其生成的原理都是一样的。文件列表如下：

```
├── func.c
├── func.h
└── libfunc.so
```

注意：这里直接使用源文件生成了动态库，也可以分步骤生成，先生成汇编文件，然后生成目标文件，最后生成动态库。读者可根据上面的编译原理的步骤自行尝试，最后只需执行 gcc -shared -fpic -o libfunc.so func.o 命令。一般直接使用源文件即可，只有多个目标文件需要同时链接到一起的情况下才需要生成目标文件。

---

6. 动态库的使用

创建一个可执行程序的源文件，它依赖这个动态库，文件的内容如下：

```
//第1章/main.c
#include <stdio.h>
#include "func.h"
int main(int argc, const char *argv[])
{
    int res = add(1, 2);
    printf("res = %d\n", res);
    return 0;
}
```

为了简单起见，将可执行文件和动态库文件放到一个目录中，文件列表如下：

```
├── func.c
├── func.h
├── libfunc.so
└── main.c
```

接下来，使用-l参数链接动态库，使用-L参数链接头文件目录，代码如下：

```
//可执行文件名          源文件      指定头文件目录      指定链接库(去掉lib和.so)
gcc -o executable    main.c    -L.              -lfunc
```

执行后得到executable的可执行文件，文件列表如下：

```
├── excutable
├── func.c
├── func.h
├── libfunc.so
└── main.c
```

但是当使用./excutable执行时会报错，意思是找不到这个库，错误如下：

```
./excutable
./excutable: error while loading shared libraries: libfunc.so: cannot open shared object file: No such file or directory
```

这是为什么？明明已指定了依赖库，也编译成功了，为什么在运行时却找不到？其实这就是动态库和静态库的一个很大的差异。对于动态库，在编译时并不会将库的内容打包进可执行文件中，只会保留这个库的信息，然后在运行时去特定的目录链接这个库。

使用ldd命令检查动态库的依赖，ldd命令不仅可以查看可执行文件所依赖的动态库，也可以查看动态库本身依赖的库，并显示依赖库的路径。如果能找到，则会显示它的全路径或名字；如果找不到，则会显示notfound。错误如下：

```
ldd executable
    linux-vdso.so.1 (0x00007ffc99355000)
    libfunc.so => not found   //这里可以看出，找不到这个库
    libc.so.6 => /lib/x86_64-linux-gnu/libc.so.6 (0x00007fd829a00000)
    /lib64/ld-linux-x86-64.so.2 (0x00007fd829df5000)
```

在 Linux 环境中，指定库的搜索路径是通过设置 LD_LIBRARY_PATH 这个环境变量来实现的。可以通过 echo 命令查看在默认情况下的 LD_LIBRARY_PATH：

```
echo $LD_LIBRARY_PATH
```

可以看到这个环境变量是空的，什么也不会输出，这就意味着在默认情况下系统只会在例如/lib、/usr/lib 等默认的路径下搜索所依赖的库，这也就是为什么库就在当前目录下，却出现找不到的错误。因为当前库的目录根本不在搜索的范围之内。

对于这个问题，有两种解决方案，第 1 种是将库放到/lib 或者/usr/lib 下；第 2 种方案是在编译可执行文件时指定链接库的路径。一般情况下不会使用第 1 种方案，因为第 1 种方案会“污染”系统库的环境。本例以第 2 种方式解决这个问题，其中用到了两个参数-Wl 和-rpath。

```
-Wl：用于将后面的参数传递给链接器
-rpath：是链接器的一个选项，用于指定运行时库搜索路径。在编译和链接过程中，可以使用
-Wl,-rpath 设置程序运行时的库的搜索路径
```

简单来讲，就是将动态库的所在目录传递给链接器。修改后的编译命令如下：

```
gcc -o executable main.c -L . -Wl,-rpath,
/home/jiangc/develop/test/helloworld/shared -lfunc
```

执行代码后的输出如下：

```
./executable
res = 3
```

此时，再使用 ldd 命令来查看可执行文件的依赖信息，对比发现，libfunc.so 可以找到了：

```
ldd executable
    linux-vdso.so.1 (0x00007ffe43189000)
    libfunc.so => /home/jiangc/develop/test/helloworld/shared/libfunc.so
(0x00007f4e42bcb000)
    libc.so.6 => /lib/x86_64-linux-gnu/libc.so.6 (0x00007f4e42800000)
    /lib64/ld-linux-x86-64.so.2 (0x00007f4e42bd7000)
```

到这里，动态库的编译及简单使用基本上讲解完了。另外，常用的命令还有 readelf，它可以帮助我们查看库的相关信息。

7. readelf 命令

readelf 是一个用于查看和分析 ELF(Executable and Linkable Format)文件的命令行工具。ELF 是一种可执行文件、共享库和目标文件的标准格式，被广泛地用于类 UNIX 系统中。

readelf 工具允许查看 ELF 文件的各种信息，如头部、节（section）、符号表等。以上面编译出来的 executable 为例来测试此命令的用法。

下面是一些常用的 readelf 命令的用法示例。

1）查看 ELF 文件头信息

命令如下：

```
readelf -h executable
//输出结果
ELF Header:
  Magic:   7f 45 4c 46 02 01 01 00 00 00 00 00 00 00 00 00
  Class:                             ELF64
  Data:                              2's complement, little endian
  Version:                           1 (current)
  OS/ABI:                            UNIX - System V
  ABI Version:                       0
  Type:                              DYN (Position-Independent Executable file)
  Machine:                           Advanced Micro Devices X86-64
  Version:                           0x1
  Entry point address:                   0x1080
  Start of program headers:              64 (bytes into file)
  Start of section headers:              14008 (bytes into file)
  Flags:                                 0x0
  Size of this header:                   64 (bytes)
  Size of program headers:               56 (bytes)
  Number of program headers:             13
  Size of section headers:               64 (bytes)
  Number of section headers:             31
  Section header string table index:30
```

- Magic: ELF 文件的魔数，用于识别 ELF 文件的标志。这里的值 7f 45 4c 46 表示 ELF 魔数。
- Class：文件的位数，这里是 ELF64，代表是 64 位的 ELF 文件。
- Data：文件的字节顺序，2’s complement,little endian 表示小端序（低字节在前）。
- Version: ELF 版本，这里是版本 1(current)。
- OS/ABI: 目标操作系统和 ABI(Application Binary Interface)，这里是 UNIX-System V。
- ABI Version：ABI 版本，这里是 0。
- Type：文件类型，这里是 EXEC，表示是可执行文件。
- Machine: 目标架构，这里是 Advanced Micro Devices X86-64，也就是常见的 X86-64。
- Version：版本信息，这里是 0x1。
- Entry point address：程序入口地址，表示程序从这个地址开始执行。
- Start of program headers：程序头表的起始位置。

- Start of section headers：节头表的起始位置。
- Flags：标志，这里是 0x0。
- Size of this header：文件头的大小。
- Size of program headers：程序头表的每个条目的大小。
- Number of program headers：程序头表中的条目数量。
- Size of section headers：节头表的每个条目的大小。
- Number of section headers：节头表中的条目数量。
- Section header string table index：节头字符串表索引，指示节头名字的字符串表的索引。

2）查看所有 section 的信息

命令如下：

```
readelf
There are 31 section headers, starting at offset 0x36b8:

Section Headers:
  [Nr] Name              Type             Address           Offset
       Size              EntSize          Flags  Link  Info  Align
  [ 0]                   NULL             0000000000000000  00000000
       0000000000000000  0000000000000000           0     0     0
  [ 1] .interp           PROGBITS         0000000000000318  00000318
       000000000000001c  0000000000000000   A       0     0     1
  [ 2] .note.gnu.pr[...] NOTE             0000000000000338  00000338
       0000000000000030  0000000000000000   A       0     0     8
  [ 3] .note.gnu.bu[...] NOTE             0000000000000368  00000368
       0000000000000024  0000000000000000   A       0     0     4
  [ 4] .note.ABI-tag     NOTE             000000000000038c  0000038c
       0000000000000020  0000000000000000   A       0     0     4
...
```

- Nr：节头的编号。
- Name：节的名称。
- Type：节的类型，如 NULL、NOTE、PROGBITS、SYMTAB 等。
- Address：节的虚拟地址。
- Offset：节在文件中的偏移量。
- Size：节的大小(字节)。
- EntSize：节中每个条目的大小。
- Flags：节的标志，如 A(ALLOC)、W(WRITE)、X(EXECINSTR)等。
- Link：节的链接字段，可用于不同类型的关联信息。
- Info：节的附加信息。

- Align：节的对齐方式。

以上是对节的详细描述，每个节都会提供该节的类型、大小、属性等信息。

3）查看符号表

命令如下：

```
readelf -s libfunc.so

Symbol table '.dynsym' contains 6 entries:
   Num:    Value          Size Type    Bind   Vis      Ndx Name
     0: 0000000000000000     0 NOTYPE  LOCAL  DEFAULT  UND
     1: 0000000000000000     0 NOTYPE  WEAK   DEFAULT  UND __cxa_finalize
     2: 0000000000000000     0 NOTYPE  WEAK   DEFAULT  UND _ITM_registerTMC[...]
     3: 0000000000000000     0 NOTYPE  WEAK   DEFAULT  UND _ITM_deregisterT[...]
     4: 0000000000000000     0 NOTYPE  WEAK   DEFAULT  UND __gmon_start__
     5: 00000000000010f9    24 FUNC    GLOBAL DEFAULT   10 add

Symbol table '.symtab' contains 25 entries:
   Num:    Value          Size Type    Bind   Vis      Ndx Name
     0: 0000000000000000     0 NOTYPE  LOCAL  DEFAULT  UND
     1: 0000000000000000     0 FILE    LOCAL  DEFAULT  ABS crtstuff.c
     2: 0000000000001040     0 FUNC    LOCAL  DEFAULT   10 deregister_tm_clones
     3: 0000000000001070     0 FUNC    LOCAL  DEFAULT   10 register_tm_clones
     4: 00000000000010b0     0 FUNC    LOCAL  DEFAULT   10
...
```

- Symbol table '.dynsym' contains 6 entries：符号表的头部，标识符号表的名称（通常是 .symtab）及表中的符号数量。这里是.dynsym，包含了6个符号。
- Num：符号的索引号。
- Value：符号的地址或值。
- Size：符号的大小（字节数）。
- Type：符号的类型（例如，函数、对象、未定义等）。
- Bind：符号的绑定（例如，局部、全局、弱引用等）。
- Vis：符号的可见性（例如，默认、内部、隐藏等）。
- Ndx：符号所在的节的索引。
- Name：符号的名称。

符号表对于 NDK 开发比较重要，常用于调试。通常需要保留带符号表的版本（debug 版本）的动态库用于调试或将符号表上传到 bug 监控平台，例如腾讯的 buglly，正常发布的 App 中的动态库是不包含符号表的，开发者可以通过获取 debug 版本库的符号表进行上传。当出现 bug 时，buglly 平台会根据这个符号表进行解析，以此还原代码出问题的地方。

所以符号表的作用就是让我们可以看懂出错的地方在哪里，例如是哪个函数，以及哪一行。如果没有符号表，则只可以得到一些地址信息，这样很难看出来是哪里出了问题的，所以符号表对于 bug 的定位和修复起到了至关重要的作用。在第 11 章，将使用实际案例对比有符号表和无符号表的区别。

4）查看动态库的段信息

命令如下：

```
readelf -d executable

Dynamic section at offset 0x2da0 contains 29 entries:
  Tag        Type                         Name/Value
 0x0000000000000001 (NEEDED)             Shared library: [libfunc.so]
 0x0000000000000001 (NEEDED)             Shared library: [libc.so.6]
 0x000000000000001d (RUNPATH)            Library runpath:
[/home/jiangc/develop/test/helloworld/shared]
 0x000000000000000c (INIT)               0x1000
 0x000000000000000d (FINI)               0x11b0
 0x0000000000000019 (INIT_ARRAY)         0x3d90
 0x000000000000001b (INIT_ARRAYSZ)       8 (bytes)
 0x000000000000001a (FINI_ARRAY)         0x3d98
 0x000000000000001c (FINI_ARRAYSZ)       8 (bytes)
 0x000000006ffffef5 (GNU_HASH)           0x3b0
 0x0000000000000005 (STRTAB)             0x498
 0x0000000000000006 (SYMTAB)             0x3d8
 0x000000000000000a (STRSZ)              202 (bytes)
 0x000000000000000b (SYMENT)             24 (bytes)
 0x0000000000000015 (DEBUG)              0x0
 0x0000000000000003 (PLTGOT)             0x3fb0
 0x0000000000000002 (PLTRELSZ)           48 (bytes)
 0x0000000000000014 (PLTREL)             RELA
 0x0000000000000017 (JMPREL)             0x668
 0x0000000000000007 (RELA)               0x5a8
 0x0000000000000008 (RELASZ)             192 (bytes)
 0x0000000000000009 (RELAENT)            24 (bytes)
 0x000000000000001e (FLAGS)              BIND_NOW
 0x000000006ffffffb (FLAGS_1)            Flags: NOW PIE
 0x000000006ffffffe (VERNEED)            0x578
 0x000000006fffffff (VERNEEDNUM)         1
 0x000000006ffffff0 (VERSYM)             0x562
 0x000000006ffffff9 (RELACOUNT)          3
 0x0000000000000000 (NULL)               0x0
```

- NEEDED：表示当前这个可执行文件（executable）所依赖的其他库，例如当前库依赖了 libfunc.so 和 libc.so.6。

- RUNPATH：指定了运行时搜索路径，将从这个列表中搜索所依赖的动态库，也就是前面加了-Wl,-rpath 之后才会出现的条目。
- INIT 和 FINI：指定了初始化和终结函数的地址。这些函数在动态库加载和卸载时执行。
- INIT_ARRAY 和 FINI_ARRAY：指定了初始化和终结函数数组的地址，这些数组包含了多个初始化和终结函数，按顺序执行。
- STRTAB：指定了字符串表的地址，该表包含了其他条目中的字符串。
- SYMTAB：指定了符号表的地址，该表中包含了符号表信息。
- STRSZ 和 SYMENT：分别表示字符串表的大小和每个符号表条目的大小（以字节为单位）。

在日常开发中主要检查 NEEDED 条目，它有助于帮助我们确定库的依赖信息，从而排除库的依赖问题。

1.2.2 静态库

1.2.1 节讲解了编译的基本原理、动态库的编译、链接和基本信息的查看，本节讲解静态库。

静态库是一组目标文件(编译后的代码和数据)的集合。和动态库不同，动态库是在程序运行时，当需要用到时才会去加载链接，而静态库在编译时就会被直接链接到程序中，成为程序的一部分。

相对动态库而言，静态库是独立存在的，动态库是共享的，这是它们最重要的区别之一。也正是因为这个原因，静态库相对于动态库而言，对其他的依赖更低，运行速度相对于动态库更快，因为程序在执行的过程中不需要额外地进行加载和链接。

静态库的使用步骤和动态库没有区别，主要区别在于编译命令，本节依旧以动态库案例的代码来解释静态库的编译和链接的过程。

1. 使用 gcc 生成静态库

命令如下：

```
//使用 ar 命令生成静态库
ar -rcs libfunc.a func.c

//ar 命令参数
r:选项表示将文件添加到静态库
c:选项表示创建静态库（如果不存在）
s:选项用于优化静态库，使其更小
```

2. 链接

命令如下：

```
//首先生成可执行文件的目标文件.o，也可以省略此步骤，直接使用源文件进行链接
```

```
gcc -c hello_world.c -o hello_world.o

//然后链接
gcc -o executable hello_world.o -L . -lfunc
/usr/bin/ld: ./libfunc.a: error adding symbols: archive has no index; run ranlib to add one
collect2: error: ld returned 1 exit status
```

程序报错了，可以通过 readelf -h 命令来查看生成的静态库的信息，命令如下：

```
readelf -h libfunc.a

File: libfunc.a(func.c)
readelf: Error: Not an ELF file - it has the wrong magic bytes at the start
```

这里报错指出并不是一个 ELF 的文件，说明它的 magic 有问题，还记得前面使用 readelf 查看动态库显示的字段吗？里面有一个 magic 的字段，它用于识别 ELF 文件。可以使用 vim 的十六进制的模式查看这个文件的前面几字节是否是 ELF 的 magic，如果不是，则说明确实是因为这个数出错而导致的。

```
00000000: 213c 6172 6368 3e0a 6675 6e63 2e63 2f20  !<arch>.func.c/
```

readelf 命令中查看的 ELF 的 magic 为 7f 45 4c 46，很明显这里不是，所以它不是报错中指出的找不到索引这么简单，而是根本不是一个 ELF 文件，因此不能被链接。

3. 使用 ar 命令查看静态库信息

静态库是一组目标文件和数据的集合，ar -t 命令可以查看静态库的组成信息，命令如下：

```
ar -t libfunc.a
func.c
```

通过 ar -rcs libfunc.a func.c 命令生成的静态库包含了 func.c 源文件，也就是说它直接将 func.c 文件打包进.a 中了。以下将使用目标(.o)文件来打包静态库，命令如下：

```
//先删除原有的 libfunc.a
rm libfunc.a

//再生成目标文件.o
gcc -c func.c -o func.o

//然后使用 ar 命令打包静态库
ar -rcs libfunc.a func.o

//通过 ar-t 命令查看生成的 libfunc.a 的组成
ar -t libfunc.a
```

```
func.o
```

重新生成的静态库由目标文件 func.o 组成，和概念描述一致。先验证一下是否可以成功链接，命令如下：

```
//连接成功
gcc -o executable hello_world.o -L . -lfunc

//执行
./excutable
res = 3
```

至此，连接成功并执行。

4. 动态库和静态库的 readelf 信息对比

命令如下：

```
//动态链接可执行文件
readelf -d executable

Dynamic section at offset 0x2da0 contains 29 entries:
  Tag        Type                         Name/Value
 0x0000000000000001 (NEEDED)             Shared library: [libfunc.so]
 0x0000000000000001 (NEEDED)             Shared library: [libc.so.6]
 0x000000000000001d (RUNPATH)            Library runpath:
[/home/jiangc/develop/test/helloworld/shared]
...

//静态链接可执行文件
readelf -d excutable

Dynamic section at offset 0x2dc8 contains 27 entries:
  Tag        Type                         Name/Value
 0x0000000000000001 (NEEDED)             Shared library: [libc.so.6]
 0x000000000000000c (INIT)               0x1000
 0x000000000000000d (FINI)               0x11a8
...
```

动态链接的可执行文件存在 NEEDED 条目，并且会有所依赖动态库的名字，而静态库却看不到 libfunc.a。这也从侧面证明了概念中描述的那样，动态库是运行时动态加载的，所以需要存储库的信息，而静态库是在链接时就直接链接到目标程序中了，所以不需要存储依赖的库的信息。

1.2.3　静态库和动态库的使用场景

1. 适用于静态库的场景

1）独立可执行的文件

当需要创建一个独立的可执行文件时，静态库通常是更好的选择。它将所有依赖项包含在可执行文件中，使程序在不依赖外部库的情况下运行。

2）嵌入式系统

在资源受限的嵌入式系统中，静态库通常更适用。它可以减少内存占用，因为只有一个可执行文件需要加载。

3）版本控制和稳定性

当需要确保程序版本的稳定性和一致性时，静态库更有利于控制和管理版本。它不受系统中已安装库版本的影响。

2. 适用于动态库的场景

1）共享代码

当多个程序需要共享相同的库时，动态库是更好的选择。它们允许多个程序共享同一个库的实例，减少内存占用。

2）插件系统

动态库对于实现插件系统非常有用。不同的插件可以作为动态库加载到主程序中，以扩展功能。

3）跨平台兼容性

动态库通常更适用于需要在不同平台上运行的程序，因为它们可以根据不同的操作系统加载适当的库。

4）减少发布文件的大小

如果多个应用程序使用相同的库，则使用动态库可以减少每个应用程序的文件大小，因为它们共享一个库的实例。

总之，选择使用动态库或者静态库取决于实际的项目需求，可以根据动态库和静态库的特性来进行选择，以最大程度地满足项目需求。

1.2.4　交叉编译

交叉编译是一种软件开发技术，用于在一台计算机上为另一台不同体系结构或操作系统的计算机生成可执行代码或库。这种技术的核心思想是在开发和编译代码的计算机(称为主机)上使用一种特殊的编译器工具链，以便能够生成在目标计算机上运行的二进制代码。

1. 主要概念和要点

1）主机与目标平台

主机是用于开发和编译代码的计算机（例如 PC），而目标平台是最终运行代码的计算机（例如手机）。这两者通常具有不同的体系结构、操作系统或硬件特性。

2）交叉编译器

交叉编译器是一种特殊的编译器，能够将源代码从主机体系结构和操作系统转换为目标平台的可执行代码。这些编译器包括与目标平台相关的头文件、库文件和工具。

3）工具链

交叉编译器通常作为一个工具链的一部分提供，包括编译器、链接器、调试器等工具，用于进行代码编译、链接和调试。

4）应用场景

交叉编译被广泛地应用于嵌入式系统开发、移动应用程序开发、跨平台开发等领域。它允许开发人员在一台计算机上开发和测试代码，然后将代码部署到目标平台上。我们比较熟悉的 Android 应用开发就是应用场景之一。

5）优势

交叉编译可以提高开发效率，减少资源浪费，并允许在不同的平台之间共享代码，以满足多样化的应用需求。

1.2.5 预编译库

预编译库是已经编译成二进制形式的库，通常以动态库（.so 文件）的形式提供，可以在 Android NDK 项目中直接使用，而无须重新编译。

1. 库类型

预编译库可以包括系统提供的标准 C/C++库，如 libc、libm 等，也可以包括第三方库，如图形库、音频库、网络库及自己提前编译好的共享库等。

2. 使用场景

预编译库通常用于提供基本的系统支持，以便本地（Native）代码能够在 Android 系统运行。集成第三方库可以快速地实现比较复杂的功能，如图形渲染、音频处理、网络通信等。

3. 系统提供的预编译库存放位置

预编译库通常存放在NDK 目录的prebuild 目录下，根据不同的目标平台 ABI进行组织，例如 ARM 架构的库可能存放在 prebuilt/android-arm 目录下。

4. 预编译库的优势

预编译库可以提高开发效率，减少编译时间，避免复杂的依赖管理，并允许在不同的 Android 设备上共享相同的库。

总之，Android NDK 预编译库是 Android 开发中的重要资源，它可以满足向第三方 NDK 开发者分发自己的库的同时，而不分发源码，满足对核心代码保护的需求。另外，使用预编译库可以提高构建速度，提高开发效率。预编译库的编译和使用将在第 4 章中讲解。

注意：开发者需要确保所选预编译库与目标设备的 ABI 和 Android 版本兼容。此外，对于某些功能，可能需要手动配置和链接预编译库。

1.2.6 预编译库和源码编译库的区别

在一般项目的开发中，有一部分场景是直接在 Android 工程中集成源代码，通过编译直接和 App 打包在一起。如果解压过有本地代码的 APK，则会发现里面会有一个 lib 目录，以下是一个带本地代码的 APK，如图 1-5 所示。

app-debug.apk	2021-12-06 20:09	ShuameApkTool	13,801 KB
output-metadata.json	2021-12-06 20:09	JSON 文件	1 KB

图 1-5 APK

首先将文件后缀名修改为.zip，然后使用解压缩软件进行解压，可以看到里面的 lib 目录，如图 1-6 所示。

名称	修改日期	类型	大小
kotlin	2023-09-03 22:10	文件夹	
lib	2023-09-03 22:10	文件夹	
META-INF	2023-09-03 22:10	文件夹	
res	2023-09-03 22:10	文件夹	
AndroidManifest.xml	1981-01-01 1:01	Microsoft Edge HT...	3 KB
classes.dex	1981-01-01 1:01	DEX 文件	6,803 KB
classes2.dex	1981-01-01 1:01	DEX 文件	4 KB
classes3.dex	1981-01-01 1:01	DEX 文件	509 KB
classes4.dex	1981-01-01 1:01	DEX 文件	7 KB
classes5.dex	1981-01-01 1:01	DEX 文件	3 KB
resources.arsc	1981-01-01 1:01	ARSC 文件	662 KB

图 1-6 解压目录

进入 lib 目录后可以看到如图 1-7 所示的目录。

armeabi-v7a	2023-09-03 22:10	文件夹

图 1-7 lib 目录

这是一个仅包含 ABI 为 armeabi-v7a 的 APK，它是 ARM 指令集的一种，后面会详细地讲解常用的 ABI。进入 armeabi-v7a 目录，如图 1-8 所示。

这里包含了很多 so 库，这些库都是在生成 APK 时由 IDE 自动打包进去的，但并不能看出来是否为预编译库。一个简单的方法可以快速地分辨哪些是预编译库，哪些是源码编译的库。所有直接包含源码的库均为源码编译生成的库，NDK 中自带的所有库均为预编译库，或者可以从工程中直接看到 so 库，如图 1-9 所示。

libavcodec.so	1981-01-01 1:01	SO 文件	11,331 KB
libavfilter.so	1981-01-01 1:01	SO 文件	2,920 KB
libavformat.so	1981-01-01 1:01	SO 文件	2,195 KB
libavutil.so	1981-01-01 1:01	SO 文件	489 KB
libffmpeg.so	1981-01-01 1:01	SO 文件	102 KB
libswresample.so	1981-01-01 1:01	SO 文件	81 KB
libswscale.so	1981-01-01 1:01	SO 文件	464 KB

图 1-8　包含库

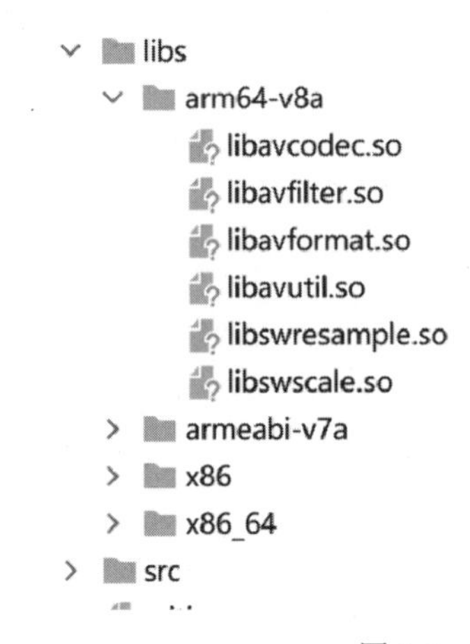

图 1-9　预编译库

本质上，预编译库和源码编译库没有区别，只是一个编译时机的问题，预编译库是被提前编译出来的，以方便开发人员快速地实现复杂的功能，详见 1.2.5 节。

1.3　CPU 指令集和 ABI

在 NDK 开发中，常听到各种 CPU 的架构、指令集、ABI 的概念，例如 x86、ARM、MIPS、armeabi-v7a、arm64-v8a、x86、x86_64 等。这些概念很容易令初学者混淆。在应用开发初期，也许你并不清楚这些概念，但也可以根据默认的配置进行开发，那是因为 IDE 默认配置兼容了市面上主流的 ABI，在编译时，默认生成了能支持的所有库，所以表现出来的效果是程序能正常运行。

随着应用功能的日益增加，不可避免地需要集成越来越多的第三方库。随之而来的是 APK 体积过大、集成第三方库后个别机型可能会莫名崩溃，编译没问题，但运行时却会出现找不到库等各种各样的问题，这些问题都与 ABI 和 CPU 指令集有很大的关系。在了解了这些基础概念后，相信读者在碰到类似的问题时会自然而然地想到相关的问题的解决方法，从而摆脱在碰到类似问题后直接复制粘贴报错日志从百度上查找原因的困境。

1.3.1 CPU 指令集

CPU 指令集是计算机系统中的核心组成部分，定义了 CPU 能够执行的所有指令和操作。这些指令集构成了计算机的基本命令语言，是软件和硬件之间的桥梁。介绍指令集之前先了解一下 CPU 的架构，因为 CPU 的架构和指令集是密不可分的。

1. CPU 架构

CPU 架构指的是中央处理单元(CPU)的整体设计和组织结构，包括寄存器的数量和类型、数据通路、流水线架构、缓存系统、支持的总线技术等。它描述了 CPU 内部硬件组织和如何执行指令的基本方式。常见的 CPU 架构包括 x86、ARM、MIPS 等。

2. CPU 指令集

常见的 CPU 指令集分为 CISC(复杂指令集)和 RISC(精简指令集)，例如常见的 Intel、x86 架构就是 CISC 架构的代表。

指令集是一组特定于 CPU 架构的机器语言指令，用于定义 CPU 可以执行的操作和操作数。指令集决定了如何编写和组织程序代码，以便 CPU 能够理解和执行它们。不同的 CPU 架构有不同的指令集，例如 x86 架构有其特定的指令集，ARM 架构也有自己的指令集，以此类推。

因此，CPU 架构和指令集之间是关联的，特定的 CPU 架构通常会定义其特定的指令集。不同的 CPU 架构可能具有不同的指令集，因此编写程序时需要考虑目标 CPU 的架构和指令集，以确保代码的兼容性。

1.3.2 ABI

应用程序二进制接口（Application Binary Interface，ABI），它定义了一套规则，允许编译好的二进制目标代码在所有兼容该 ABI 的操作系统和硬件平台中无须改动就能运行。不同的设备使用不同的 CPU，而不同的 CPU 又支持不同的指令集。CPU 与指令集的每种组合都有专属的 ABI。ABI 包含以下信息：

（1）可使用的 CPU 指令集（和扩展指令集）。

（2）运行时内存存储和加载的字节顺序。Android 始终是 little-endian（小端序）。

（3）在应用和系统之间传递数据的规范(包括对齐限制)，以及系统在调用函数时如何使用堆栈和寄存器。

（4）可执行二进制文件的格式，例如程序和共享库，以及它们支持的内容类型。Android 始终使用 ELF。

（5）如何重整 C++名称。

注意：这里的 ABI 泛指 CPU 支持的指令集的集合。

大端序：简单理解，高地址存放低字节，低地址存放高字节，简称高存低，低存高。

小端序：和大端序相反，高地址存放高字节，低地址存放低字节，简称高存高，低存低。
重整 C++名称详情参考 http://itanium-cxx-abi.github.io/cxx-abi/。

主流的 ABI 见表 1-1。

表 1-1　ABI 和支持的指令集

ABI	支持的指令集	备注
armeabi-v7a	armeabi Thumb-2 VFPv3-D16	与 ARMv5/v6 设备不兼容
arm64-v8a	AArch64	仅限 ARMv8.0
x86	x86(IA-32) MMX SSE/2/3 SSSE3	不支持 MOVBE 或 SSE4
x86_64	x86-64 MMX SSE/2/3 SSSE3 SSE4.1、4.2 POPCNT	仅限 x86-64-v1

注意：NDK 以前支持 ARMv5(armeabi)及 32 位和 64 位 MIPS，但 NDK r17 已不再支持。

总体来讲，ABI 代表了它支持的 CPU 指令集的集合，在 Android 工程中，一般会将第三方库放到 lib 目录下，文件列表如下：

```
/lib/armeabi/libfoo.so
/lib/armeabi-v7a/libfoo.so
/lib/arm64-v8a/libfoo.so
/lib/x86/libfoo.so
/lib/x86_64/libfoo.so
```

注意：搭载 4.0.3 或更早的版本、基于 ARMv7 的 Android 设备从 armeabi 目录中安装原生库。因为在 APK 中，/lib/armeabi/在/lib/armeabi-v7a/后面。从 4.0.4 开始，此问题已修复。目前，4.0.4 的手机基本已经被淘汰，因此一般情况下，支持后面 4 种就能支持绝大部分的设备。

另外还有一个简单的分类记忆方法，常见的 CPU 分为 32 位和 64 位。armeabi-v7a 是 ARM 32 位，arm64-v8a 是 ARM 64 位，x86 是 x86 32 位，x86_64 是 x86 64 位。通常，64 位会向下兼容 32 位，例如 arm64-v8a 是兼容 armeabi-v7a 的，仅包含 armeabi-v7a 库的应用

可以在 arm64-v8a 的设备上运行，但不同 CPU 架构之间，一般不兼容，例如 armeabi-v7a 是无法运行在 x86 架构的设备上的。

通常，可以通过芯片手册了解 CPU 的相关信息，也可以通过 adb 命令的方式来了解，adb 命令如下：

```
//华为 Mate 50 Pro
HWDCO:/ $ getprop ro.product.cpu.abi
arm64-v8a

//模拟器
emu64xa:/ $ gerprop ro.product.cpu.abi
x86_64
```

在集成第三方库后，如果运行崩溃，则可通过以上命令查看设备 ABI，以及第三方库中是否包含相关 ABI 库解决库不兼容的问题。

1.4　CMake 概念

1.4.1　CMake 介绍

CMake（Cross-Platform Make）是一个用于管理跨平台项目构建过程的开源工具。它不仅能生成各种不同的编译系统，如 Makefiles、Ninja、Visual Studio、CLion 项目等所需要的构建文件，还提供了一种简化的抽象构建过程的方式，以便于开发者更轻松地跨不同平台和编译器构建项目。

以下是一些与 CMake 相关的重要概念。

（1）CMakeLists.txt：CMake 项目的核心是一个文本文件，通常称为 CMakeLists.txt，它包含了一系列指令和配置信息，用于描述项目的组织结构、依赖关系和构建方式。

（2）源码目录：包含项目源代码的目录。通常 CMakeLists.txt 文件位于项目的根目录中，但也可以在子目录中存在多个 CMakeLists.txt 文件以组织项目。

（3）构建目录：包含构建文件和生成的可执行文件、库和其他构建产物的目录。CMake 支持在源代码目录之外创建构建目录，以保持源代码目录的干净和分离构建过程。

（4）生成器：CMake 生成器指定了生成的构建系统的类型，例如 Makefiles、Ninja 等。可以在 CMake 命令行上选择生成器。通常使用默认生成 Makefile 的方式来进行编译。

（5）变量和宏：CMake 使用变量和宏来管理配置选项、设置编译器选项、指定文件路径等。在 CMakeLists.txt 文件中可以定义和使用这些变量和宏。

（6）目标：在 CMake 中目标代表的可执行文件、库或自定义目标。可以使用 add_executable()、add_library()、add_custom_target()等命令来定义这些目标。

（7）依赖关系：既可以使用 target_link_libraries()命令来指定目标之间的依赖关系，也可以使用多 CMake 包含的方式来指定依赖关系。这有助于确保正确的构建顺序和链接库。

（8）模块和包管理：CMake 支持使用模块来查找依赖项和配置项目。它还可以与 CMake 的众多 Find 模块一起使用，或者使用现代的包管理工具，如 CMake 的 CPM（CMake 项目管理器）或 Conan。

总体来讲，CMake 是一个非常强大的工具，可以帮助开发者有效地管理跨平台项目的构建过程，减少了手工配置的烦琐工作，使项目更容易维护和移植到不同的操作系统和编译环境。它被广泛地应用于开源和商业软件项目中。

1.4.2 选择 CMake 的原因

随着 IDE 技术的日益成熟，很多编译由 IDE 代劳。大多数移动开发者没有接触过类似 Makefile、Shell 脚本等，但在很早之前，即在 CMake 并未普及之时，很多庞大的项目依赖 Makefile 加 Shell 的方式进行编译。Makefile 本身语法复杂、难懂，并且 Makefile 本身不提供直接的跨平台支持，这使开发者需要编写非常复杂的 Makefile，特别是在不同的平台上编译时需要另外处理，工作量大大增加，难以维护。CMake 的出现就是为了解决 Makefile 的诸多问题的，接下来讲解 CMake 有哪些优点。

以下是选择 CMake 的部分原因。

（1）跨平台：CMake 的一个主要优势就是跨平台。它可以生成适用于不同操作系统（例如 Linux、Windows、macOS 等）的文件，从而使项目在不同平台上能够轻松地构建。

（2）开源和广泛使用：CMake 是一个开源项目，并且在开源和商业项目中被广泛使用。它有一个庞大的社区支持，提供了大量的文档、教程和第三方模块，使其更易于学习和使用。

（3）模块化和可扩展性：CMake 允许将项目的配置和构建过程分解为模块，这使管理大型项目变得更加容易。可以使用现有的 CMake 模块，或者编写自定义模块以满足项目的特定需求。

（4）多配置构建：CMake 支持多配置构建，这意味着可以在不同的构建配置下构建项目，例如 Debug、Release 等。这对开发、测试和部署非常有用。

（5）语法简单：CMake 语法简单，提供了大量的系统函数，使学习和开发效率大大提高。

（6）Android 开发中官方 IDE（Android Studio）原生支持使用 CMake 来开发 NDK 项目。

选择 CMake 的原因是它提供了一种强大而灵活的方式来管理跨平台项目的构建过程，降低了跨不同平台和编译器的开发难度，有助于提高项目的可维护性和可移植性，然而，CMake 也有一定的学习曲线，一旦掌握了它的基本概念，它将成为一个有利的开发工具。在 NDK 开发中，主要使用 CMake，所以，学习并掌握 CMake 是学习 NDK 的前提。

1.5　NDK 目录介绍

NDK 提供了一整套工具和库，其中最需要关心的是工具链和预构建库，了解这些可以使我们能够在 Android 平台上进行高性能的本地代码开发。

NDK 安装在 Android SDK 目录中，如图 1-10 所示。

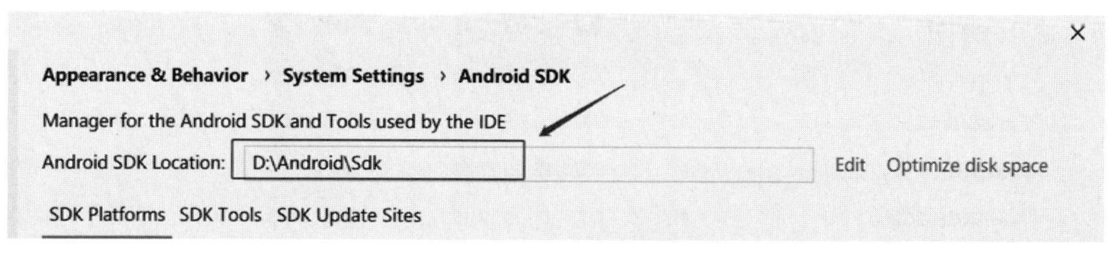

图 1-10　NDK 安装目录配置

在 SDK 的目录下有一个 ndk 目录，如图 1-11 所示。其中包含了所有已下载的各种版本的 NDK 工具，如图 1-12 所示。

icons	2021-04-24 12:16	文件夹
licenses	2021-05-04 21:22	文件夹
ndk	2021-12-05 13:46	文件夹
ndk-bundle	2021-12-02 17:50	文件夹

图 1-11　NDK 目录

20.0.5594570	2021-04-02 19:04	文件夹
21.0.6113669	2021-04-02 22:28	文件夹
21.1.6352462	2021-05-04 21:27	文件夹
21.4.7075529	2021-07-25 15:29	文件夹
22.1.7171670	2021-07-25 14:28	文件夹
23.0.7599858	2021-12-05 13:46	文件夹

图 1-12　NDK 版本目录

这里以 23.0.7599858 为例开始讲解，内容如图 1-13 所示。

1. build

存放和编译相关的脚本文件，最外层的 ndk-build 就是调用了该目录下的 ndk-build，通过这个 ndk-build 设置一些环境变量，最后调用该目录下的 Makefile 文件，其中 Makefile 文件都存放在 build/core 目录中。

2. toolchains

这个目录包含交叉编译链，目前仅支持 ARM、x86 和 MIPS 架构。目前比较新的交叉编

名称	日期	类型	大小
build	2021-12-05 13:45	文件夹	
meta	2021-12-05 13:45	文件夹	
prebuilt	2021-12-05 13:45	文件夹	
python-packages	2021-12-05 13:45	文件夹	
shader-tools	2021-12-05 13:46	文件夹	
simpleperf	2021-12-05 13:45	文件夹	
sources	2021-12-05 13:45	文件夹	
toolchains	2021-12-05 13:45	文件夹	
wrap.sh	2021-12-05 13:45	文件夹	
CHANGELOG.md	2021-12-05 13:45	Markdown File	6 KB
ndk-build.cmd	2021-12-05 13:46	Windows 命令脚本	1 KB
ndk-gdb.cmd	2021-12-05 13:45	Windows 命令脚本	1 KB
ndk-lldb.cmd	2021-12-05 13:45	Windows 命令脚本	1 KB
ndk-stack.cmd	2021-12-05 13:45	Windows 命令脚本	1 KB
ndk-which.cmd	2021-12-05 13:45	Windows 命令脚本	1 KB
NOTICE	2021-12-05 13:45	文件	594 KB
NOTICE.toolchain	2021-12-05 13:45	TOOLCHAIN 文件	852 KB
package.xml	2021-12-05 13:46	Microsoft Edge HT...	18 KB
README.md	2021-12-05 13:45	Markdown File	1 KB
source.properties	2021-12-05 13:45	PROPERTIES 文件	1 KB

图 1-13　NDK 目录内容

译链在 NDK r18 开始已经从 GCC 切换到 clang。编译链存放在 toolchains/llvm/prebuilt/windows-x86_64/bin/目录。

3. 预编译库

预编译库存放在 toolchains/llvm/prebuilt/windows-x86_64/lib/sysroot/usr/lib/下，包含了所有预编译库中的 ABI。

以上是需要关注的几个地方，其中 toolchains 中除了包含交叉编译链之外，还包含了各种调试、生成库、链接库的工具，如图 1-14 所示。

图 1-14 中没有全部展示所有的工具，读者可以自行打开该目录进行查看。查看前应该先了解一下交叉编译链的命名规则：指令集+linux+android+版本号+编译器，其中 i686 代表 32 位 x86 的指令集，clang 是 C 编译器，clang++是 C++编译器，其他类似于 ld、ar、lldb、addr2line 等工具和 GCC 下的作用相同。

预编译库是谷歌官方及厂商提供的一些标准库，谷歌官方提供了以下 4 个 ABI 的预编译库，如图 1-15 所示。

图 1-14 toolchains

图 1-15 预编译库

其中，liblog.so 是 NDK 开发中最常使用的一个库，读者对这些库有一个概念即可，不必着急去熟悉每个库，因为其中一些库，如 libEGL.so、libandroid.so 等的使用比较复杂，还需要其他辅助知识才能使用。在实际开发中一般会参考谷歌官方提供的 demo，这些库会在实际的项目中慢慢接触和熟悉。在后面的案例中，也涉及其中的部分库。

1.6 本章小结

本章主要让读者对 NDK 开发有一个粗略的概念，包括对开发 NDK 前置知识点的了解和梳理，为后续 NDK 开发打下基础。对于刚接触 NDK 开发或者对这些知识点很陌生的读者也许第 1 次并不能完全吸收这些知识点，例如动态库和静态库的编译、汇编、文件结构等，前期只需有一个概念。至于深入理解只需等到在后面的实战项目中遇到各种各样的问题时再回来看就会豁然开朗。第 2 章将开始真正地进入 NDK 的开发之旅，完成 NDK 开发环境的搭建。

第 2 章 环境搭建

Ubuntu 是 Linux 的发行版之一，是谷歌官方指定的源码（AOSP）编译的唯一支持平台。Android Studio 是谷歌提供的免费的 App 开发 IDE 工具，也是主要的应用程序开发工具。本书使用 Ubuntu 22.04 版本的 Linux 平台及 Android Studio 2022.3.1 版本作为 NDK 的开发环境。

2.1 Ubuntu 环境搭建

Ubuntu 环境读者可根据实际情况选择实体机安装或虚拟机安装两种方式。考虑到实体机平台操作的差异及分享的便利性，本书将使用虚拟机的安装方式展开讲解，虚拟机可保证读者环境的一致性且方便分享。如果读者对虚拟机安装比较熟悉或已经有了 Ubuntu 环境，则可跳过此小节。

2.1.1 Ubuntu 虚拟机安装

虚拟机环境安装需要用到虚拟机工具软件，本书使用 VMware Workstation Pro 作为虚拟机工具软件，用于安装 Ubuntu 操作系统。

1. WMware Workstation Pro 下载及安装

在 VMware Workstation 的官方网站单击“产品”按钮，选择 Workstation Pro，如图 2-1 所示。

单击“下载试用版”按钮进行下载，读者可自行购买或使用试用版进行学习，如图 2-2 所示。

下载完成后，运行 VMware-workstation-full-17.5.0-22583795.exe 安装文件，此时会弹出如图 2-3 所示的对话框。

单击“下一步”按钮，如图 2-4 所示，需要选中复选框“我接受许可协议中的条款”，然后单击“下一步”按钮。

在此之后出现的所有对话框，均单击“下一步”按钮即可完成配置，之后所有配置均按照默认配置即可。在完成所有配置之后会出现安装按钮，如图 2-5 所示。

图 2-1　Workstation Pro

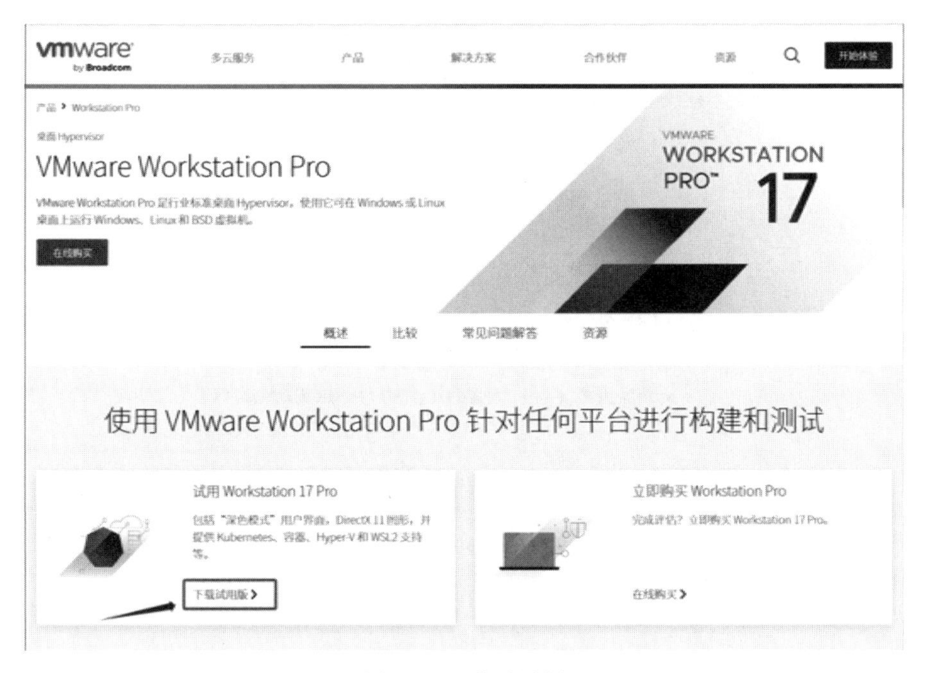

图 2-2　下载试用版

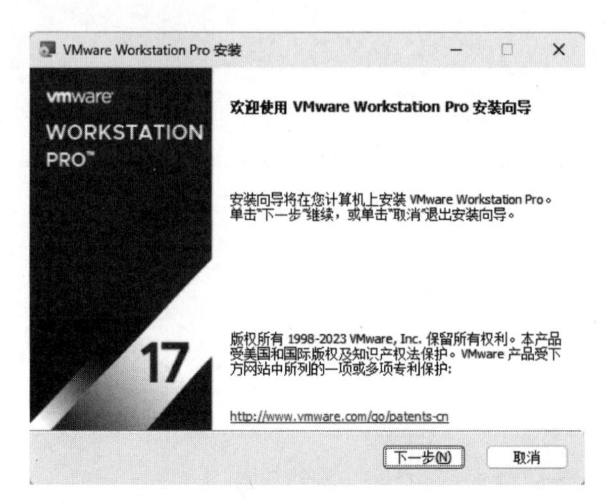

图 2-3 Workstation 安装

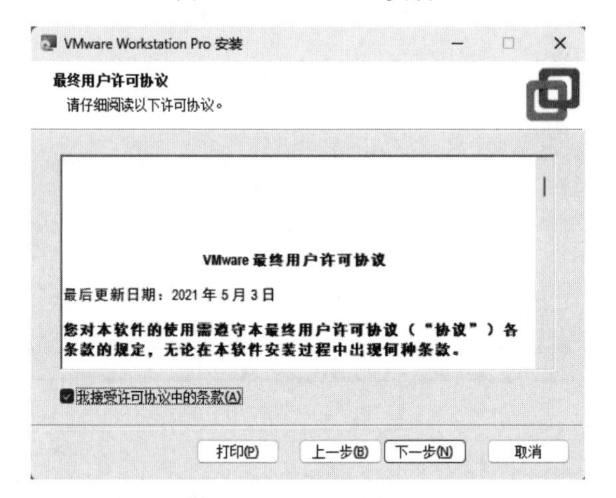

图 2-4 Workstation 协议

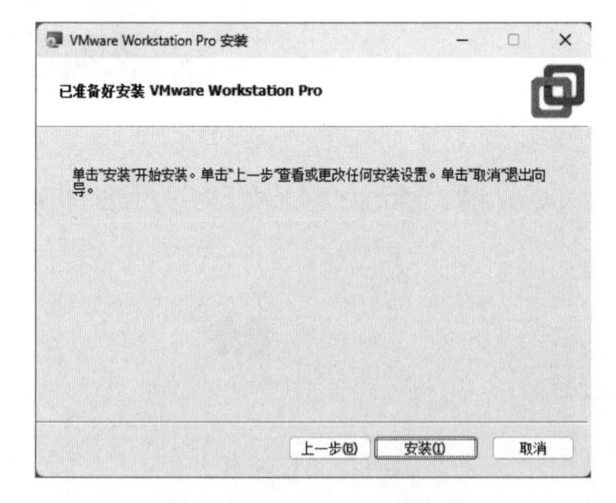

图 2-5 Workstation 开始安装

单击“安装”按钮即可完成安装。在安装完成之后会弹出最后的完成界面，在完成界面可单击“许可证”按钮输入许可证，也可以单击“完成”按钮完成安装，如图 2-6 所示。

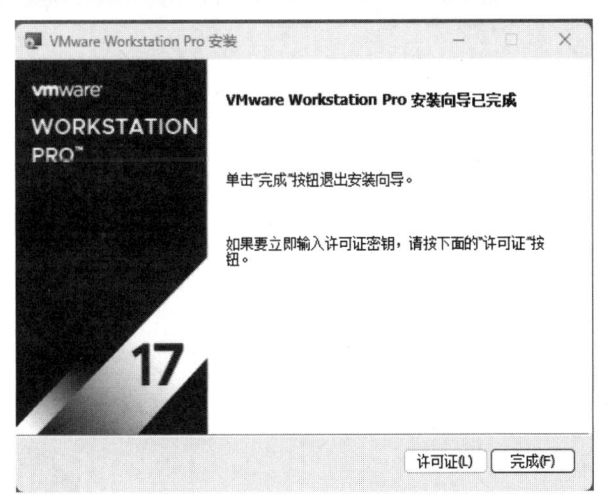

图 2-6　Workstation 完成安装

注意：本书使用 64 位操作系统作为开发环境，如果读者的开发环境为 32 位，则可自行选择对应的 32 位软件进行安装。截至本书编写时，Ubuntu 长期支持版本为 22.04 LTS，VMware Workstation 最新版本为 17，Android Studio 最新版本为 2022.3.1。

---

2. Ubuntu 镜像下载

在 Ubuntu 的中国区官方网站单击“桌面系统”按钮，然后单击“下载 Ubuntu”按钮转到 Ubuntu 版本下载页面，如图 2-7 所示。

图 2-7　Ubuntu 官网

在新的页面中单击“下载 22.04.3”按钮完成下载，如图 2-8 所示。

图 2-8　Ubuntu 下载

3. 使用 VMware Workstation 安装 Ubuntu 虚拟机

此时，已经完成 VMware Workstation 的安装及 Ubuntu 镜像的下载。双击桌面 VMware Workstation 快捷方式图标，选择“我希望试用 WMware Workstation 17 30 天”选项，如图 2-9 所示。

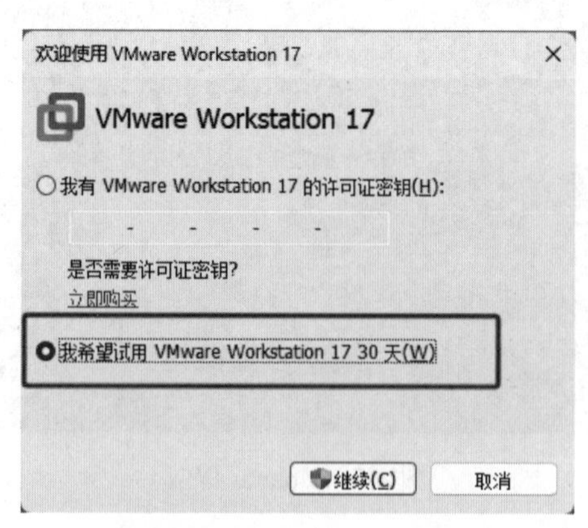

图 2-9　试用 WMware Workstation

单击“继续”按钮，然后单击“完成”按钮会进入如图 2-10 所示的界面。在图的右半部分有 3 个按钮，“创建新的虚拟机”按钮用于全新创建新的虚拟机，“打开虚拟机”按钮用于打开已有虚拟机，例如从别处导入的虚拟机。

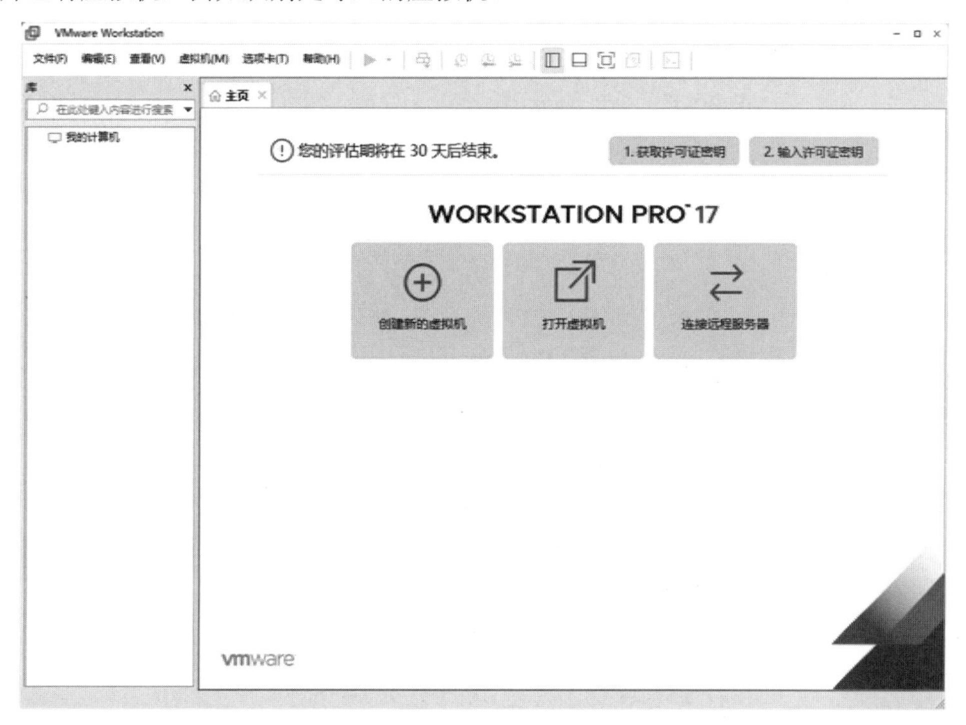

图 2-10　WMware Workstation 主界面

单击“创建新的虚拟机”按钮来创建一个全新的虚拟机，在弹出的对话框中选择自定义选项，如图 2-11 所示。

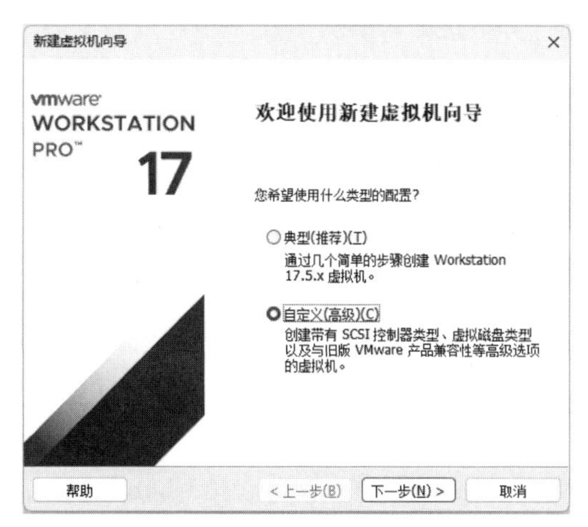

图 2-11　自定义创建虚拟机

单击“下一步”按钮，可以看到硬件兼容性配置，选择默认配置，如图2-12所示。

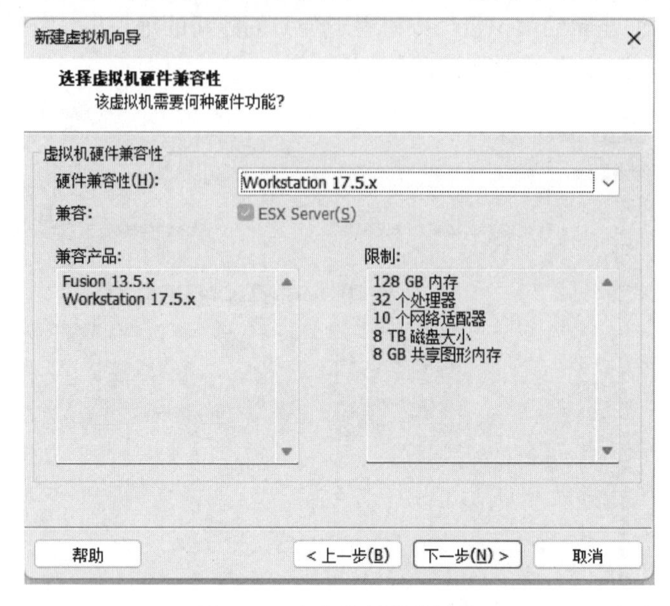

图2-12　自定义创建虚拟机

单击“下一步”按钮，选择“稍后安装操作系统”选项，如图2-13所示。

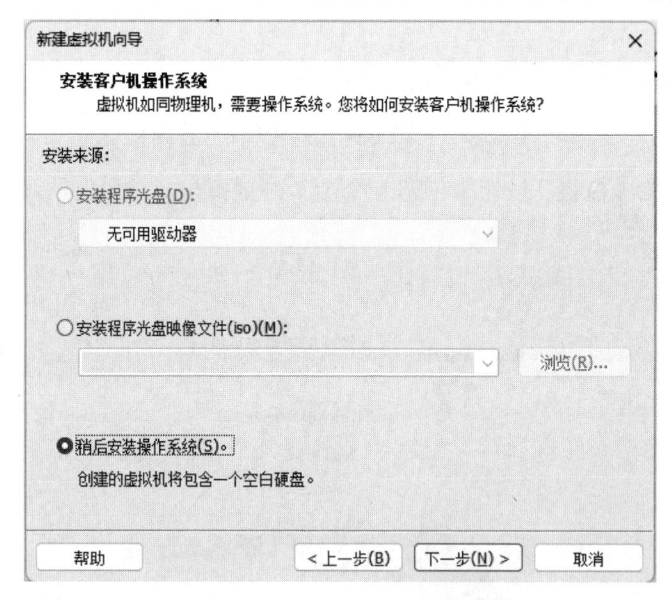

图2-13　稍后安装操作系统

单击“下一步”按钮选择Linux选项，版本选择Ubuntu 64位，如图2-14所示。

图 2-14　配置操作系统类型

单击“下一步”按钮进入虚拟机名称及位置配置窗口，读者可根据实际情况修改虚拟机名称和存储位置，如图 2-15 所示。

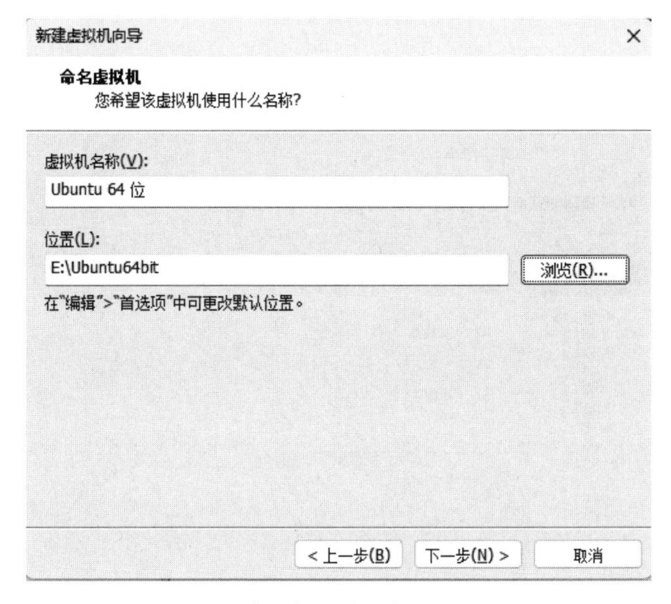

图 2-15　虚拟机名称及存储位置配置

单击“下一步”按钮进入处理器配置对话框，Ubuntu 22.04 处理器推荐 8 核心，可根据实际物理机核心数进行增减，核心过少可能会导致虚拟机出现卡顿现象，配置如图 2-16 所示。

图 2-16　处理器配置

配置完成之后单击“下一步”按钮进入内存配置对话框，Ubuntu 22.04 推荐 16GB 内存，可根据实际物理机内存进行增减，如果内存过低，则同样会导致出现卡顿现象，配置如图 2-17 所示。

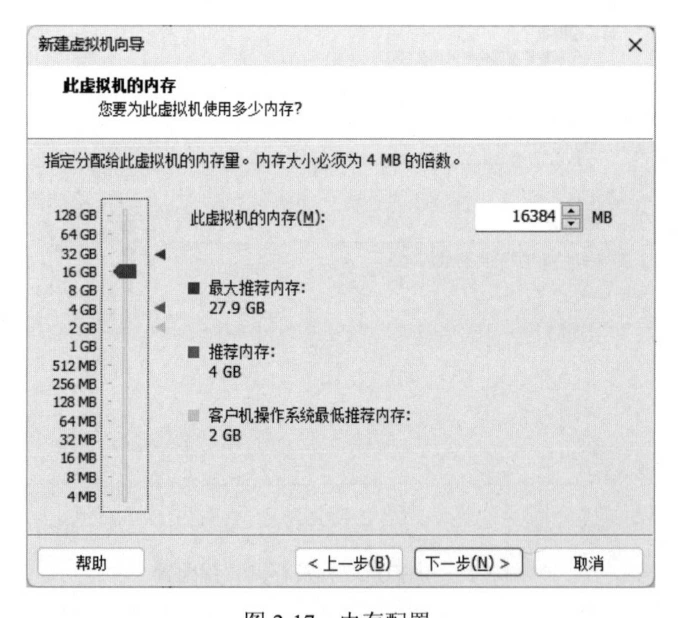

图 2-17　内存配置

单击“下一步”按钮进入网络配置对话框，选择“使用桥接网络”选项，桥接类型网络可使虚拟机和物理机使用同一个网段的 IP 地址，方便物理机和虚拟机之间进行通信，配置如图 2-18 所示。

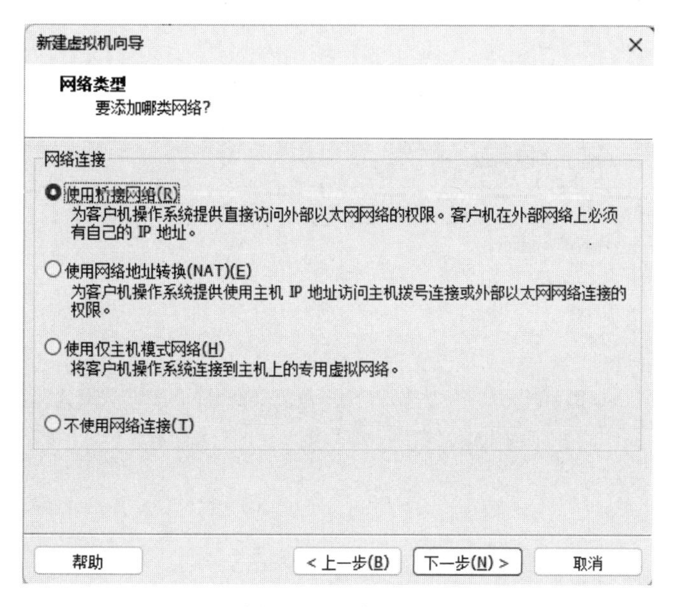

图 2-18　网络配置

此刻，可一直单击“下一步”按钮，使用默认配置，直到弹出磁盘容量配置对话框，将磁盘容量的初始大小配置为 200GB，读者可根据实际情况增加或减少磁盘容量大小，推荐 200GB。为了提高性能，选择“立即分配所有磁盘空间”选项，如图 2-19 所示。

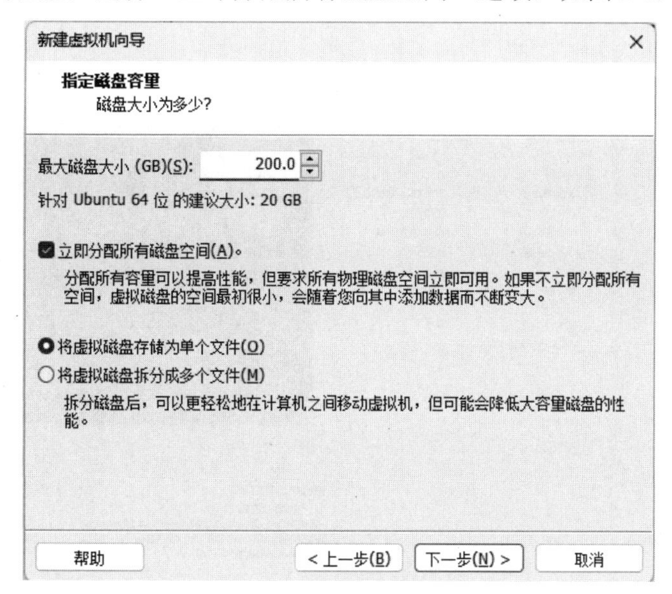

图 2-19　磁盘配置

单击“下一步”按钮，直到弹出“完成”对话框，然后单击“完成”按钮等待磁盘创建结束，如图 2-20 所示。

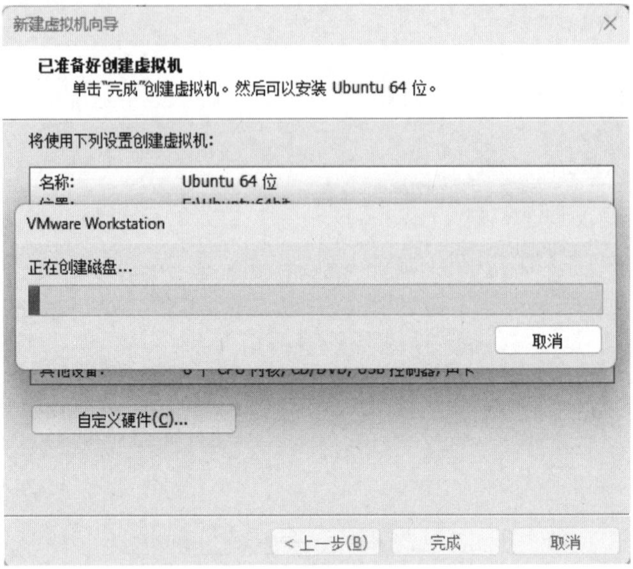

图 2-20　等待磁盘创建完成

在磁盘创建完成之后会进入 WMware 主界面，如图 2-21 所示。

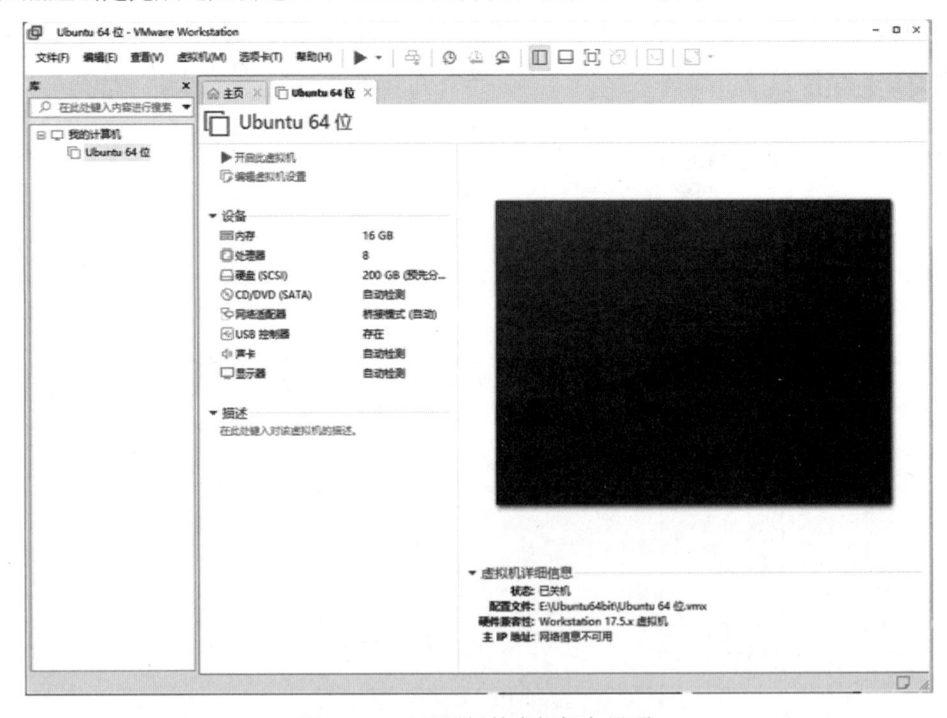

图 2-21　已配置好的虚拟机主界面

此时，虚拟机还不能使用，还需要安装操作系统后才能开启，单击“编辑虚拟机选项”按钮进入虚拟机编辑界面进行操作系统镜像的配置，如图 2-22 所示。

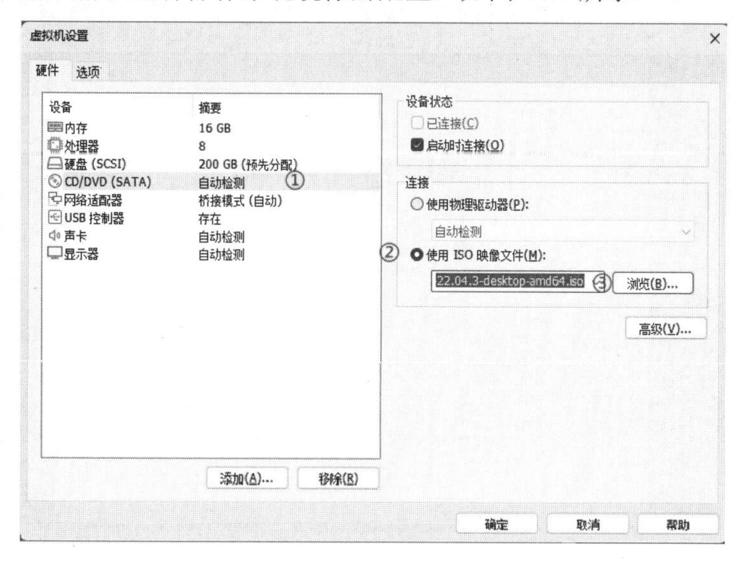

图 2-22　操作系统镜像选择

单击“确定”按钮后回到 WMware 主界面，单击“打开虚拟机”按钮会自动开始操作系统的安装，如图 2-23 所示。

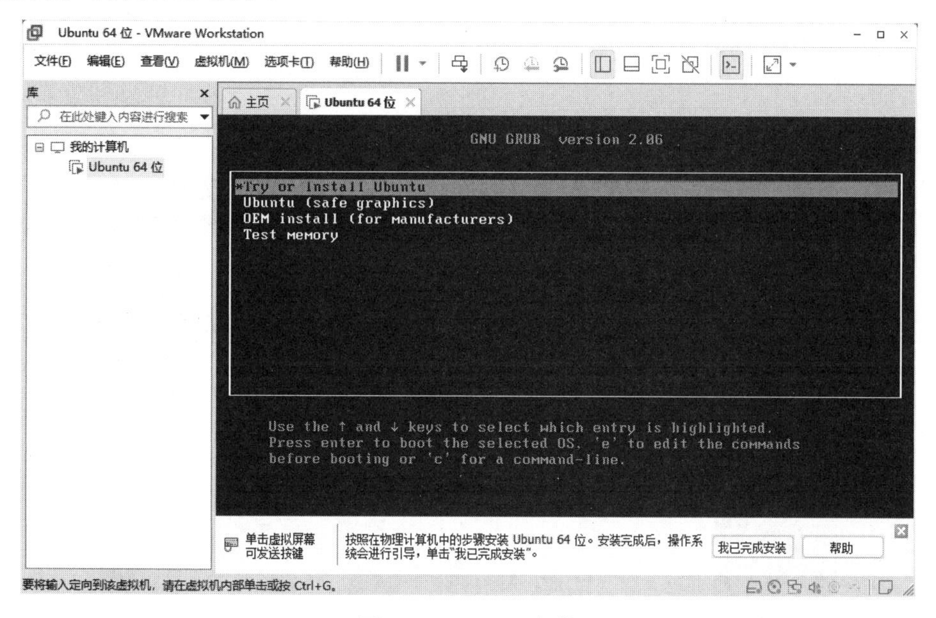

图 2-23　Ubuntu 安装

选择 Try or Install Ubuntu 选项，按 Enter 键进入 Ubuntu 的安装界面，如图 2-24 所示。

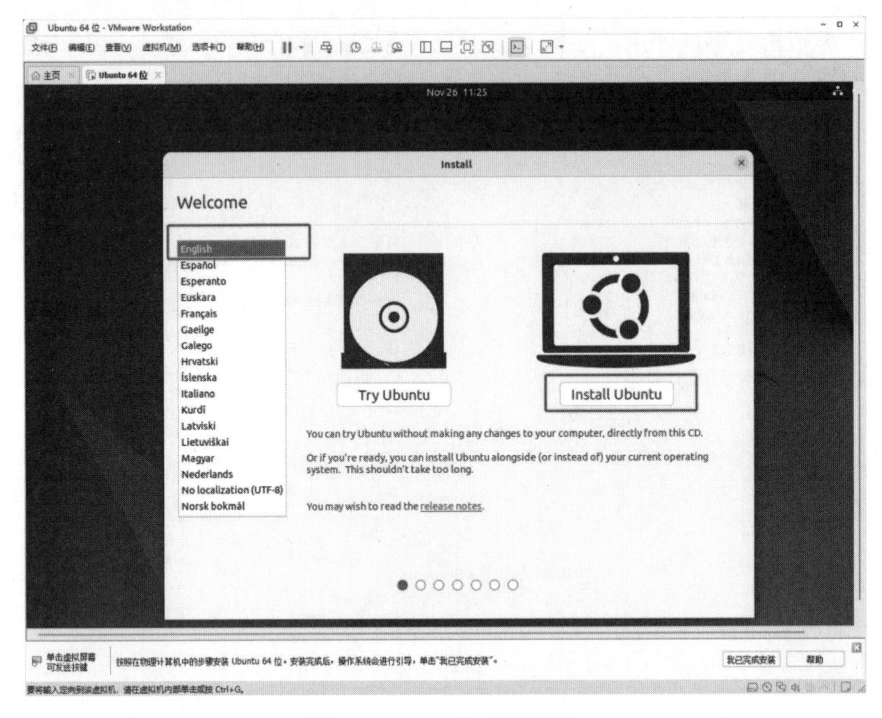

图 2-24　Ubuntu 安装选项

左边栏为操作系统默认语言，读者可根据实际情况进行选择，在右边选择 Install Ubuntu 选项安装 Ubuntu 操作系统，单击 Install Ubuntu 选项后会进入键盘布局配置界面，如图 2-25 所示。

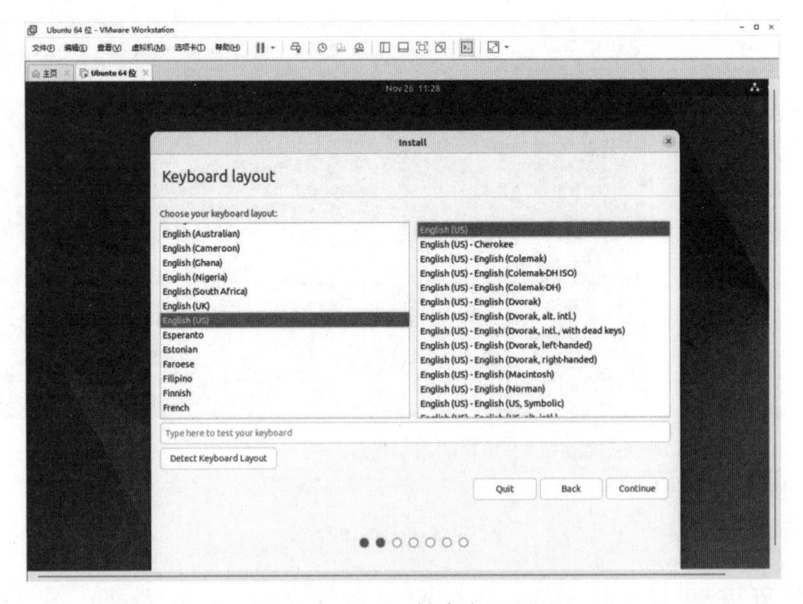

图 2-25　Ubuntu 键盘布局配置

选择默认即可，单击 Continue 按钮继续安装进入软件安装配置，如图 2-26 所示。

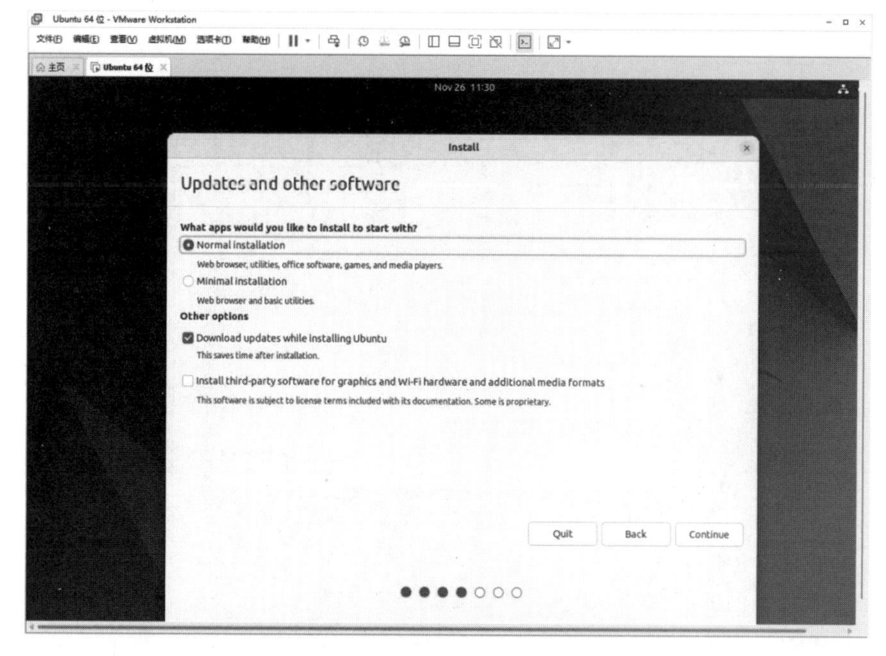

图 2-26　Ubuntu 软件安装配置

选择默认配置，单击 Continue 按钮继续安装，进入安装类型配置界面，如图 2-27 所示。

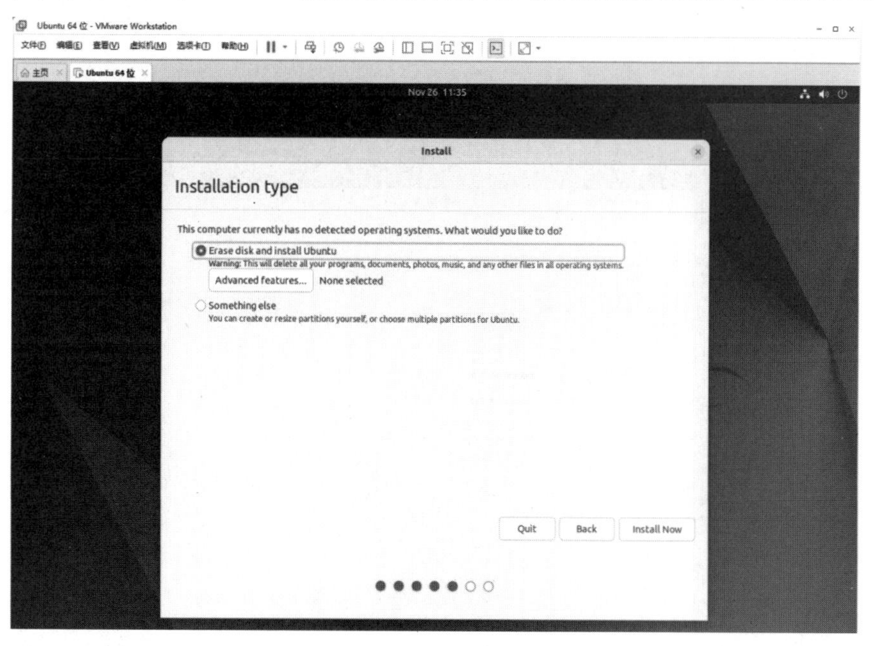

图 2-27　Ubuntu 安装类型配置

默认选择清空磁盘并安装 Ubuntu 选项，单击 Install Now 按钮并单击弹出的对话框中的 Continue 按钮开始安装，如图 2-28 所示。

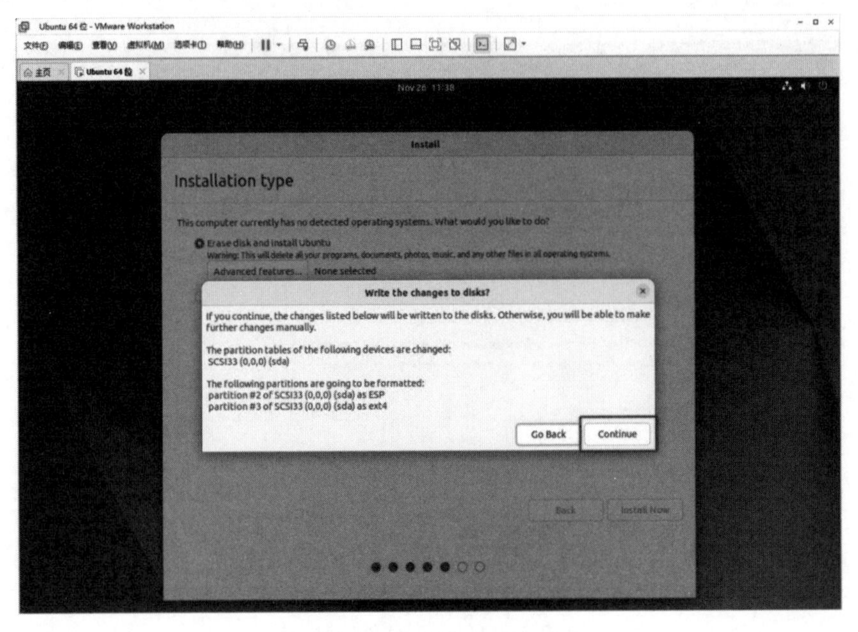

图 2-28　Ubuntu 确认安装

在安装的过程中会弹出时区的选择，选择时区，然后单击 Continue 按钮会进入用户名配置界面。用户名和密码读者可根据个人喜好进行设置，如图 2-29 所示。

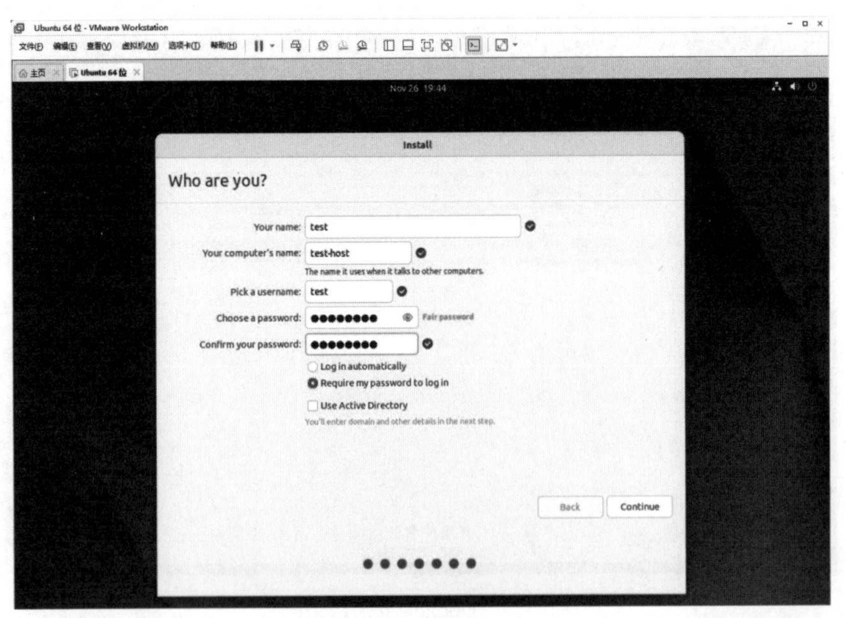

图 2-29　用户配置

设置完成后单击 Continue 按钮正式进入安装流程，等待 Ubuntu 安装完成，如图 2-30 所示。

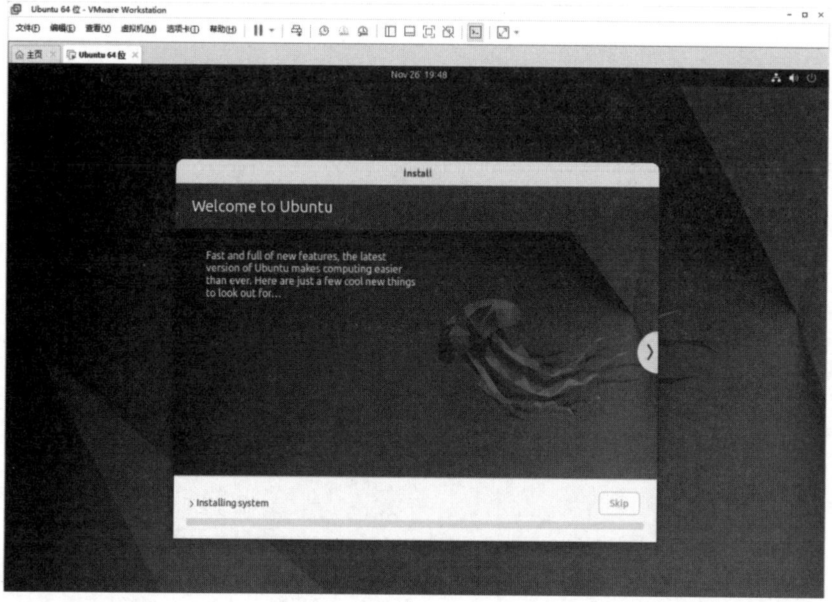

图 2-30　用户配置

安装完成之后会弹出 Installation Complete 对话框，单击 Restart Now 按钮即可完成整个安装过程，如图 2-31 所示。

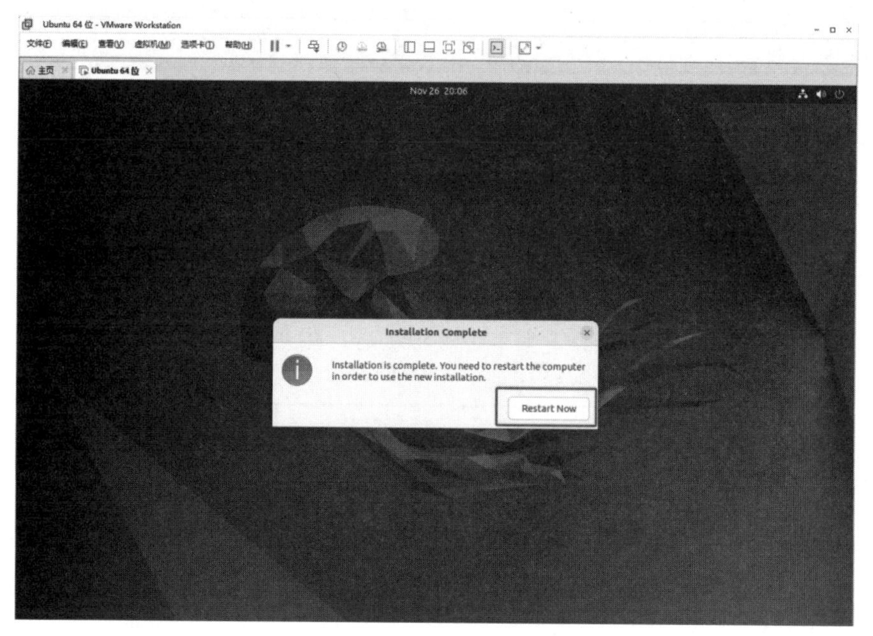

图 2-31　Restart Now

期间如果弹出需要按 Enter 键继续，则按 Enter 继续即可，安装完成后会进入操作系统登录界面，单击“我已完成安装”按钮完成安装，如图 2-32 所示。

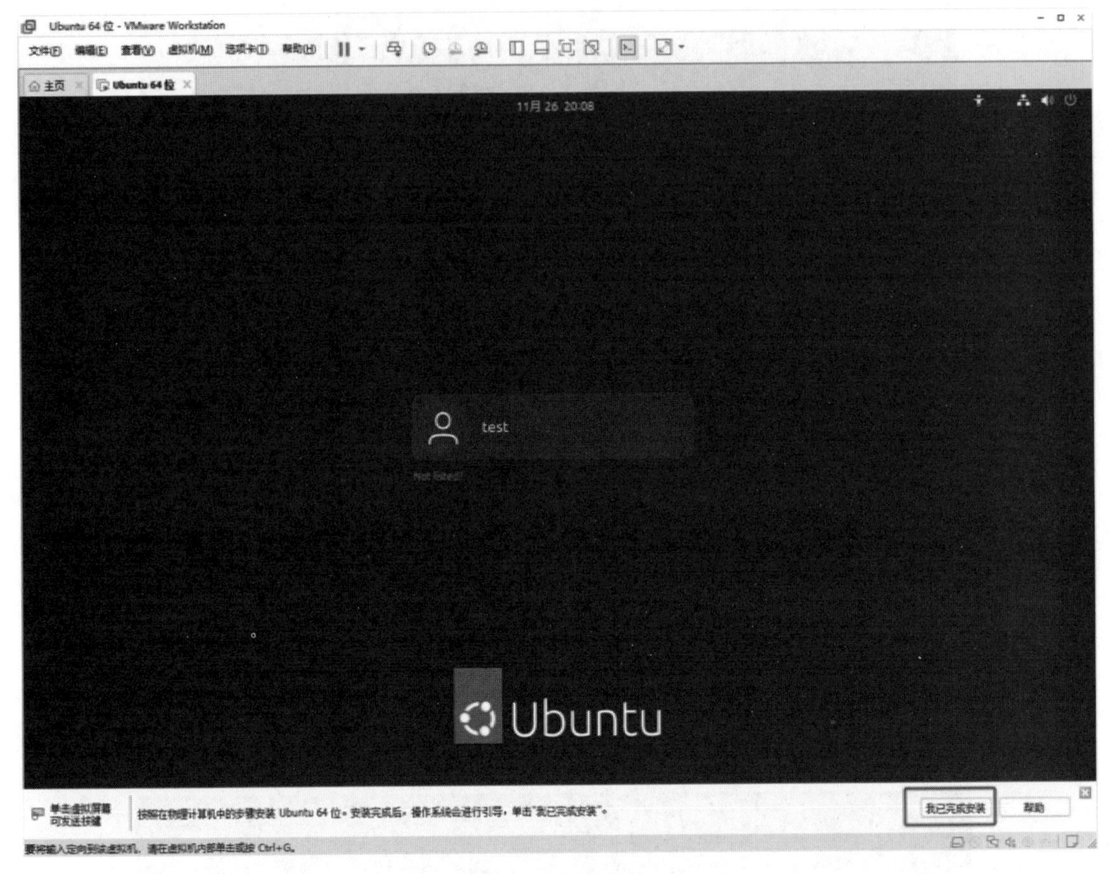

图 2-32　完成安装

至此，整个虚拟机安装已经全部完成，读者可单击用户名登录体验 Ubuntu 了。

注意： 不同的版本安装步骤可能会有略微的差异，读者可根据实际情况进行调整，也可使用实体机器安装。另外，需要注意的是当单击虚拟机后，焦点会切换到虚拟机内部，如果想切换到主机，则可使用 Ctrl+Alt 组合键切出。

2.1.2　独立 NDK 环境配置

虚拟机安装完成之后，读者可使用 Ubuntu 系统内部自带的 Firefox 浏览器访问网络，如图 2-33 所示。

1. 独立 NDK 工具链下载

在 Android Studio 官方网站的搜索框中输入 NDK 关键词，如图 2-34 所示。

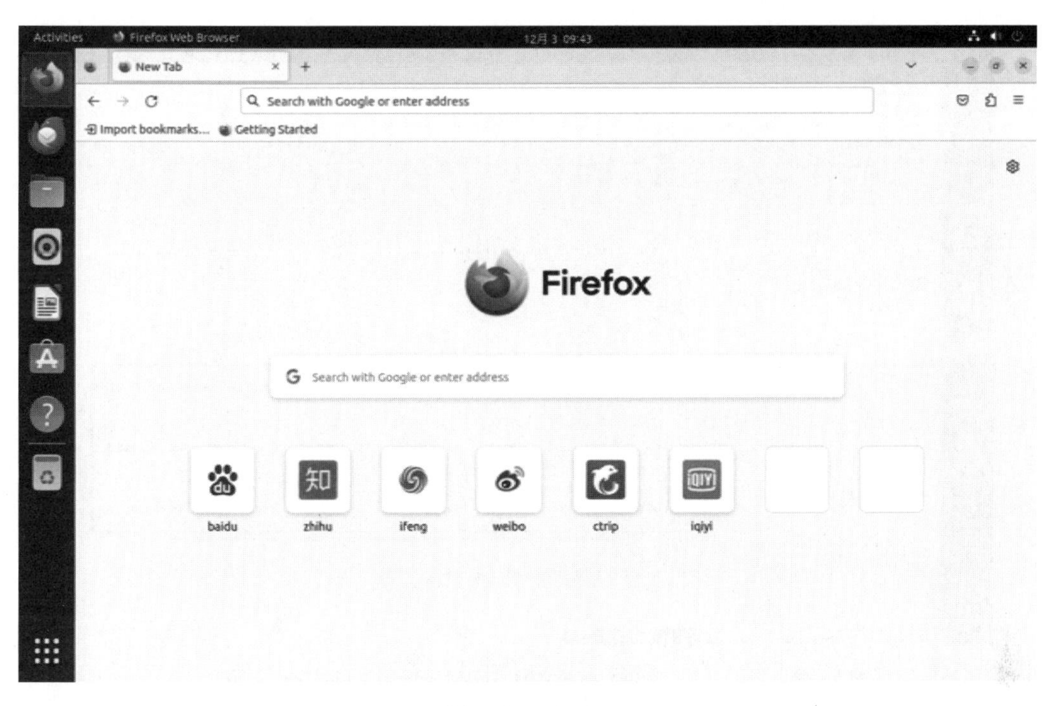

图 2-33　Firefox

图 2-34　NDK 搜索

打开该页面后依次单击“下载”按钮，进入 NDK 的下载页面，如图 2-35 所示。

图 2-35　NDK 下载页面

截至本书编写时 NDK 工具链的最新版本为 r26b，并且仅支持 Windows64 位、Mac 及 Linux64 位（x86）3 个平台。单击 android-ndk-r26b-linux-zip 链接并同意相关协议后开始下载 Linux 平台安装包，如图 2-36 所示。

图 2-36　NDK 下载

注意：本书以 Linux 平台作为开发的主平台展开介绍，其他平台读者可作为扩展自行尝试。

2. 安装包解压

下载的安装包默认保存在 Download 目录，按快捷键 Ctrl+Alt+T 打开 Linux 终端，使用命令进入目录，将安装包移动到/opt/目录下，命令如下：

```
#进入 Download 目录
cd ~/Download
#将安装包移动到/opt 目录下，需要用到 sudo 权限
sudo mv android-ndk-r26b-linux.zip /opt/
#输入密码之后按 Enter 键确认
[sudo] password for test:
#进入/opt 目录解压安装包
cd /opt/
#zip 类型的文件在 Ubuntu 系统中使用 unzip 工具解压，需要提前安装 unzip 命令
sudo apt install unzip
#解压安装包
sudo unzip android-ndk-r26b-linux.zip
```

3. 环境变量配置

安装包解压后的内容详见 1.5 节，仅平台不同，此处不再介绍。解压后的文件此时还不能直接在各处直接使用，需要将安装包的目录配置到系统环境变量中，重新加载后方可在全局环境下直接使用。

在 Linux 平台环境变量配置一般使用两种方式，两种方式的作用和影响见表 2-1。

表 2-1　环境变量配置方式

配置方式	文件位置	影　响
.bashrc	~/.bashrc	用户级别的配置文件，用于设置当前用户的特定环境变量和执行用户级别的初始化命令，配置仅影响当前用户
profile	/etc/profile	系统级别的配置文件，用于设置全局的环境变量和执行系统范围的初始化命令，配置将影响系统中的所有用户

简单来讲，~/.bashrc 作用于当前用户，/etc/profile 影响所有用户。具体使用何种配置方式取决于当前配置是否需要对所有用户生效。本次配置采用.bashrc 的方式配置，命令如下：

```
#使用 gedit 打开.bashrc 文件，读者也可以使用其他编辑器，例如 vi、vim 等
gedit ~/.bashrc
#在文件的末尾追加
export NDK_ROOT=/opt/android-ndk-r26b  #NDK 安装包解压后的路径
export PATH=$PATH:$NDK_ROOT            #追加到环境变量中
```

使用 Ctrl+S 保存文件，关闭 gedit 编辑器并更新当前会话的环境变量，命令如下：

```
source ~/.bashrc
```

4．验证

测试 NDK 是否可以正常工作，命令如下：

```
#若结果显示 NDK 版本信息，则说明 NDK 环境配置成功
test@test-host:~$ ndk-build --version
GNU Make 4.3
Built for x86_64-pc-linux-gnu
Copyright (C) 1988-2020 Free Software Foundation, Inc.
License GPLv3+: GNU GPL version 3 or later <http://gnu.org/licenses/gpl.html>
This is free software: you are free to change and redistribute it.
There is NO WARRANTY, to the extent permitted by law.
```

2.2 集成 NDK 环境搭建之 Android Studio

Android Studio 是 Android 的官方 IDE（集成开发环境）。基于 IntelliJ IDEA 构建，专为 Android 而打造，是一款功能强大的 IDE，Android Studio 提供了集成的 Android 开发工具，用于开发和调试，使用它可以加快开发者的开发速度。1.5 节介绍了 NDK 的目录结构，本节将介绍如何利用 Android Studio 进行安装 NDK，以及开发 NDK 需要安装的其他工具。

1．安装 Linux 平台 Android Studio

在 Android 开发者的中国区官方网站单击“下载 Android Studio Giraffe”按钮，进入 Android Studio 下载界面，如图 2-37 所示。

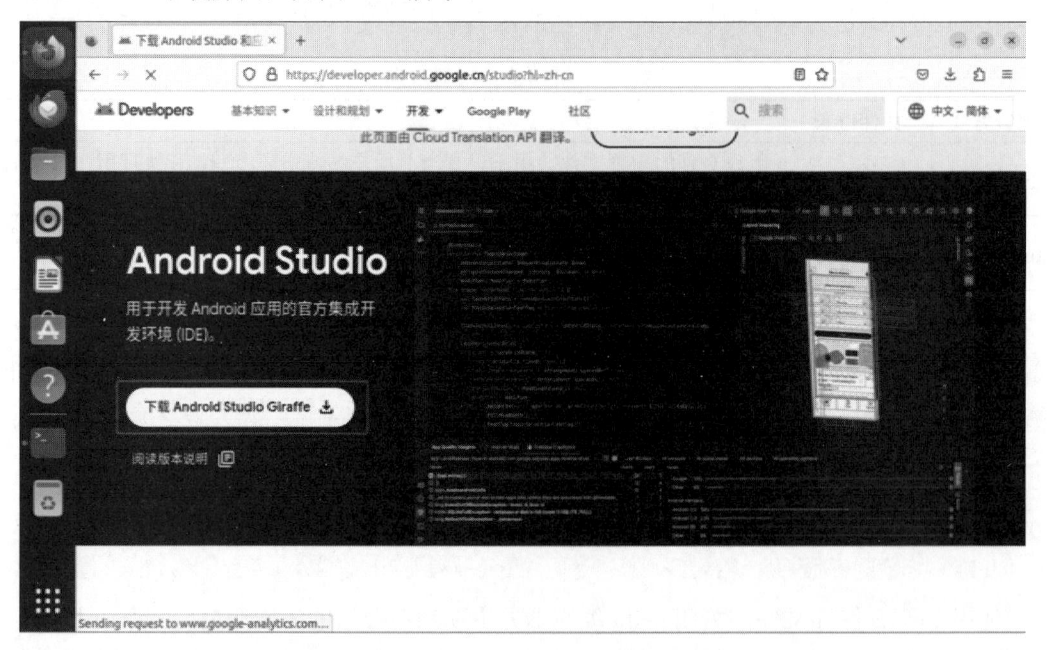

图 2-37 Android Studio 下载页面

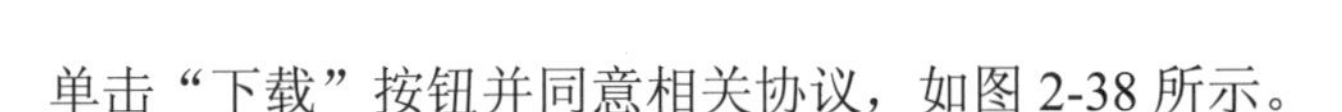

单击“下载”按钮并同意相关协议，如图 2-38 所示。

图 2-38 下载 Android Studio

下载的安装包默认保存在 Download 目录，按快捷键 Ctrl+Alt+T 打开 Linux 终端，使用命令进入目录，将安装包移动到/opt/目录下，命令如下：

```
#进入 Download 目录
cd ~/Download
#将安装包移动到/opt 目录下
sudo mv android-studio-2022.3.1.21-linux.tar.gz /opt/
#输入密码之后按 Enter 键确认
[sudo] password for test:
#进入/opt 目录解压安装包
cd /opt/
#解压安装包，和 NDK 工具链不同，这里的压缩格式为.tar.gz，需要用到不同的命令解压
sudo tar vxf android-studio-2022.3.1.21-linux.tar.gz
```

2. 配置 Linux 平台 Android Studio 快捷方式

在完成解压后，读者可以直接使用/opt/android-studio/bin/studio.sh 命令的方式启动，或者按照 2.1.2 节中配置独立 NDK 工具链的方式将其添加到环境变量中，然而，无论哪种方式都需要在终端中执行命令行才能启动 IDE。为了提高使用效率，通常我们会为这类常用的工具创建快捷方式。

在 Ubuntu 上为 Android Studio 创建快捷方式，可以按照以下步骤进行：

（1）打开终端，并进入 Android Studio 的安装目录。

（2）找到 bin 文件夹，并进入该文件夹。

（3）使用 pwd 命令获取当前路径。

（4）在家目录中创建一个文件，并命名为 android-studio.desktop。

（5）使用文本编辑器打开 android-studio.desktop 并将以下内容粘贴进去。

内容如下：

```
[Desktop Entry]
Name=Android Studio
Comment=Android Studio
Exec=/opt/android-studio/bin/studio.sh
Icon=/opt/android-studio/bin/studio.png
Terminal=false
Type=Application
```

（6）使用 Ctrl+S 组合键保存文件，并修改文件的权限，命令如下：

```
chmod 777 android-studio.desktop
```

（7）将文件复制到/usr/share/applications/目录下，命令如下：

```
sudo cp android-studio.desktop /usr/share/applications/
```

通过以上步骤，单击左下角的菜单键就可以在 Ubuntu 的菜单中看到 Android Studio 的快捷方式了，如图 2-39 所示。

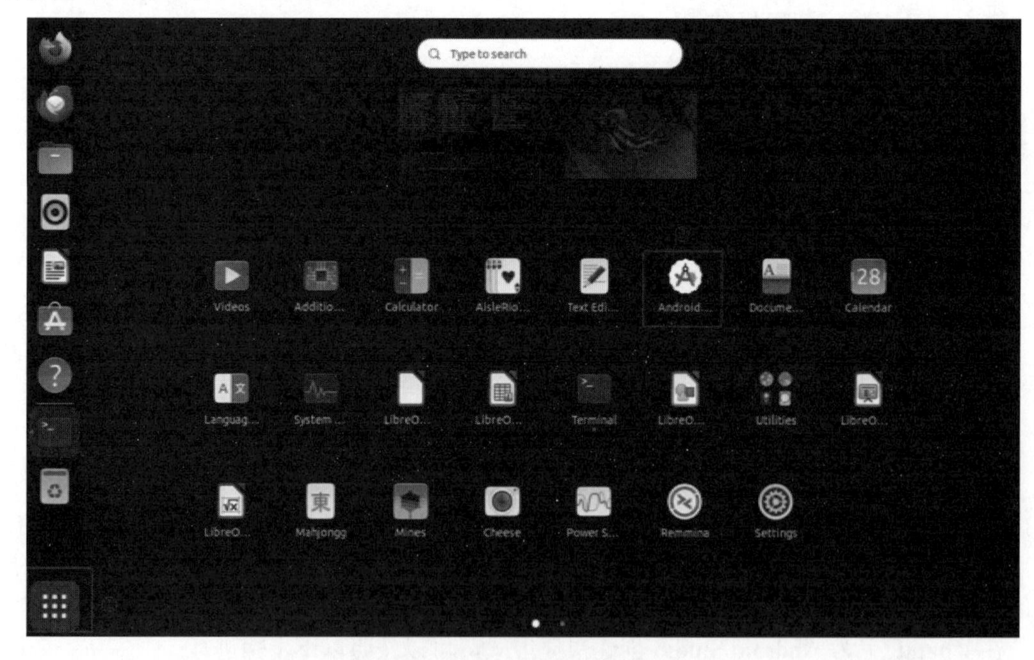

图 2-39 Android Studio 快捷方式

3. 安装 NDK 所需工具链

单击图标打开 Android Studio，所有的配置按照默认配置，在主界面选择 SDK Manager，如图 2-40 所示。

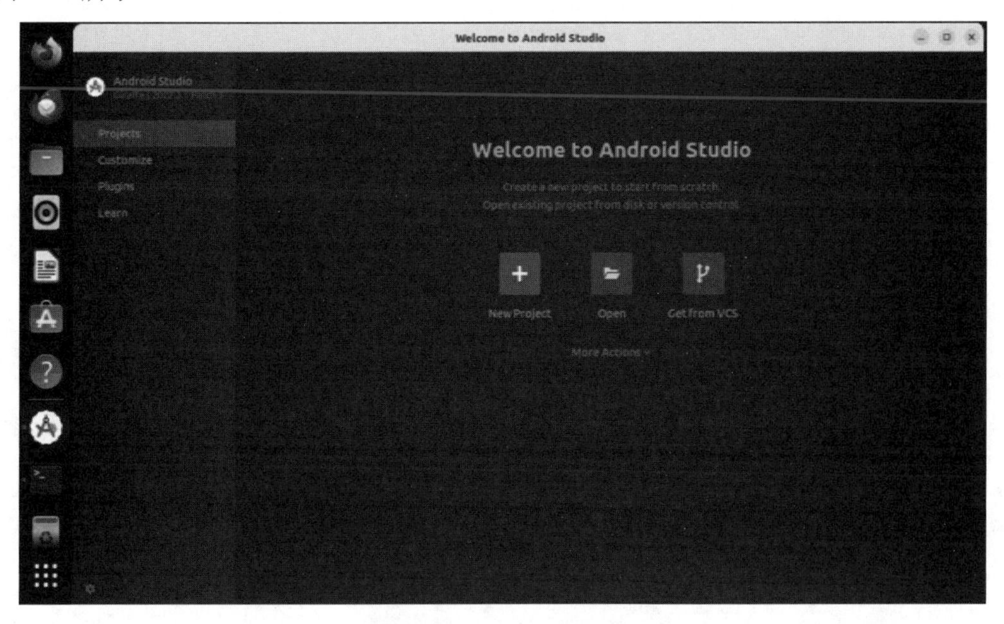

图 2-40　SDK Manager

在弹出的对话框选择 SDK Tools，初始状态如图 2-41 所示。

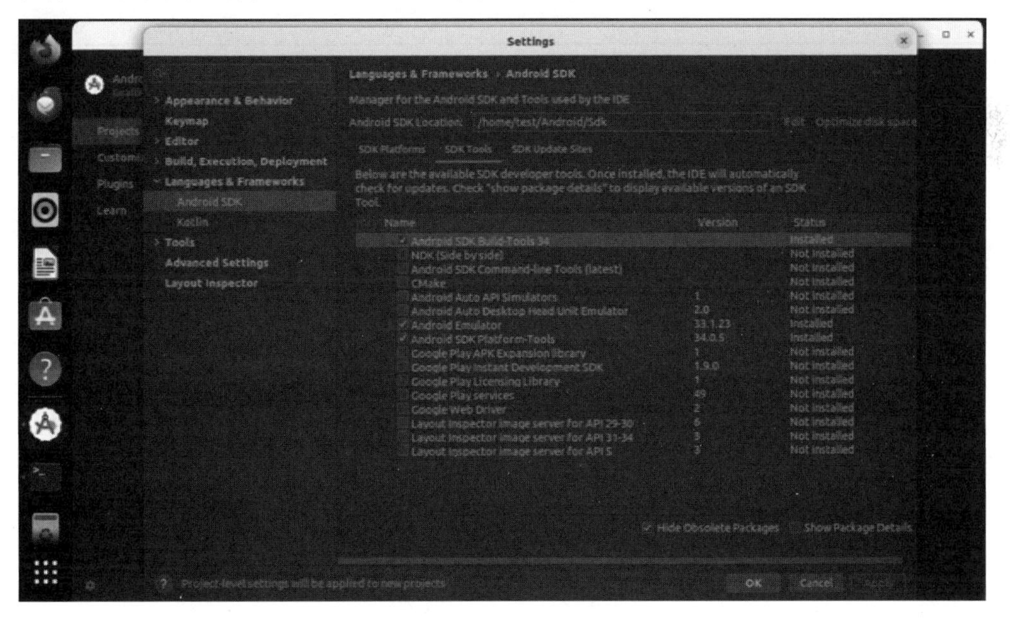

图 2-41　SDK 初始页面

集成开发环境（IDE）需要安装的工具链包括NDK和CMake。选中Show Package Details选项，可以显示工具包的各个版本，不选中默认安装最新版本。NDK工具包用于NDK开发编译，而CMake用于编写NDK编译脚本，如图2-42所示。

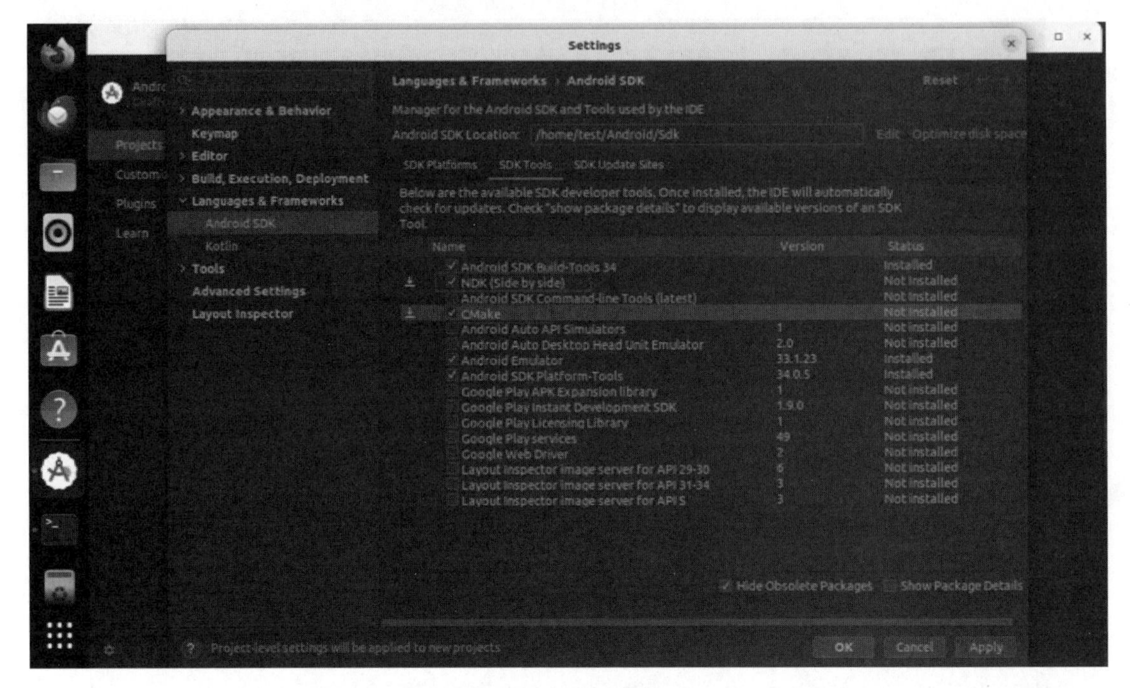

图2-42 NDK安装

注意：这里安装的NDK与2.1.2节中安装的独立NDK在本质上并无区别，然而，在集成开发环境中，IDE会默认调用这里安装的NDK工具。有关NDK目录的详细介绍，可参阅1.5节。

单击Apply按钮，等待安装完成即可。

2.3 本章小结

本章主要介绍了虚拟机环境的安装、独立NDK环境部署及集成开发环境NDK安装三部分，相信读者对Linux下的环境搭建也有了一个初步了解。尽管本章主要讲述了环境安装，但并未涉及具体的使用方法。对于如何利用独立NDK工具包编译一个开源库及如何利用集成开发环境进行源码集成，读者可能会感到困惑。在接下来的章节中，我们将进入真正的编程实战环节，为读者解答这些疑惑。

第 3 章

NDK 开发场景

3.1 NDK 开发实际集成源码的场景

在移动应用开发中，将 C/C++实现的功能整合至应用中常常采用两种主要方式。一种方式是通过集成开发环境（如 Android Studio）直接将源代码整合进项目中。另一种方式是利用预先编译好的库，在本章节将详细介绍这两种方式的实际应用，同时会深入探讨 FFmpeg 的编译过程。

3.1.1 使用 Android Studio 源码直接集成

1. 项目创建

首先，打开 Android Studio，选择 File→New→New Project 来建立一个新的工程。与非 NDK 应用不同之处在于要选择 Native C++项目类型。在项目类型选择界面，选择默认 Activity 类型为 Native C++，具体界面如图 3-1 所示。

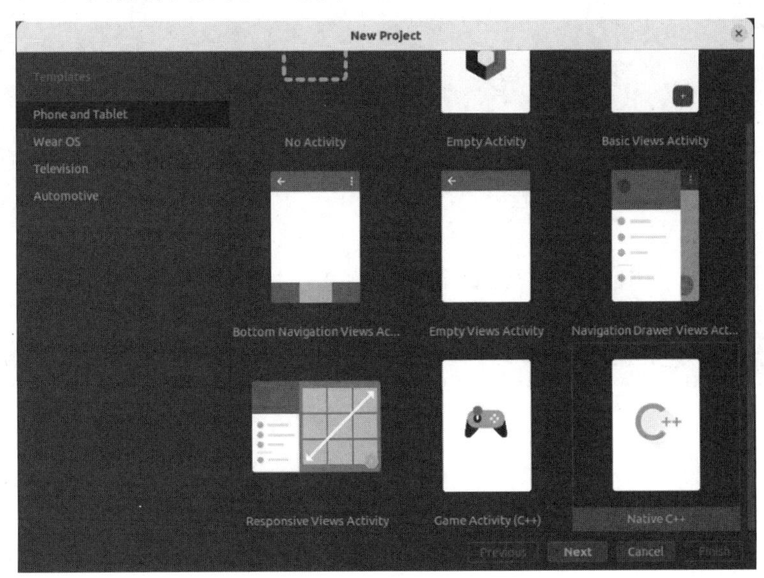

图 3-1 Native C++

单击 Next 按钮，输入项目名称、包名、语言及保存路径等信息。在这个示例中，将工程命名为 Ndk3_1，选择语言为 Java，界面如图 3-2 所示。

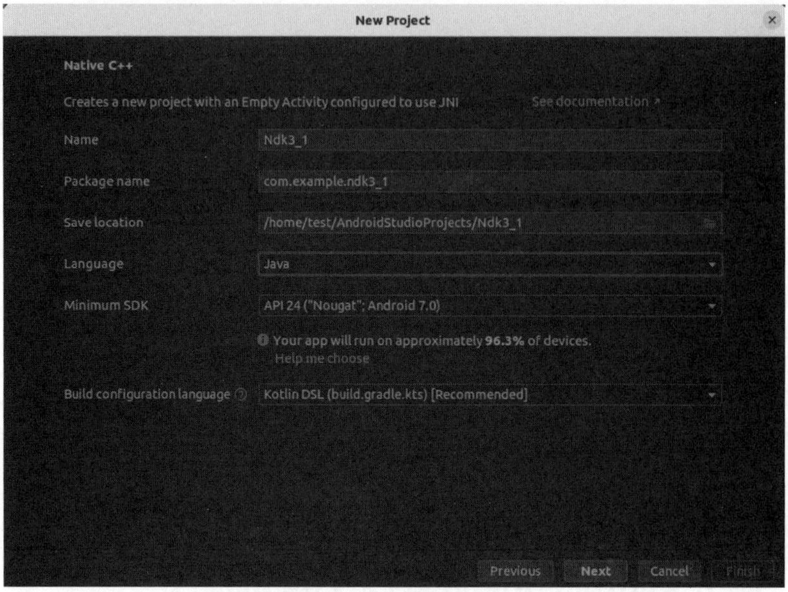

图 3-2　工程配置

单击 Next 按钮进入 C++配置界面，这个界面用于配置 C++的版本信息。通常可选择默认配置，或根据项目的特定要求进行调整，示例界面如图 3-3 所示。

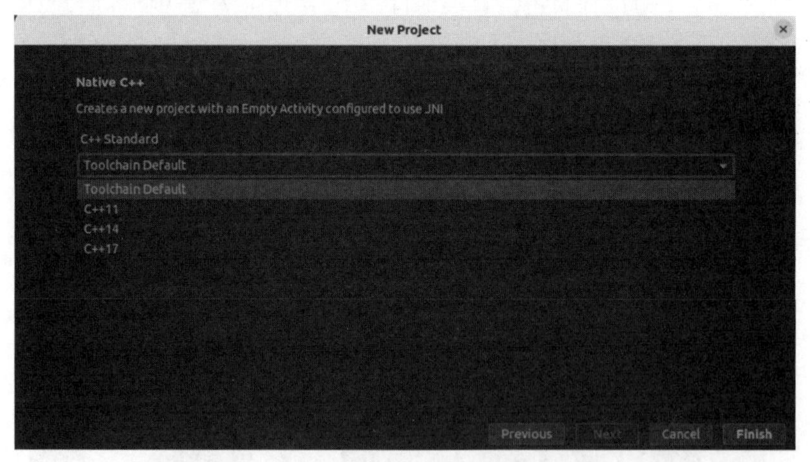

图 3-3　C++版本选择

本节的主要目标是演示如何使用 Android Studio 集成 C/C++源码，并没有对 C++版本有特定的要求，因此，在这个示例中选择默认 C++版本，然后单击 Finish 按钮完成项目的创建。

一旦项目创建完成便会对 gradle 等依赖进行同步。在这个过程中，可能会出现 gradle 下载超时的情况，类似于图 3-4 所展示的情况。

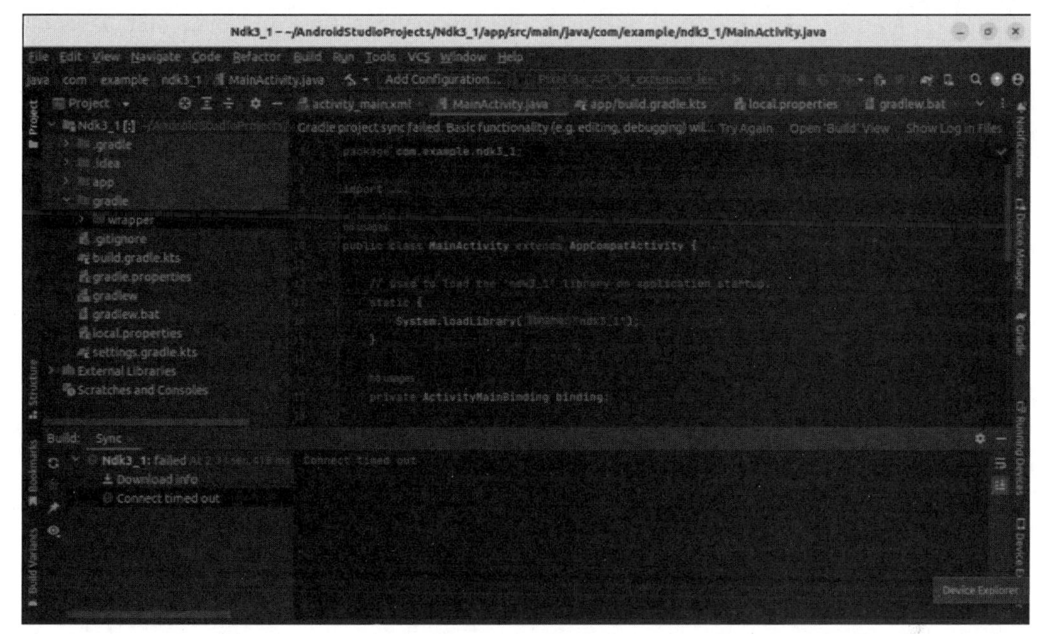

图 3-4　同步超时

这个问题通常与网络有关，可以通过将 gradle 地址更换为国内镜像网址来解决。首先，将项目视图切换为 Project 模式，然后选择 gradle→wrapper→gradle→wrapper.properties。在这个示例中，当前使用的 gradle 版本是 8.0，具体操作如图 3-5 所示。

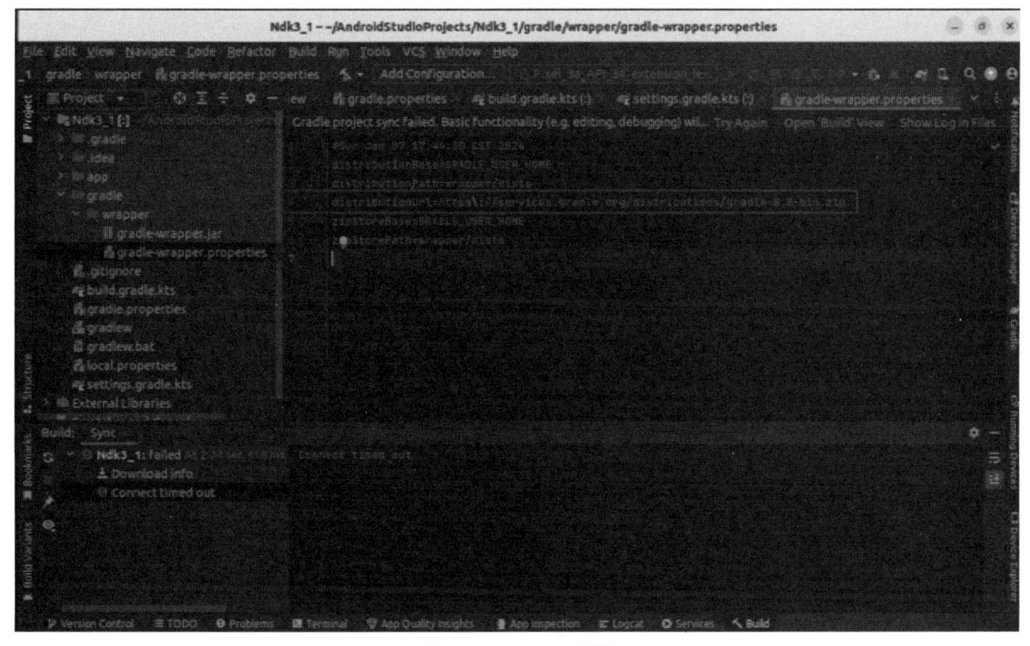

图 3-5　gradle 配置

只需将 gradle 地址更换为以下地址：distributionUrl=https://mirrors.cloud.tencent.com/gradle/gradle-8.0-bin.zip，然后单击 Try Again 按钮便可完成项目的同步。

2. 源码编写

为了深入学习源码集成，本节采用编写简单的 C 源码的方式进行学习。这样做的主要目的是凸显源码集成的核心内容，而非仅限于源代码本身。接下来我们将在 app/src/main/cpp 目录下创建 3 个文件：LogUtils.h、Add.c、Add.h。

LogUtils.h 文件的代码如下：

```
//第 3 章/LogUtils.h
#ifndef NDK3_1_LOGUTILS_H
#define NDK3_1_LOGUTILS_H
#include<android/log.h>
#define LOGD(...)  __android_log_print(ANDROID_LOG_DEBUG,TAG,__VA_ARGS__)
//定义 LOGD 类型
#define LOGI(...)  __android_log_print(ANDROID_LOG_INFO,TAG,__VA_ARGS__)
//定义 LOGI 类型
#define LOGW(...)  __android_log_print(ANDROID_LOG_WARN,TAG,__VA_ARGS__)
//定义 LOGW 类型
#define LOGE(...)  __android_log_print(ANDROID_LOG_ERROR,TAG,__VA_ARGS__)
//定义 LOGE 类型
#endif //NDK3_1_LOGUTILS_H
```

这个头文件定义了常用的日志打印函数，通过宏定义的方式定义了 LOGD、LOGI、LOGW 及 LOGE 共 4 种常用的打印 log 的宏函数。在使用的地方包含 LogUtils.h 及定义 TAG 即可。

Add.c 文件的代码如下：

```
//第 3 章/Add.c
#include "Add.h"            //包含 Add.c 头文件
#define TAG "Add"           //定义 TAG，以便区分不同文件打印
/**
 * add 函数
 * @param a   第 1 个参数
 * @param b   第 2 个参数
 * @return 返回两数之和
 */
int add(int a, int b){
    //打印调试日志
    LOGI("a = %d  b = %d\n", a, b);
    //返回两数之和
    return a + b;
}
```

Add.h 文件的代码如下：

```
//第 3 章/Add.h
```

```
#ifdef __cplusplus   //注意__cplusplus编译器的保留宏定义，也就是说编译器认为这个宏
//已经定义了，一定要完全一样，否则会出问题
extern "C"{
#endif
#ifndef NDK3_1_ADD_H
#define NDK3_1_ADD_H
#include "LogUtils.h"
//函数声明
int add(int a, int b);
#endif //NDK3_1_ADD_H

#ifdef __cplusplus
}
#endif
```

注意： 当代码包含 extern "C"声明时，它告诉编译器该部分代码应该按照 C 语言的标准来进行编译，而不是像 C++ 那样可能支持函数重载。这意味着编译器不会为函数的参数添加类型信息，因为它不适用在 C 语言中。如果代码可能会在C++的环境下运行，则需要使用此方式定义头文件。

3. 编译配置

无论是直接集成源码还是使用预编译库文件，当源代码编写或库集成工作完成之后，都需要对项目的编译配置进行调整。这个过程通常会涉及修改项目的构建文件，其中在使用 CMake 作为构建系统时，这个文件通常是 CMakeLists.txt。

具体来讲，修改 CMakeLists.txt 文件是为了让构建系统知道存在新加入的源代码文件或库文件，并正确地将其包含到项目的构建过程中。这包括指定源代码文件的位置、编译选项、链接外部库等。以下是源码集成编译配置，代码如下：

```
#第 3 章/CMakeLists.txt
#声明使用的 CMake 的最低版本
cmake_minimum_required(VERSION 3.22.1)

#项目名称
project("ndk3_1")

#用来添加一个库文件，其中 SHARED 代表动态库
add_library(${CMAKE_PROJECT_NAME} SHARED
        #库生成所需的源文件
        Add.c
        native-lib.cpp)

#链接库，表示上面生成的库需要依赖 android 和 log 库
target_link_libraries(${CMAKE_PROJECT_NAME}
        #List libraries link to the target library
        android
```

```
        log)
```

4. 使用库函数

在集成外部库时，除功能源码外，通常还需一个接口文件，这个文件负责向外界提供接口函数。使其他代码可以调用库中的功能。接口函数的提供方式分为静态注册和动态注册两种。对于规模较小的项目，静态注册方式较为常见。这种方式在集成时，借助集成开发环境的帮助，相对更容易实现。静态注册方式通常在编译时确定接口函数的映射关系，因此其实现过程较为直观和简单。

然而，静态注册方式在移植性方面相较于动态注册会稍逊一筹。这是因为静态注册通常在编译时固定了接口函数的映射关系，在移植到不同的包名环境下可能需要重新修改和编译，而动态注册方式则可以在运行时动态地加载和注册接口函数，因此具有更好的一致性和灵活性。

本节将使用静态注册的方式来对外提供接口。这种方式虽然在一些方面可能不如动态注册方式，但对于小项目来讲，其简单易用的特点通常能够满足需求。

1）动态库加载

在创建原生（Native）工程时，集成开发环境通常会默认使用库的项目名称，在MainActivity的静态代码块中会自动加载生成的动态库。这个过程是IDE自动化配置的一部分，旨在简化原生库的集成过程。

静态代码块是在类加载时执行的代码段，通常用于执行只需执行一次的初始化操作。在这里，IDE会在MainActivity的静态代码块中插入代码，以便在应用程序启动时加载并初始化动态库。

加载动态库的代码通常类似于System.loadLibrary方法，并传入库的名称。这会告诉系统去加载与设备架构匹配的动态库文件，例如，本节中动态库的名称为ndk3_1，那么IDE会自动生成如下代码：

```
//第3章/MainActivity.java
public class MainActivity extends AppCompatActivity {

    //静态代码块，类加载时会自动执行
    static {
        System.loadLibrary("ndk3_1");
    }
    @Override
    protected void onCreate(Bundle savedInstanceState) {
        super.onCreate(savedInstanceState);
        //以下代码为工程自动生成，读者可不必关心
        binding = ActivityMainBinding.inflate(getLayoutInflater());
        setContentView(binding.getRoot());
    }
}
```

这段代码确保了MainActivity被加载到JVM中时，ndk3_1动态库也会被加载到进程中，从而可以供应用程序的其余部分使用。这是Android应用程序中加载和使用原生库的标准方式之一。

注意：类加载机制和库加载涉及Java虚拟机（JVM）和Android源码的深层次知识，对于初学者来讲，理解这些机制需要一定的实践和经验积累，因此在学习初期，读者不必过于深究相关细节，而应该从宏观上了解这些机制的基本概念和作用。随着学习的深入，逐渐掌握Java虚拟机和Android源代码的相关知识。

2）创建Native方法

细心的读者可能会注意到，在新建的工程中MainActivity中有一个名为stringFromJni的native方法，代码如下：

```
//第3章/MainActivity.java
public class MainActivity extends AppCompatActivity {
    //静态代码块，类加载时会自动执行
    static {
        System.loadLibrary("ndk3_1");
    }
    @Override
    protected void onCreate(Bundle savedInstanceState) {
        super.onCreate(savedInstanceState);
        //以下代码为工程自动生成，读者可不必关心
        binding = ActivityMainBinding.inflate(getLayoutInflater());
        setContentView(binding.getRoot());

        //Example of a call to a native method
        TextView tv = binding.sampleText;
        tv.setText(stringFromJNI());
    }
    //native方法的声明
    public native String stringFromJNI();
}
```

此方法使用native关键字修饰，代表这是一个native方法，这是Java层的接口函数。对应地，在native层也有一个对应的C/C++函数。在编译配置中，在CMakeLists中除了添加了自己编写的Add.c文件之外，还有一个native-lib.cpp文件，该文件就是IDE默认生成的用于向外界提供原生接口的接口文件，代码如下：

```
//第3章/native-lib.cpp
#include <jni.h>
#include <string>
#include "Add.h"

#define TAG "native-lib"
```

```
extern "C" JNIEXPORT jstring JNICALL
Java_com_example_ndk3_11_MainActivity_stringFromJNI(
        JNIEnv* env,
        jobject /* this */) {
    std::string hello = "Hello from C++";
    //调用源码库的功能函数
    int ret = add(1, 2);
    //打印执行结果
    LOGI(“ret = %d”, ret);
    return env->NewStringUTF(hello.c_str());
}
```

3）运行

当单击“运行”按钮时，将在虚拟机上观察到以下现象：首先，模拟器的屏幕中央会显示一行文字：“Hello from C++”。这段文字来源于 stringFromJNI()函数的返回值，该函数的返回值最终通过 TextView 组件在模拟器的界面上进行展示。这一功能展示了 C++代码与 Android 界面之间的交互，表明 C++代码能够成功地为 Android 应用提供数据。

其次，在 IDE 的右下角，将看到一条 Log 输出信息。这条信息记录了 add 函数的调用情况。add()函数在后台执行了加法运算，并通过 Log 系统将其执行结果输出到 IDE 的终端上。通过观察这条 Log 输出，开发人员可以了解 add()函数的调用情况，以及它在应用中的实际表现，实际运行情况如图 3-6 所示。

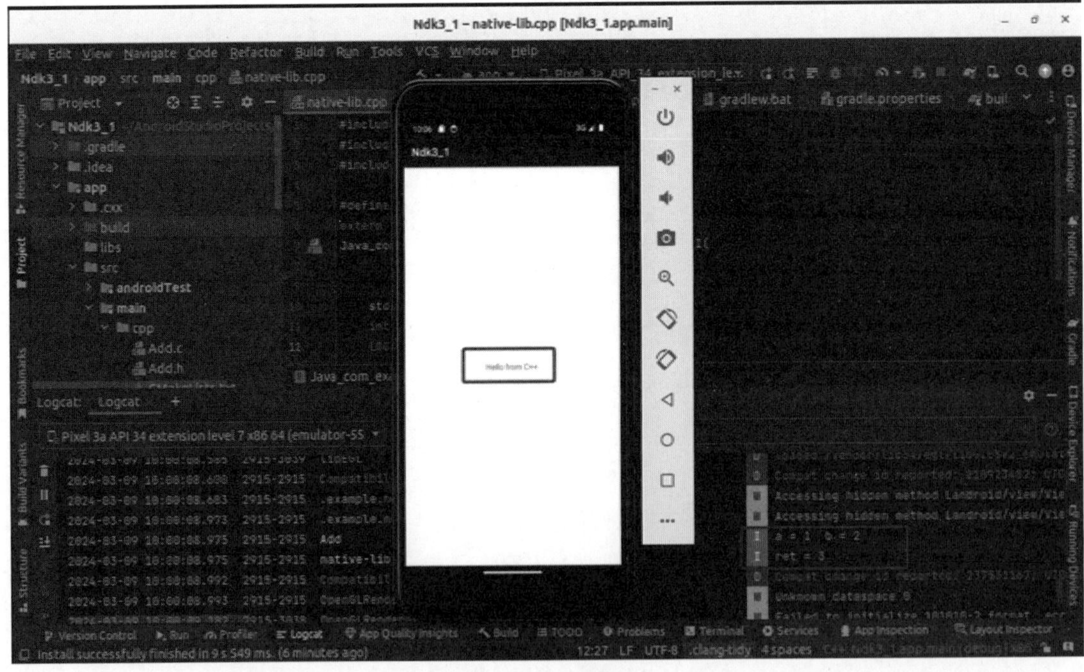

图 3-6　运行结果

3.1.2 使用命令编译出符合平台相关的预编译库

在软件开发的过程中，通常涉及多个小组乃至多个公司的协同合作。在这种合作模式下，往往有专门的小组或公司负责提供通用的功能组件，而非直接开发面向终用户端的软件。他们的主要任务是开发并提供SDK（软件开发工具包），以供其他合作方使用。这些SDK是预先设计好的功能集合，旨在简化其他小组或公司的开发工作，使他们能够基于这些SDK进行二次开发，从而完成整个软件的开发流程。

通过正确的编译过程，可以确保这些库与目标平台兼容，并且具备所需的性能和稳定性。在这个过程中，理解并熟练运用工具链是关键。工具链包含了从源代码到最终产品的整个编译过程中所需的各种工具和技术。通过配置和使用这些工具，可以将源代码转换成可在目标平台上运行的预编译库。

因此，本章节将指导读者如何选择合适的工具链，以及如何编写和执行编译脚本，从而生成符合平台要求的预编译库。这对于任何参与软件开发合作的团队或公司来讲都是一项至关重要的技能。

1. CMAKE_TOOLCHAIN_FILE

在1.2节中深入地探讨了与编译相关的概念，包括预编译、编译、汇编和链接等重要步骤，其中，特别演示了在Linux平台上如何使用gcc和ar等工具来编译x86架构的动态库和静态库。

然而，在实际的SDK开发工作中，情况往往更为复杂。开发者通常需要面对多种平台，如Linux、macOS、Windows、Android及iOS等。每种平台或架构可能有其独特的编译器和工具链，这使配置工具链变得相当烦琐。

为了简化这一流程，CMake引入了CMAKE_TOOLCHAIN_FILE这一变量。它允许开发者为每个目标平台预先定义一个工具链文件。当需要为不同平台编译时，只需指定相应的工具链文件，而无须手动配置每个工具链参数。这一特性的引入极大地提高了跨平台开发的效率和便捷性。通过合理利用CMAKE_TOOLCHAIN_FILE，开发者能够更关注于代码本身，而无须在复杂的编译环境配置上花费过多的精力。这对于任何需要跨平台工作的SDK开发团队来讲都是一项极具价值的改进。

2. android.toolchain.cmake

在ndk-r19之前的版本中，为了生成自定义的工具链，开发者通常需要借助make_standalone_toolchain.py这一脚本。随着Android NDK的版本迭代，截至本书编写时，最新的NDK版本已经更新至r26c。在这一过程中，旧的生成方式由于其使用过于烦琐，在实际开发中已经逐渐被淘汰，因此，这里不再深入介绍。

自ndk-r19起，Android引入了名为android.toolchain.cmake的独立工具链文件，旨在进一步简化交叉编译的步骤。该文件的引入极大地提高了开发效率，使开发者能够轻松地处理不同架构的动态库编译任务。该文件可在NDK工具链中的build/cmake目录中找到。

在掌握了这些背景知识之后，接下来将详细介绍如何利用android.toolchain.cmake这一工具链文件来进行 Android 中各架构的动态库交叉编译。

3. 源码准备

按照以下步骤完成所需任务：

首先，创建一个名为 3.1.2 的目录，这个目录将用于存放所有的源文件和编译脚本。在本示例中，将复用 3.1.1 节中的源文件，即 Add.c、Add.h 及 LogUtils.h。

这些源文件内容保持和 3.1.1 节中的内容一致。为了保持代码的规范性和组织性，接下来在 3.1.2 节目录中创建两个子目录：src 和 include，其中，将 Add.c 文件移动到 src 目录中，将 Add.h 和 LogUtils.h 文件移动到 include 目录中，完成后的目录结构如图 3-7 所示。

图 3-7　源文件目录结构（1）

4. CMakeLists 文件编写

在源文件就绪后，接下来开始编写 CMakeLists.txt，用来编译生成动态库，内容如下：

```
#第 3 章/CMakeLists.txt
#声明 CMake 的最低版本
cmake_minimum_required(VERSION 3.22.1)
#将项目名称设置为 add
project(add)
#设置 NDK 路径
set(ANDROID_NDK "${NDK_ROOT}" CACHE PATH "Android NDK path")
#设置 Android API 级别
set(ANDROID_API_LEVEL 22)
#设置头文件目录
include_directories(include)
#设置源文件列表
set(SOURCES src/Add.c)

#设置输出目录变量，ANDROID_ABI 为外部传入
set(CMAKE_LIBRARY_OUTPUT_DIRECTORY_${ANDROID_ABI}
${CMAKE_CURRENT_SOURCE_DIR}/libs/${ANDROID_ABI})

#编译某个架构的
function(build_library)
    #使用 SOURCES 中的源文件生成库
    add_library(${CMAKE_PROJECT_NAME} SHARED ${SOURCES})
    #链接库，表示上面生成的库需要依赖 android 和 log 库
    target_link_libraries(${CMAKE_PROJECT_NAME}
        #依赖库列表
```

```
        android
        log)
    #设置库的输出目录
    set_target_properties(${CMAKE_PROJECT_NAME} PROPERTIES
LIBRARY_OUTPUT_DIRECTORY
${CMAKE_LIBRARY_OUTPUT_DIRECTORY_${ANDROID_ABI}})
endfunction()

message("----------------------------------------------    ${ANDROID_ABI}")
#调用函数开始编译
build_library()
```

以上展示的即为 CMakeLists.txt 文件的全部内容。对于不熟悉 CMake 语法的读者来讲，这些内容可能初看起来较为复杂，但可以先耐心阅读注释，有助于大致了解这个文件的主要作用。

总体而言，这份 CMake 配置文件主要实现了以下几个功能：首先，它导入了必要的头文件和源文件；其次，设置了编译输出的目录；接着，根据配置生成了相应的库文件；最后，还包含了链接库的操作指令。

特别需要强调的是，CMake 配置文件接收了一个关键的外部参数 ANDROID_ABI。该参数的主要作用是明确指定编译的目标架构，以便根据不同的架构设置合适的输出目录。此外，除了 ANDROID_ABI 变量外，外部还会传入一系列其他参数，如 ANDROID_NDK 和 ANDROID_PLATFORM 等。这些参数均是为 android.toolchain.cmake 这个编译工具链文件所设计的，它们共同协助配置出符合要求的编译环境。这些参数会通过 cmake 命令传入 CMake 文件中供其使用。

接下来编写一个脚本文件，用以执行动态库的编译工作。开发者可以通过这一脚本自动化地完成编译工作，确保生成的动态库符合预期的架构要求。

5. 编译脚本文件编写

编写脚本与手动执行命令在功能层面上没有本质区别，两者的核心都执行一系列的命令以完成特定的任务，然而，脚本文件的主要优势在于，它可以帮助我们自动化地完成那些需要重复执行的操作或者完成那些复杂的命令行操作，从而减少了手动输入时可能出现的错误，提高了工作效率。

首先，创建一个名为 build.sh 的文件。为了便于理解，以最简单的脚本开始编写，内容如下：

```
#第3章/build.sh
#使用bash
#!/bin/bash

#删除编译目录，保持每次编译的干净环境
rm build -rf
```

```
#删除产物目录，保证每次编译出的产物都是最新的
rm libs -rf

#重新创建编译目录，CMake 编译会产生很多中间文件，在一个单独的目录中编译便于清理
mkdir build

#进入编译目录
cd build

#执行 cmake 命令，生成 Makefile
cmake -DCMAKE_TOOLCHAIN_FILE=$NDK_ROOT/build/cmake/android.toolchain.cmake \
        -DANDROID_ABI="armeabi-v7a" \
        -DANDROID_NDK=$ANDROID_NDK \
        -DANDROID_PLATFORM=android-22 \
        ..

#执行编译命令
make
```

脚本编写完成后，使用 chmod a+x build.sh 命令为 build.sh 文件增加可执行权限，此时的目录结构如图 3-8 所示。

```
test@test-host:~/develop/3.1.2$ tree
.
├── build.sh
├── CMakeLists.txt
├── include
│   ├── Add.h
│   └── LogUtils.h
└── src
    └── Add.c

2 directories, 5 files
```

图 3-8 源文件目录结构（2）

执行脚本，输出如图 3-9 所示。

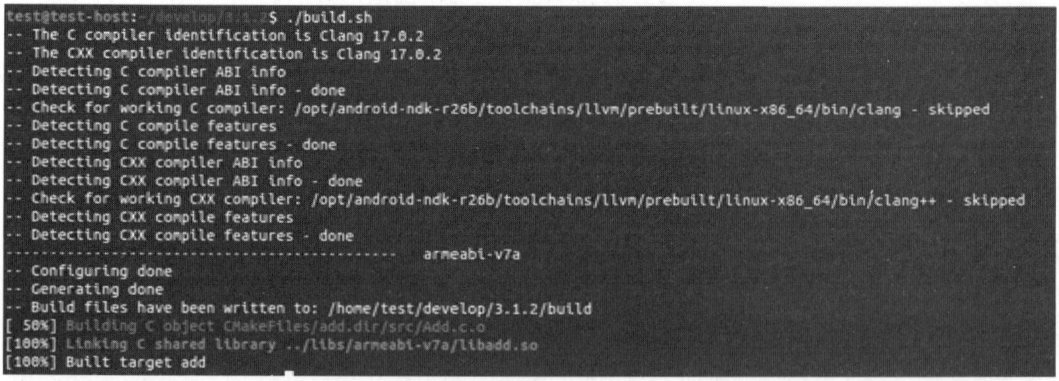

```
test@test-host:~/develop/3.1.2$ ./build.sh
-- The C compiler identification is Clang 17.0.2
-- The CXX compiler identification is Clang 17.0.2
-- Detecting C compiler ABI info
-- Detecting C compiler ABI info - done
-- Check for working C compiler: /opt/android-ndk-r26b/toolchains/llvm/prebuilt/linux-x86_64/bin/clang - skipped
-- Detecting C compile features
-- Detecting C compile features - done
-- Detecting CXX compiler ABI info
-- Detecting CXX compiler ABI info - done
-- Check for working CXX compiler: /opt/android-ndk-r26b/toolchains/llvm/prebuilt/linux-x86_64/bin/clang++ - skipped
-- Detecting CXX compile features
-- Detecting CXX compile features - done
--------------------------------------------   armeabi-v7a
-- Configuring done
-- Generating done
-- Build files have been written to: /home/test/develop/3.1.2/build
[ 50%] Building C object CMakeFiles/add.dir/src/Add.c.o
[100%] Linking C shared library ../libs/armeabi-v7a/libadd.so
[100%] Built target add
```

图 3-9 编译输出

此时再看目录结构，如图 3-10 所示。

图 3-10 源文件目录结构

在编译过程中，生成了两个重要的目录：build 和 libs，其中，build 目录主要用于存放编译过程中生成的中间文件，这些文件是构建系统在编译源代码时自动生成的，对于一般的用户来讲，通常不需要特别关注这些文件的内容。

而 libs 目录则包含了最终编译得到的库文件。特别地，在 libs 目录下的 armeabi-v7a 子目录中，可以发现名为 libadd.so 的动态链接库文件。这个文件是针对 ARMv7-A 架构编译得到的产物，是编译过程的最终成果。

接下来，回顾编译脚本中使用的 cmake 命令。这个命令在构建系统中扮演着至关重要的角色，它接收了 5 个参数，其中 CMAKE_TOOLCHAIN_FILE 在 3.1.2 节中已经讲解过，这里不再赘述，其余 4 个参数的作用如下。

1）ANDROID_ABI

ANDROID_ABI 指定了当前要编译的动态库的 ABI，脚本指定的内容会被 android.toolchain.cmake 文件解析，并根据传入的 ABI 选择合适的工具链。

2）ANDROID_NDK

ANDROID_NDK 指定了 ndk 的根目录，用来寻找相关工具链。

3）ANDROID_PLATFORM

ANDROID_PLATFORM 指定了动态库兼容的最小 Android 版本。

4）..

这个参数用来指定 CMakeLists.txt 所在的目录。..在 Linux 系统中代表上一级目录，告知 cmake 要执行的 CMakeLists.txt 所在的相对路径。

所有使用“-D”定义的变量均可在 android.toolchain.cmake 和 CMakeLists.txt 文件中通过“${使用-D 定义的变量}”来获得该变量的值，从而可以通过定义不同的变量来指定不同的编译目标。

6. 升级编译脚本

观察 3.1.2 节中的 build.sh 脚本文件可以发现，ANDROID_ABI 的值决定了编译出来动态库的架构。那么，只需在脚本中动态地改变此变量的值便可完成不同架构动态库的编译。

在脚本中，可以利用数组和循环结构来满足该需求。升级后的脚本如下：

```
#第 3 章/build.sh
```

```
#使用bash
#!/bin/bash

#删除编译目录，保持每次编译的干净环境
rm build -rf

#删除产物目录，保证每次编译出的产物都是最新的
rm libs -rf

#重新创建编译目录，CMake 编译会产生很多中间文件，在一个单独的目录中编译便于清理
mkdir build

#进入编译目录
cd build

#定义一个数组
ARCHS=('armeabi-v7a' 'arm64-v8a' 'x86' 'x86_64' )


#定义一个函数
function compile(){
    #利用 for 循环来循环获取数组中的字符串，赋值给 ANDROID_ABI，再调用 make 命令
        for i in ${ARCHS[@]}; do
                cmake -DCMAKE_TOOLCHAIN_FILE= \
                        $NDK_ROOT/build/cmake/android.toolchain.cmake \
                        -DANDROID_ABI="$i" \
                        -DANDROID_NDK=$ANDROID_NDK \
                        -DANDROID_PLATFORM=android-22 \
                        ..
                make
        done
}



#函数调用，开始编译
compile
```

执行脚本，输出如图 3-11 所示。

此时再看目录结构，libs 目录下除 armeabi-v7a 外还多出了 arm64-v8a、x86 及 x86_64，如图 3-12 所示。

3.1.3 使用 Android Studio 直接集成预编译库

在 3.1.2 节中，已详细地阐述了如何利用命令行编译出与平台相匹配的预编译库。本节将聚焦于如何利用 Android Studio 这一集成开发环境，将预编译库集成至项目中，进而对相

```
test@test-host:~/develop/3.1.2$ ./build.sh
-- The C compiler identification is Clang 17.0.2
-- The CXX compiler identification is Clang 17.0.2
-- Detecting C compiler ABI info
-- Detecting C compiler ABI info - done
-- Check for working C compiler: /opt/android-ndk-r26b/toolchains/llvm/prebuilt/linux-x86_64/bin/clang - skipped
-- Detecting C compile features
-- Detecting C compile features - done
-- Detecting CXX compiler ABI info
-- Detecting CXX compiler ABI info - done
-- Check for working CXX compiler: /opt/android-ndk-r26b/toolchains/llvm/prebuilt/linux-x86_64/bin/clang++ - skipped
-- Detecting CXX compile features
-- Detecting CXX compile features - done
---------------------------------------------- armeabi-v7a
-- Configuring done
-- Generating done
-- Build files have been written to: /home/test/develop/3.1.2/build
[ 50%] Building C object CMakeFiles/add.dir/src/Add.c.o
[100%] Linking C shared library ../libs/armeabi-v7a/libadd.so
[100%] Built target add
---------------------------------------------- arm64-v8a
-- Configuring done
-- Generating done
-- Build files have been written to: /home/test/develop/3.1.2/build
Consolidate compiler generated dependencies of target add
[ 50%] Building C object CMakeFiles/add.dir/src/Add.c.o
[100%] Linking C shared library ../libs/arm64-v8a/libadd.so
[100%] Built target add
---------------------------------------------- x86
-- Configuring done
-- Generating done
-- Build files have been written to: /home/test/develop/3.1.2/build
Consolidate compiler generated dependencies of target add
[ 50%] Building C object CMakeFiles/add.dir/src/Add.c.o
[100%] Linking C shared library ../libs/x86/libadd.so
[100%] Built target add
---------------------------------------------- x86_64
-- Configuring done
-- Generating done
-- Build files have been written to: /home/test/develop/3.1.2/build
Consolidate compiler generated dependencies of target add
[ 50%] Building C object CMakeFiles/add.dir/src/Add.c.o
[100%] Linking C shared library ../libs/x86_64/libadd.so
[100%] Built target add
```

图 3-11　编译输出

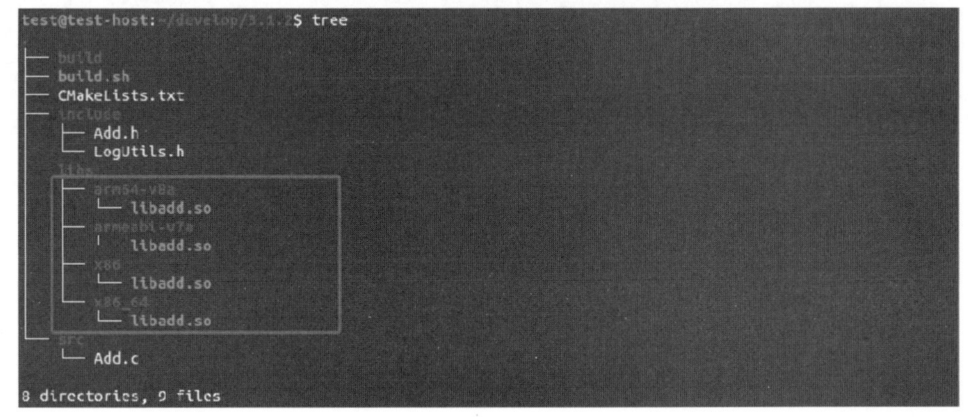

图 3-12　源文件列表

关功能进行二次开发。

通过 Android Studio 集成预编译库，开发者能够更便捷地扩展和优化现有功能，而无须从头编写全部代码。这不仅能提升开发效率，还能确保代码的稳定性和可靠性。

在集成预编译库时，需确保预编译库与项目在平台版本、架构类型等方面的兼容性。随后，按照 Android Studio 的导入流程，将预编译库添加到项目的依赖中。

一旦预编译库被成功地集成至项目中，便可开始功能的二次开发。这包括调用预编译库中的函数和方法，实现特定的业务逻辑，以及对现有功能进行优化和扩展。利用预编译库提供的强大功能，可以快速地构建出满足需求的应用程序。

综上所述，通过 Android Studio 集成预编译库进行功能的二次开发，能够充分地利用已有资源，提升开发效率，同时确保应用程序的质量和稳定性。这将为开发者带来更便捷和更高效的开发体验。

1. 工程创建

参考 3.1.1 节完成 Native 工程的创建和配置。将工程命名为 Ndk3_1.2，如图 3-13 所示。

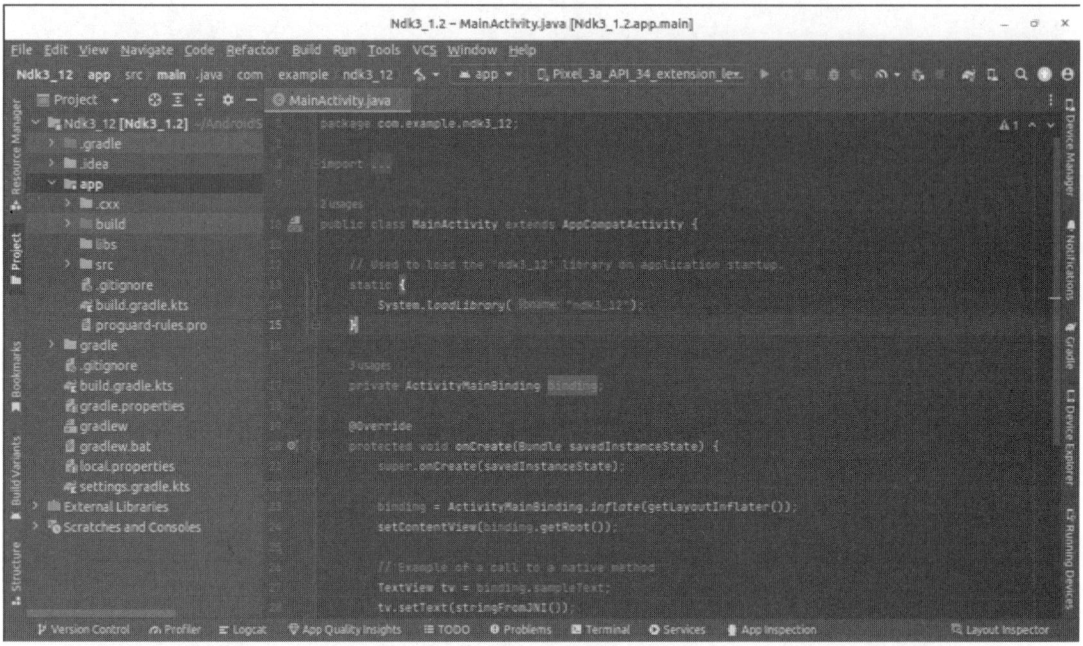

图 3-13 Native 工程

2. 导入库与头文件

将 3.1.2 节生成的预编译库复制到工程的 app/libs 目录中，并将头文件复制到 src/main/cpp 目录中，如图 3-14 所示。

3. 工程配置

在工程配置中，有两个关键的文件起到了至关重要的作用，分别是 CMakeLists.txt 和 build.gradle.kts。

1）CMakeLists.txt 配置

在 CMakeLists.txt 文件中添加对预构件库和头文件的依赖，修改后的 CMakeLists.txt 文件中的代码如下：

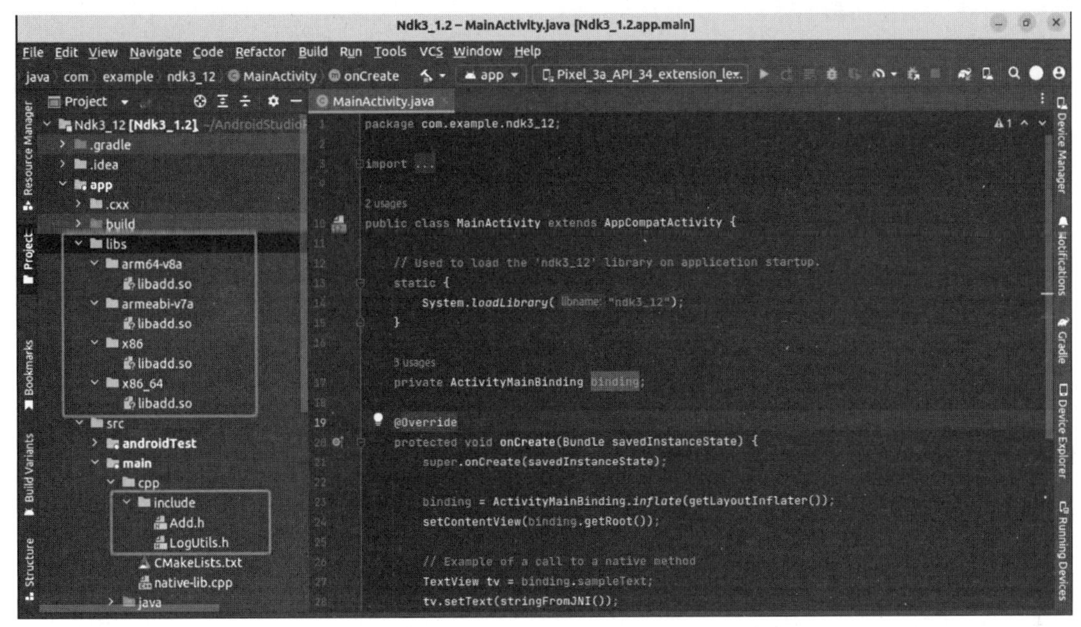

图 3-14　导入库与头文件

```
#第 3 章/CMakeLists.txt
#CMake 的最低版本
cmake_minimum_required(VERSION 3.22.1)
#项目名称
project("ndk3_12")

#设置依赖库路径，ANDROID_ABI 表示当前编译的指令集
set(LIBDIR ${CMAKE_CURRENT_SOURCE_DIR}/../../../libs/${ANDROID_ABI})
#包含头文件
include_directories(include)
#预构建库的导入
add_library(add SHARED IMPORTED)
#指定库的位置
set_target_properties(add PROPERTIES IMPORTED_LOCATION ${LIBDIR}/libadd.so)

#生成动态库
add_library(${CMAKE_PROJECT_NAME} SHARED
        #源文件列表
        native-lib.cpp)

#链接库
target_link_libraries(${CMAKE_PROJECT_NAME}
        #依赖的链接库列表
        android
        log
```

```
    #链接预编译库
    add
    )
```

与工程默认生成的 CMakeLists.txt 文件相比，我们对其进行了扩展和定制，添加了多个关键配置，以便更好地支持库的依赖路径设置、预编译库的导入、头文件的包含及对预编译库的链接操作。

首先，利用 ANDROID_ABI 这个内置变量的值动态地生成了库的路径，并将该路径保存到 LIBDIR 这个变量中，然后使用 add_library 命令的 IMPORTED 特性告知系统导入了一个预构建库。通过 set_target_properties 命令指定预构建库的路径，CMake 能够在构建过程中将这些库集成到项目中，使项目能够利用这些库提供的功能。

此外，通过 include_directories 命令配置了头文件的包含路径。这确保了项目中的源代码能够正确地包含和引用预构建库的头文件，从而实现了对库功能的调用和使用。

最后，通过 target_link_libraries 命令对预编译库进行了链接操作。这确保了项目在编译过程中能够正确地链接到预构建库，生成可执行文件或库时能够包含预编译库中的代码和数据。

2）build.gradle.kts 配置

在默认创建的 Native 工程构建脚本中，通常已经预设了对 CMakeLists.txt 的引用配置，这使开发者在大多数情况下无须进行过多的修改即可顺利地进行构建，然而，在软件开发的实际过程中，项目往往依赖于多种预构建库来实现其功能。

在默认情况下，工程构建脚本会尝试将所有预构建库打包进 APK 中，然而，当某个依赖库缺少对应指令集的库文件时，这可能会导致编译失败或在运行时出现错误。为了解决这一问题，开发者通常需要根据实际需求对库的依赖进行过滤。

通过对库的依赖进行过滤，可以确保只将必要的库文件打包进 APK 中，从而避免因为缺少对应指令集的库而导致出现编译或运行时问题。这一步骤对于保证工程的正常编译和运行至关重要。

因此，在开发过程中，开发者应该仔细审查并管理项目的依赖库，确保它们与目标平台的指令集兼容，并根据需要进行适当过滤和配置。这样做不仅可以提高构建的成功率，还可以减小 APK 的大小，优化应用的性能。

截至本书撰写之际，Android Studio 支持两种工程构建脚本，分别是基于 Groovy 语法的构建脚本和基于 Kotlin 语法的构建脚本。由于两者在实际开发中均有广泛应用，所以本书特提供两种配置方式，旨在满足不同读者的需求，使他们能够根据自己使用的脚本类型进行相应配置。

（1）使用 Groovy 语法构建脚本的开发者，可参考如下配置，代码如下：

```
defaultConfig {
    applicationId " com.example.ndk3_12"
    minSdk 24
    targetSdk 33
```

```
        versionCode 1
        versionName "1.0"

        testInstrumentationRunner "androidx.test.runner.AndroidJUnitRunner"
        ndk {
            //开发者根据需要过滤需要的指令集
            abiFilters 'armeabi', 'armeabi-v7a', 'arm64-v8a', 'x86', 'x86_64'
        }
    }
```

（2）使用 Kotlin 构建脚本的开发者，可参考如下配置，代码如下：

```
android {
    namespace = "com.example.ndk3_12"
    compileSdk = 33

    defaultConfig {
    applicationId = "com.example.ndk3_12"
    minSdk = 24
    targetSdk = 33
    versionCode = 1
    versionName = "1.0"

    testInstrumentationRunner = "androidx.test.runner.AndroidJUnitRunner"

    ndk{
        //仅打包过滤器中包含的架构的库
        abiFilters.addAll(arrayOf("armeabi-v7a", "arm64-v8a", "x86", "x86_64"))
    }
}
```

通过提供这两种配置方式，本书旨在为读者提供更全面和更灵活的指导，使读者能够根据自己的实际情况选择最适合的构建脚本配置方法，从而提高开发效率，确保项目的顺利进行。

注意：此配置特指 App 级别的 build.gradle 文件中的配置。在编写或修改配置文件时，可根据 build.gradle 文件的后缀来判断所使用的语法类型。若后缀为.gradle，则使用的是 Groovy 语法；若后缀为.kts，则使用的是 Kotlin 语法。区分不同的语法类型有助于开发者更准确地理解并应用配置文件中的各项设置，确保项目的构建过程能够顺利地进行，因此，在进行配置时，务必注意文件后缀，并根据实际情况选择合适的语法进行编写。

4. 使用预构建库提供的功能

在默认生成的 native-lib.cpp 文件中，添加对库函数的调用，代码如下：

```
//第 3 章/native-lib.cpp
#include <jni.h>
```

```
#include <string>
//包含库提供的头文件
#include "Add.h"

//定义 log 的 TAG
#define TAG "native-lib"
extern "C" JNIEXPORT jstring JNICALL
Java_com_example_ndk3_112_MainActivity_stringFromJNI(
        JNIEnv* env,
        jobject /* this */) {
    std::string hello = "Hello from C++";
    //调用库中的功能函数
    int ret = add(1,2);
    LOGI("ret = %d", ret);
    return env->NewStringUTF(hello.c_str());
}
```

上述代码成功地包含了预构建库的头文件 Add.h，并调用了该库提供的 add 方法。该方法被用于执行加法运算，并返回计算结果。单击“运行”按钮，运行结果如图 3-15 所示。

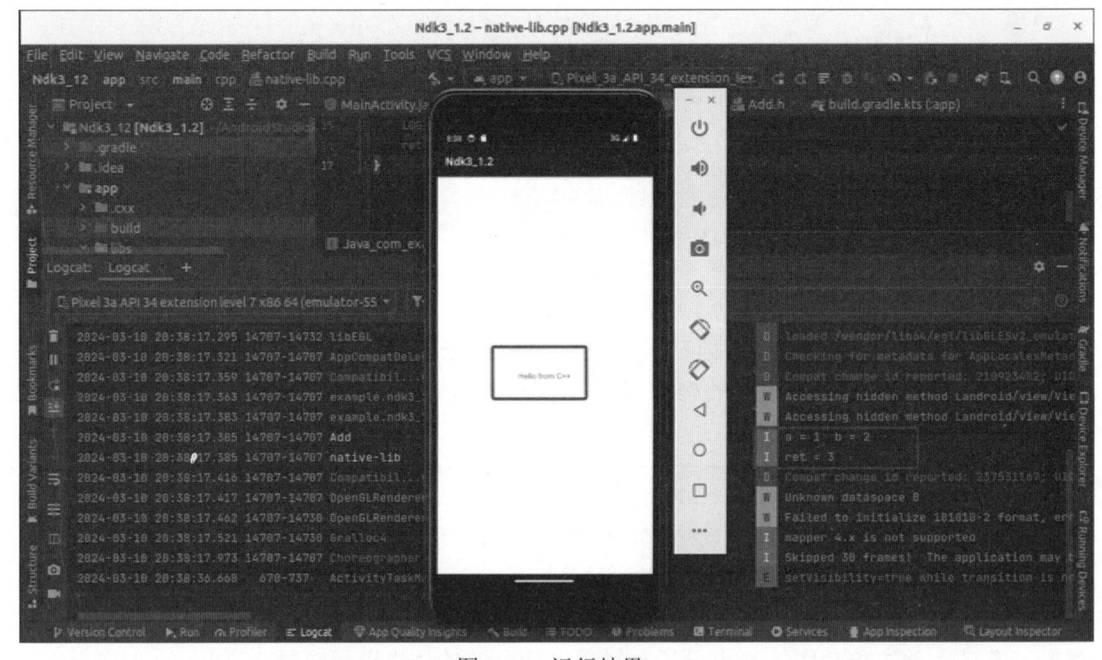

图 3-15　运行结果

通过上面的操作，成功地利用了预构建库的功能，实现了加法运算，并验证了代码的正确性，其结果和源码集成并无不同，这展示了在软件开发中，如何有效地利用现有的预构建库来提高开发效率和代码质量。

3.1.4 使用开源代码原始的方式交叉编译 FFmpeg

经过对库的基本编译与集成知识的系统学习，本节将进行一项实践性的练习，即编译著名的音视频开源库 FFmpeg。选择 FFmpeg 作为实践对象的原因有二：首先，该库在各类项目中得到了广泛应用，其重要性不言而喻；其次，FFmpeg 拥有悠久的历史，并且并未直接提供针对 Android 平台的编译脚本及详细文档，因此，通过编译此库，读者不仅能掌握其实际应用技巧，更能够深入地理解 NDK 交叉编译的相关知识，从而进一步提升自身的技术水平。

1. 源码包下载

截至本书编写之时，FFmpeg 的最新版本为 6.1.1，读者可通过 wget 命令下载，命令如下：

```
wget https://ffmpeg.org/releases/ffmpeg-6.1.1.tar.xz
```

也可在FFmpeg的官方网站单击Download按钮跳转到源码下载页面，官方主页如图3-16所示。

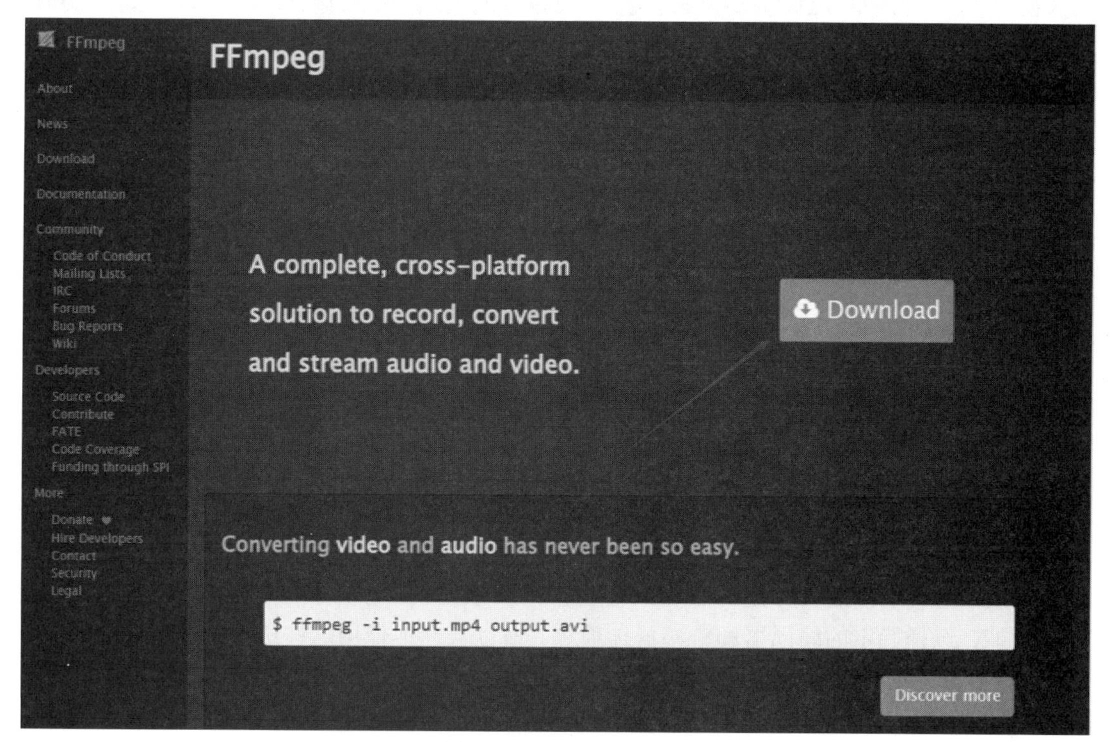

图 3-16 FFmpeg 官网

页面会跳转到下载页面，如图 3-17 所示。

单击 Download Source Code 按钮即可下载当前最新版本的 FFmpeg。

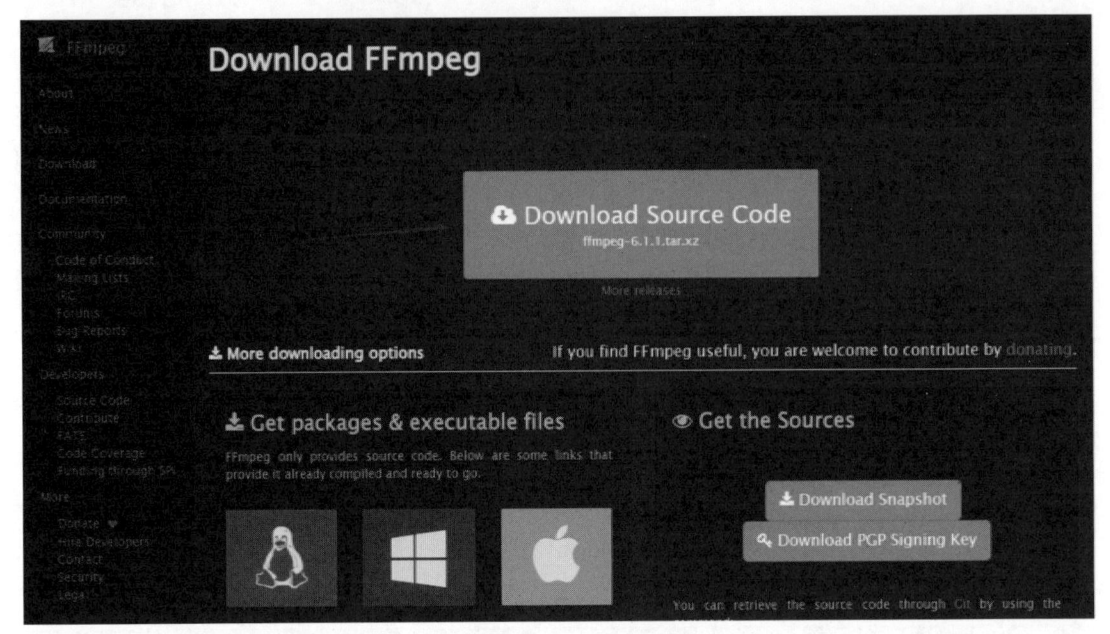

图 3-17　FFmpeg Download

2. Linux 版本编译

1）源码解压

将下载好的源码包在 Ubuntu 中解压并进入 FFmpeg 的源码目录，命令如下：

```
//解压
tar vxf ffmpeg-6.1.1.tar.xz
//进入 FFmpeg 源码目录
cd ffmpeg-6.1.1
```

2）configure

开源软件项目中通常包含一个名为 configure 的脚本文件，该文件由 AutoConf 工具自动生成，旨在帮助用户根据当前系统的环境配置软件包的编译和安装参数，其核心功能在于，根据运行脚本的特定系统环境，生成一个相应的 Makefile 文件，该文件随后将用于指导软件包的编译和安装过程。用户可以通过运行带有不同选项的 configure 命令，来定制软件的编译和安装设置，以满足其特定的需求。这些选项可能包括指定软件的安装位置、启用或禁用某些功能、选择特定的编译器和链接器选项等。通过合理地使用这些选项，用户可以确保软件能够在其系统上正确、高效地编译和安装。configure 命令的语法和可用选项因不同的开源软件而异。一般而言，基本的语法大致如下：

```
./configure [options]
```

./configure 执行 configure 命令的命令行，[option]表示配置命令的选项，常见的选项如下：

- --prefix=DIR：指定软件安装目录
- --with-<package>：指定依赖的其他软件包
- --without-<package>：指定不需要的软件包
- --enable-feature：启用特定的功能
- --disable-feature：禁用特定的功能
- --help：显示帮助信息

在不加任何参数的情况下，直接执行./configure 命令，该脚本会自动根据当前系统的环境进行配置。这个过程包括检测系统的各种特性，如操作系统类型、硬件架构、编译器版本等，并根据这些特性来设置适当的编译和安装参数。完成这些配置后，configure 脚本会生成一个符合当前系统的 Makefile 文件。这个 Makefile 文件是编译和安装软件的关键指导文件，它包含了构建软件所需的各种指令和依赖关系，因此，通过简单地执行./configure 命令，用户可以轻松地启动软件的配置过程，为后续的编译和安装工作做好准备。可通过在 FFmpeg 源码目录下执行 configure 命令来生成 Makefile 文件，命令如下：

```
./configure
#笔者的系统为新安装的系统，在执行时会报如下错误，可通过--disable-x86asm 关闭或安装依赖
#解决此问题
nasm/yasm not found or too old. Use --disable-x86asm for a crippled build.

#读者也可通过以下方式安装缺少的依赖，这也是 configure 的重要作用之一：检测编译依赖
#安装 FFmpeg 依赖
sudo apt install -y pkg-config yasm nasm pkg-config

#重新执行命令，当看不到报错时，代表配置完成
./configure
```

当生成 Makefile 文件后可在当前目录直接执行 make 命令进行编译，命令如下：

```
#执行 make 开始编译
make
```

编译完成后，使用 ls 命令即可在当前目录下看到生成的可执行文件，如图 3-18 所示。

图 3-18　FFmpeg 文件列表

读者可使用 uname -m 命令来查看当前机器的硬件架构，命令如下：

```
test@test-host:~/develop/ffmpeg-6.1.1$ uname -m
x86_64
```

使用 file 命令查看可执行文件的格式信息，命令如下：

```
test@test-host:~/develop/ffmpeg-6.1.1$ file ffmpeg
ffmpeg: ELF 64-bit LSB pie executable, x86-64, version 1 (SYSV),
```

通过 file 命令的输出，可以得知 ffmpeg 是一个为 x86-64 架构设计的 64 位 ELF 可执行文件，与当前系统架构一致（和 uname -m 的输出一致）。在开源软件构建中，使用 configure 脚本进行自动化配置是常见做法。该脚本能检测系统环境并生成符合当前平台的 Makefile，从而确保编译出的可执行文件与系统兼容。这种自动化方式简化了构建过程，提高了软件的可移植性。

3. 交叉编译脚本

1.2 节讨论了编译概念，并使用 gcc 命令进行编译，但在 1.2 节的编译过程中读者可能注意到并没有出现相同的命令输出。这其中的原因是，Makefile 中默认使用了 cc 来进行编译。对此，读者可能会产生疑问，为什么选择 cc 而不是 gcc 呢？

首先，在 UNIX 和 Linux 这两个操作系统中，cc 和 gcc 确实不是同一个工具。cc 是 UNIX 系统中 C 语言编译器的传统名称，是 c compiler 的缩写，而 gcc 则源自 Linux 世界，它是 GNU compiler collection 的缩写，实际上是一个编译器集合，不仅限于 C 或 C++。

其次，如果仅讨论 Linux 系统，则可以认为 cc 和 gcc 在功能上是相同的。在 Linux 系统中，当调用 cc 时，它实际上并不是指向 UNIX 的 cc 编译器，而是指向了 gcc。换句话说，cc 在这里是 gcc 的一个别名或链接（快捷方式）。这一点可以通过以下命令来验证：

```
#通过 which 命令查看 cc 的路径
test@test-host:~$ which cc
/usr/bin/cc

#通过 ls 查看 cc 的属性
test@test-host:~$ ls -al /usr/bin/cc
#发现 cc 其实是指向了/etc/alternatives/cc
lrwxrwxrwx 1 root root 20  3月  9 15:35 /usr/bin/cc -> /etc/alternatives/cc

#通过 ls 查看/etc/alternatives/cc 的属性
test@test-host:~$ ls -al /etc/alternatives/cc
#可以发现，/etc/alternatives/cc 实际上指向了/usr/bin/gcc
lrwxrwxrwx 1 root root 12  3月  9 15:35 /etc/alternatives/cc -> /usr/bin/gcc
```

那么，接下来读者可能会产生这样的疑问：既然实际上使用的是 gcc，为何不直接使用 gcc 呢？答案确实是可以的，然而，Makefile 默认使用 cc 而不是 gcc，这主要是出于兼容性的考虑。

设想一下，一个 C/C++项目最初是在 UNIX 环境下编写的，并在 Makefile 中指定了使用 UNIX 下的 cc 编译器。当这个项目被移植到 Linux 环境下时，如果 Makefile 中的 cc 不被替换为 gcc，则项目将无法成功编译。这种替换工作无疑会带来一定的麻烦，因此，Linux 系统通过创建软链接的方式，将 cc 指向 gcc，从而解决了这种兼容性问题。

此时，读者可能对交叉编译有了一定的思路。确实，对于不同的系统或平台架构，虽然源代码相同，但所需的编译器却可能不同。为了生成符合特定平台架构的 ELF 文件，需要使用相应的编译器。基于 Linux 通过创建链接文件解决编译问题的思路，我们甚至可以将 cc 指向 NDK 中的交叉编译链，这样生成的 Makefile 就可以直接用于交叉编译。

然而，这种做法也存在潜在的问题。一旦 cc 被指向 NDK 中的交叉编译链，系统中所有的编译任务都将使用这个交叉编译链，这可能会影响到其他软件的构建。为了避免这种情况，configure 脚本提供了手动配置编译链的选项。可以通过执行./configure --help 命令来查看这些选项的使用方式，命令如下：

```
test@test-host:~/develop/ffmpeg-6.1.1$ ./configure --help
Usage: configure [options]
Standard options:
  --prefix=PREFIX          #安装路径 默认值：[/usr/local]

Toolchain options:
  --arch=ARCH              #编译出产物的体系结构，例如 arm、x86、x86_64 等
  --cpu=CPU                #cpu 的选择，相比较 arch 更具体，例如 armv7-a 或 x86_64 等
  --cross-prefix=PREFIX #交叉工具的前缀，对于 ARM 平台可能是 arm-linux-androideabi-
  --progs-suffix=SUFFIX #交叉工具的后缀，通常和--cross-prefix 一起使用
  --enable-cross-compile  #开启交叉编译，告知系统正在为不同于主机的平台编译
  --sysroot=PATH           #交叉编译的根路径。这通常包含了
  --sysinclude=PATH        #交叉编译所用到的系统头文件的路径
  --target-os=OS           #目标 OS
  --nm=NM                  #指定使用的 nm 工具路径。nm 是一个列出对象文件中符号的工具
  --ar=AR                  #指定使用的归档工具（例如 ar）的路径。ar 用于创建、修改和
                           #提取静态库
  --as=AS                  #指定使用的汇编器（assembler）的路径
  --strip=STRIP            #指定使用的 strip 工具路径。strip 用于移除对象文件中的符号
                           #信息，以减小文件的大小
  --cc=CC                  #指定使用的 C 编译器路径。在默认情况下，这通常是 gcc
  --cxx=CXX                #指定使用的 C++编译器路径。在默认情况下，这通常是 g++
  --ld=LD                  #指定使用的链接器（linker）的路径。链接器用于将多个对象文件
                           #和库链接成一个可执行文件或库
```

以上是 FFmpeg 中提供的一些编译配置选项，通过合理地配置这些编译选项，即可完成对 FFmpeg 的交叉编译，接下来通过编写一个 Shell 脚本来完成对这些选项的配置。Shell 脚本代码如下：

```
#!/bin/bash

#指定 NDK 路径
NDK=/opt/android-ndk-r26b

#指定平台路径
PLATFORM=$NDK/toolchains/llvm/prebuilt/linux-x86_64/sysroot
```

```
#指定交叉编译链
TOOLCHHAINS=$NDK/toolchains/llvm/prebuilt/linux-x86_64

#可变参数
API=""
ABI=""
ARCH=""
CPU=""
CC=""
CXX=""
CROSS_PREFIX=""
OPTIMIZE_CFLAGS=""
#关闭ASM:仅在x86架构上使用，实际使用发现--disable-x86asm并没有什么用，在Android
#API>= 23时还是会出现 has text relocations的问题，其他ABI没有问题，所以x86在
#编译时需要加上 --disable-asm
DISABLE_ASM=""
#输出路径
PREFIX=./android


API=21

function buildFF
{
    echo "开始编译ffmpeg $ABI"

    ./configure \
        --prefix=$PREFIX/$ABI \
        --target-os=android \
        --cross-prefix=$CROSS_PREFIX \
        --arch=$ARCH \
        --cpu=$CPU \
        --sysroot=$PLATFORM \
        --extra-cflags="-I$PLATFORM/usr/include -fPIC -DANDROID -mfpu=neon
-mfloat-abi=softfp $OPTIMIZE_CFLAGS" \
        --cc=$CC  \
        --ar=$TOOLCHHAINS/bin/llvm-ar \
        --cxx=$CXX \
        --nm=$TOOLCHHAINS/bin/llvm-nm \
        --ranlib=$TOOLCHHAINS/bin/llvm-ranlib  \
        --enable-shared \
        --enable-runtime-cpudetect \
        --enable-gpl \
        --enable-cross-compile \
        --enable-jni \
        --enable-mediacodec \
```

```
        --enable-decoder=h264_mediacodec \
        --enable-hwaccel=h264_mediacodec \
        --disable-x86asm \
        --disable-debug \
        --disable-static \
        --disable-doc \
        --disable-ffmpeg \
        --disable-ffplay \
        --disable-ffprobe \
        --disable-postproc \
        --disable-avdevice \
        --disable-symver \
        --disable-stripping \
        $DISABLE_ASM

        make -j4
        make install

    echo "编译结束"
}

#armv7-a
function build_armv7()
{
    API=21
    ABI=armeabi-v7a
    ARCH=arm
    CPU=armv7-a
    CC=$TOOLCHHAINS/bin/armv7a-linux-androideabi$API-clang
    CXX=$TOOLCHHAINS/bin/armv7a-linux-androideabi$API-clang++
    CROSS_PREFIX=$TOOLCHHAINS/bin/arm-linux-androideabi-
    DISABLE_ASM=""
    #编译
    buildFF
}


#armv8-a aarch64
function build_arm64()
{
    API=21
    ABI=arm64-v8a
    ARCH=arm64
    CPU=armv8-a
    CC=$TOOLCHHAINS/bin/aarch64-linux-android$API-clang
    CXX=$TOOLCHHAINS/bin/aarch64-linux-android$API-clang++
    CROSS_PREFIX=$TOOLCHHAINS/bin/aarch64-linux-android-
```

```
    OPTIMIZE_CFLAGS="-march=$CPU"
    DISABLE_ASM=""
    #编译
    buildFF

}

#x86 i686

function build_x86()
{
    API=21
    ABI=x86
    ARCH=x86
    CPU=i686
    CC=$TOOLCHHAINS/bin/i686-linux-android$API-clang
    CXX=$TOOLCHHAINS/bin/i686-linux-android$API-clang++
    CROSS_PREFIX=$TOOLCHHAINS/bin/i686-linux-android-
    OPTIMIZE_CFLAGS="-march=i686  -mno-stackrealign"
    DISABLE_ASM="--disable-asm"
    #编译
    buildFF

}

#x86_64
function build_x86_64()
{

    API=21
    ABI=x86_64
    ARCH=x86_64
    CPU=x86-64
    CC=$TOOLCHHAINS/bin/x86_64-linux-android$API-clang
    CXX=$TOOLCHHAINS/bin/x86_64-linux-android$API-clang++
    CROSS_PREFIX=$TOOLCHHAINS/bin/x86_64-linux-android-
    OPTIMIZE_CFLAGS="-march=$CPU"
    DISABLE_ASM=""
    #编译
    buildFF
}


#all
function build_all()
{
    make clean
```

```
    build_armv7
    make clean
    build_arm64
    make clean
    build_x86
    make clean
    build_x86_64
}


#编译全部
build_all
```

首先，本脚本明确了 NDK 的安装路径，这是为了避免在后续使用过程中多次书写冗长的路径字符串，提高了脚本的可读性和可维护性。同时，脚本还指定了平台相关的头文件和库文件的根目录。这些文件对于编译 Android 原生代码至关重要，它们包含了系统调用的定义和实现。通过明确指定这一路径，编译器和链接器能够准确地解析源代码中的系统调用，并将必要的库文件链接到最终生成的可执行文件中，从而确保编译过程的顺利进行。

其次，脚本还定义了交叉编译工具链的根目录。交叉编译工具链是一系列用于将源代码转换为目标平台可执行文件的工具集合，包括编译器、链接器等。通过明确指定这一路径，脚本确保了编译过程中使用的是正确版本的工具链，从而保证了编译结果的准确性和兼容性，避免了因工具链版本不匹配而引发的编译错误。

除了上述路径的指定外，脚本还定义了 6 个 Shell 函数，它们各自扮演着不同的角色。

1) buildFF

buildFF 函数是一个配置和编译的通用函数。它通过接收不同的变量值，调用 configure 脚本来生成适应不同环境的 Makefile 文件，并随后调用 make 命令执行编译操作。这种设计使编译过程更加灵活和可配置。

2) build_armv7

build_armv7 函数负责指定与 ARMv7 架构相关的编译配置，并调用 buildFF 函数执行相应的编译操作。这确保了针对 ARMv7 架构的代码能够正确编译。

3) build_arm64

build_arm64 函数则针对 ARM64 架构进行编译配置和编译操作，确保了针对 ARM64 架构的代码能够顺利生成。

4) build_x86 和 build_x86_64

build_ x86 函数和 build_x86_64 函数分别负责 x86 和 x86_64 架构的编译配置和编译操作，它们确保了针对不同 x86 架构的代码能够正确地生成。

5) build_all

build_all 函数是一个综合性的函数，它依次调用 build_armv7、build_arm64、build_x86 和 build_x86_64 函数，从而一次性编译出针对不同架构的库文件。这种设计提高了编译效率，方便了开发者对多种架构的支持。

综上所述，本脚本通过精确指定路径和定义灵活的编译函数，为 Android 原生代码的编译提供了便捷和高效的解决方案，极大地提高了开发效率和代码质量。

4. 编译

首先，将脚本内容完整地保存到名为 build.sh 的文件中，确保所有定义和函数均包含在内。随后，通过 chmod a+x build.sh 命令为脚本添加可执行权限，以便任何用户均可运行。

接着，将 build.sh 脚本复制到 FFmpeg 源码目录中，确保脚本在正确的上下文中执行。在源码目录中执行./build.sh 命令，脚本将自动完成 FFmpeg 的交叉编译，包括指定 NDK 路径、平台路径和工具链路径，并调用相应函数以编译不同架构的版本。

编译完成后，产物将被有序地保存至 android 目录下，根据不同架构分类存放，例如，针对 ARMv7 架构的产物将保存至 android/armeabi-v7a 目录，生成的产物目录结构如图 3-19 所示。

```
test@test-host:~/develop/ffmpeg-6.1.1/android$ ls
arm64-v8a  armeabi-v7a  x86  x86_64
```

图 3-19　FFmpeg 产物目录

注意：不同版本的 NDK 可能存在差异。建议使用推荐的 NDK 版本进行编译。若更换版本后遇到错误，则可查阅 ffbuild/config.log 文件分析错误原因，因此，在交叉编译 FFmpeg 时，除了遵循脚本指引，还需注意 NDK 版本兼容性，并适当地分析编译日志以解决问题。

3.1.5　Neon

在日常开发实践中，诸如 Neon 这类底层特性或优化手段往往不被开发者所瞩目，原因在于它们并不直接影响应用程序或系统的基本功能实现。开发者的主要精力通常聚焦于满足业务需求、确保代码的稳定性和可维护性等方面。

然而，在某些特定场景中，特别是在追求卓越性能的应用或系统中，这些底层特性和优化手段显得尤为重要，例如，在处理海量数据、执行复杂计算或需要高并发处理能力的场景中，优化底层性能可以显著地提升应用或系统的整体性能，进而提升用户体验，甚至成为市场竞争的制胜法宝。

因此，尽管在日常开发中 Neon 这类特性可能易遭忽视，但在追求卓越性能的特殊场景中，它们却是不可或缺的。开发者需要根据实际应用需求和场景来权衡是否需要对这些底层特性进行深入研究和优化。在学习 Neon 概念之前先了解一下 CPU 的体系结构概念。

1. SISD 概念

单指令流单数据流（Single Instruction Single Datastream，SISD）是计算机体系结构分类的一种。在传统的顺序执行的单处理器计算机中，其指令部件每次只对一条指令进行译码，并只对一个操作部件分配数据。这类计算机硬件不支持任何形式的并行计算，所有的指令都是串行执行的，并且在某个时钟周期内，CPU 只能处理一个数据流，因此，这种机器被称为单指令流单数据流机器。

2. SIMD 概念

单指令多数据（Single Instruction Multiple Data，SIMD）是一种采用一个控制器来控制多个处理器，同时对一组数据（又称数据向量）中的每个分别执行相同的操作，从而实现空间上的并行性的技术。简而言之，它使用一个指令，完成多个数据的运算。

由于 SIMD 的执行效率要高于传统的 SISD 模式，因此它被广泛地用于三维图形运算、物理模拟等运算量超大的项目中。

3. Neon 概念

NDK 支持 ARM 高级 SIMD（通常称为 Neon），一种适用于 ARMv7 和 ARMv8 的可选扩展指令集。Neon 提供标量/向量指令和寄存器（与 FPU 共享），与 x86 中的 MMX/SSE/3DNow! 类似。

绝大多数基于 ARMv7 的 Android 设备支持 Neon，包括搭载 API 级别 21 或更高级别的所有设备。NDK 默认启用 Neon。所有基于 ARMv8 的 Android 设备都支持 Neon。

NDK 支持模块编译，甚至可以编译支持 Neon 的特定源文件。可以在 C 和 C++ 代码中使用 Neon 内建函数来充分利用高级 SIMD 扩展指令集。

1）为模块启用 Neon

启用 Neon 需要根据不同的编译方式选择相应的方式来启动 Neon，主要分为 cmake 和 ndk-build 两种方式，示例代码如下：

```
//cmake 方式通过-DANDROID_ARM_NEON=ON 来开启
cmake . -DANDROID_ARM_NEON=ON


//调用 CMake 时传递 -DANDROID_ARM_NEON=ON。如果使用 Android
//Studio/Gradle 进行构建，则需要在 build.gradle 中设置以下选项
android {
    defaultConfig {
        externalNativeBuild {
            cmake {
                arguments "-DANDROID_ARM_NEON=ON"
            }
        }
    }
}


//如果要使用 NEON 在 ndk-build 模块中构建所有源文件，则应将以下内容添加到
//Android.mk 的模块定义中
LOCAL_ARM_NEON := true
```

2）为源文件启用 Neon

同样地，根据编译方式的不同，开启源文件的 Neon 也包含 cmake 和 ndk-build 两种方

式，示例代码如下：

```
//cmake 使用 set_source_files_properties 命令为某个源文件设置-mfpu=neon 编译选项
if(ANDROID_ABI STREQUAL armeabi-v7a)
    set_source_files_properties(foo.cpp PROPERTIES COMPILE_FLAGS -mfpu= neon)
endif()


//ndk-build
//为 LOCAL_SRC_FILES 变量列出源文件时，可以选择使用 .neon 后缀表示要构建支持 Neon
//的单个文件，例如，以下示例会构建一个支持 Neon 的文件 (foo.c)，以及另一个不支持 Neon
//的文件 (bar.c)

LOCAL_SRC_FILES := foo.c.neon bar.c
```

3）第三方开源代码启用 Neon

无论是通过模块启用还是源文件启用方式，这两种方法都是针对 ndk-build 及 cmake 构建系统的，通过传入相应的参数来完成 Neon 特性的开启，然而，对于某些第三方开源代码，例如 3.1.4 节中提及的 FFmpeg，可能并不支持 ndk-build 和 cmake 构建系统。在这种情况下，开发者通常通过向构建脚本中添加--extra-cflags 选项，并附带-mfpu=neon 参数，以在交叉编译过程中启用 Neon 特性。这种方式可以视为启用 Neon 特性的最基础、最直接的方法，因为无论采用何种编译方式，最终都是通过-mfpu 参数来配置编译器，从而使其生成包含 Neon 指令集的代码。通过这种方式，开发者能够确保即使在不支持 ndk-build 和 cmake 的开源项目中，也能充分利用 Neon 的高性能特性。

注意：ndk-build 不支持全局启用 Neon。如果要为整个 ndk-build 应用启用 Neon，则应对应用中的每个模块逐一执行启用步骤。不过，对于 NDK r21 及更高版本，在默认情况下，系统会为所有 API 启用 Neon。

3.2 本章小结

本章深入地剖析了 NDK 在实际开发中的常用应用场景，详细地阐述了 Native 工程的配置、源码集成、利用命令进行交叉编译及预构件库集成的开发实例。特别值得一提的是，为了使读者能够深刻地领会交叉编译的精髓，在 3.14 节中，我们专门介绍了使用脚本编译第三方开源库 FFmpeg 的方法。通过阅读本章内容，读者将能够全面地掌握 NDK 开发的常规框架和核心理念，为后续的深入学习和实践奠定坚实基础。

第4章

CMake 开发基础

在前 3 章的基础铺垫之下，读者已然能够熟练地创建工程，并根据实际开发场景进行简单配置，然而，在真实的项目开发中，开发者往往要面对更复杂的场景，诸如多模块编译、大量源文件处理、循环导入问题及条件编译判断等。这些复杂因素使大型项目的配置工作变得尤为烦琐，因此，深入掌握 CMake 的语法规则，对于实际项目的开发来讲是至关重要的。通过熟练运用 CMake 的语法，可以更加高效地管理和配置项目，确保项目的顺利推进。

72min

4.1 CMake 的基础使用

4.1.1 日志打印方法

CMake 中的日志打印使用 message()函数，message()函数有两个输入参数，第 1 个是日志的模式或级别，第 2 个是日志的内容。熟练地运用日志级别可以在调试上事半功倍。日志的 mode 和描述见表 4-1。

表 4-1 message mode

mode	描　述	使用场景
none	不指定任何级别，属于普通消息	普通的状态消息，例如不希望指定任何模式时
STATUS	非常重要，一般简明扼要，不超过一行	输出一条状态消息，例如进度信息或配置信息时
WARNING	警告消息，不会停止运行，起提醒作用	输出一条警告，例如某个选项或参数可能有问题时
AUTHOR_WARNING	警告消息的一种，只有在 CMAKE_SUPPRESS_DEVELOPER_WARNINGS 变量为 false 时才会产生警告	只有在开发模式下才会打印的警告消息
SEND_ERROR	错误消息	当发生错误但希望继续执行时，这种情况会跳过生成的步骤
FATAL_ERROR	严重错误	发生错误时希望立即终止所有处理

1. 普通日志的打印

普通日志的打印主要分两类，一类是不指定mode，另一类是指定mode，代码如下：

```
#不指定 mode，普通消息
message("content")

#指定 mode，例如警告消息需要将 mode 指定为 WARNING
message(WARNING "content")
```

2. 打印变量的值

message不仅可以打印常规字符串，同时也像其他语言一样，可以打印变量的值，这对调试复杂的CMake有巨大的帮助。在CMake中使用美元符号（$）或${}来获取变量的值，代码如下：

```
#打印当前 CMake 所在的路径，使用${}
message(WARNING "current path: ${CMAKE_CURRENT_SOURCE_DIR}")
#打印当前 CMake 所在的路径，使用$
message(WARNING "current path: $CMAKE_CURRENT_SOURCE_DIR")
```

4.1.2 流程控制

在各种语言中都存在流程控制语句，CMake也不例外，有了控制语句就可以根据当前构建的环境来动态地控制构建流程。增强了CMake文件的灵活性和适应性。

1. 变量

变量在流程控制中起到了至关重要的作用，在CMake的开发中常根据定义变量来控制编译流程。

1）定义常规变量

常规变量的定义和取消使用set/unset命令，常规变量一般用在条件判断、精简代码的场景中，代码如下：

```
#定义一个常规变量，也可以使用大写的 SET，可一次为变量设置一个或多个值（数组）
set(<variable><value>…)

#取消一个常规变量，也可以使用大写的 UNSET
unset(<variable>)

#设置一个变量并使用 message 打印
set(PATH "/user/bin""/system/bin""/vendor/bin")
message("${PATH}")

#运行结果
cmake .
/user/bin;/system/bin;/vendor/bin
```

除字符串之外，还可以定义布尔值，代码如下：

```
#将一个变量的值设置为真，使用 true、ON、YES、TRUE、Y 及非零值
#例如将 BT 设置为 true
set(BT true)

#将一个变量的值设置为假，使用 false、OFF、NO、FALSE、N、IGNORE、NOTFOUND
#例如将 DT 设置为 false
set(BT false)
```

2）定义环境变量

通常情况下，在 Linux 系统中使用 export 在~/.bashrc 或/etc/profile 中设置系统环境变量，但在一些特定场景下，有些环境变量仅被当前项目使用，这样就没有必要为整个系统配置环境变量，CMake 为开发者提供了定义环境变量的方式，这样就可以让 CMake 定义的环境变量只在当前运行的 CMake 进程中生效，不会影响到系统或其他进程的环境变量。在 CMake 中定义和获取环境变量需要用到 ENV 的标识符，代码如下：

```
#设置一个环境变量，在原有的环境变量后面追加 opt/xxx，仅在当前 CMake 进程中有效
set(ENV{PATH} "opt/xxx")

#打印环境变量
message("$ENV{PATH}")

#执行结果
/usr/local/sbin:/usr/local/bin:/usr/sbin:/usr/bin:/sbin:/bin:/usr/games:/
usr/local/games:/snap/bin:/snap/bin:/opt/android-ndk-r26b:/opt/xxx
```

3）缓存变量

与普通变量不同的是，缓存变量的值是可以被缓存到 CMakeCache.txt 文件中，当再次运行 cmake 时，可以从中获取上一次运行的值，而不是重新去生成或配置，所以缓存变量的作用域是全局的。CMake 定义缓存变量的示例代码如下：

```
#设置一个缓存变量，可以通过最后一个参数来覆盖已存在的变量
set(<variable><value>… CACHE<type><docstring> [FORCE])

#取消设置
Unset(<variable> CACHE)

#设置一个缓存变量并使用 message 打印
set(BUILD_DEBUG"ON" CACHE STRING "build debus version")
message("BUILD_DEBUG: ${BUILD_DEBUG}")

#执行
cmake .

#通过 grep 命令查找生成的变量会发现除了存在于 CMakeLists.txt 文件中，还存在于
```

```
#CMakeCache.txt 文件中
grep -nr "BUILD_DEBUG"
CMakeCache.txt:18:BUILD_DEBUG1:STRING=ON
```

通常，我们一般不会在 CMakeLists.txt 文件中通过 set 定义缓存变量，而是使用 cmake-gui 配置，在 CMakeLists.txt 文件中使用。执行 cmake 命令生成配置后，可通过 cmake-gui 命令打开图形界面查看并改变配置，命令如下：

```
#cmake-gui 命令可以唤起 cmake 的图像化界面，简化操作难度，"."代表当前目录
cmake-gui .
```

可以在 GUI 界面中看到缓存中的变量，如图 4-1 所示。

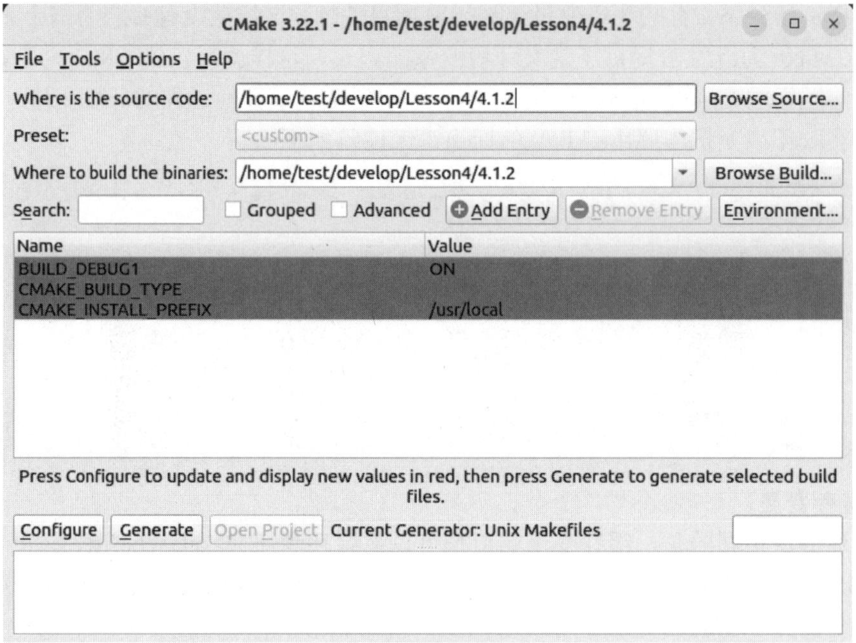

图 4-1　cmake-gui

4）内置变量

CMake 提供了很多内置变量，可以用来控制项目构建的过程。以下是常用的 CMake 内置变量。

- CMAKE_BINARY_DIR：项目的构建目录（构建树的根目录）
- CMAKE_SOURCE_DIR：项目的源码目录（CMakeLists.txt 所在的目录）
- PROJECT_NAME：通过 project()命令指定的项目名称
- CMAKE_C_COMPILER：设置 C 编译器
- CMAKE_CXX_COMPILER：设置 C++编译器
- CMAKE_BUILD_TYPE：构建类型（Debug、Release）

- CMAKE_INSTALL_PREFIX：安装目录
- CMAKE_MODULE_PATH：指定自定义的模块路径
- CMAKE_C_FLAGS：设置 C 编译器的编译选项
- CMAKE_CXX_FLAGS：设置 C++编译器的编译选项
- CMAKE_CURRENT_SOURCE_DIR：当前正在处理的源文件的目录（例如子 CMakeLists.txt 所在的目录）

2. 判断语句

用来判断当前条件的真假，从而决定执行路径，示例代码如下：

```
#例如，使用 se(SET)命令定义两个变量
set(BT FALSE)
set(TEST TRUE)
if (${BT})
    message("if BT is true")
elseif(${TEST})
    message("if TEST is true")
else()
    message("BT and TEST is false")
endif()#if 语句对应的结束语句，此语句必须存在，elseif/else 根据需要决定存在与否
```

3. 循环语句

在编程中，循环结构和循环语句是必不可少的部分。它允许开发者重复执行某些代码块，以处理大量数据或执行需要重复操作的任务。CMake 提供了 foreach 和 while 语句来处理循环任务。

1）for 循环的常用方式

CMake 提供了多种遍历的方法，示例代码如下：

```
#下面定义了一个数组，从 1 ～ 10
set(array_list 1 2 3 4 5 6 7 8 9 10)
#第 1 种遍历方法，遍历数组
foreach(i ${array_list})
    message(" i = ${i}")
endforeach()

#第 2 种遍历方法，使用 IN 关键字
foreach(i IN LISTS array_list)
    message(" i = ${i}")
endforeach()

#第 3 种遍历方法，RANGE 的使用方法，一个数字
#如果只有一个数字，就是从 0 开始，到 10，打印 0～10
foreach(i RANGE 10)
    message(" i = ${i}")
endforeach()
```

```
#第 4 种遍历方法，RANGE 的使用方法，3 个数字，可根据需要指定步长
#后面 3 个数字的意思是，从 1～10 的范围，每次步长为 2，打印 1、3、5、7、9
foreach(i RANGE 1 10 2)
    message(" i = ${i}")
endforeach()

#第 5 种遍历方法，直接列表型
foreach(i 1 2 3 4 5 6)   #直接循环 1~6
    message(" i = ${i}")
endforeach()
```

2）while 循环使用

CMake 中 while 循环的含义与其他编程语言中的含义相同，当条件为真时，执行循环体中的代码块。同样，也包含了 break 和 continue 操作。条件的语法形式与 if 条件判断中的语法形式相同，示例代码如下：

```
#循环

set(loop_var 4)

while(loop_var GREATER 0)
    message("${loop_var}")
    #数学计算操作，每循环一次减一，并把结果保存到 loop_var 中
    math(EXPR loop_var "${loop_var} - 1")
endwhile()


#使用 break 跳出循环
while(loop_var GREATER 0) #当 loop_var>0 时执行循环体
    message("${loop_var}")
    if(loop_var LESS 6) #当 loop_var 小于 6 时
        message("break")
        break() #跳出循环
    endif()
    #数学计算操作，每循环一次减一，并把结果保存到 loop_var 中
    math(EXPR loop_var "${loop_var} - 1")
endwhile()


#使用 continue，以下这段代码只会打印偶数
set(loop_var 10)

while(loop_var GREATER 0) #当 loop_var>0 时执行循环体
     math(EXPR var "${loop_var} % 2") #求余
    #如果 var=0，则表示它是偶数
     if(var EQUAL 0)
```

```
            message("${loop_var}") #打印这个偶数
            #数学计算操作，每循环一次减一，并把结果保存到 loop_var 中
            math(EXPR loop_var "${loop_var} - 1")
            continue() #执行下一次循环
        endif()
        #如果不是偶数，则直接减一，不打印
        math(EXPR loop_var "${loop_var} - 1")#loop_var--
endwhile()
```

4.1.3 目标生成与链接

在 CMake 中，目标生成与链接是两个核心步骤，它们共同确保了源代码被正确地编译和链接成可执行文件或库。了解这两个步骤对于掌握 CMake 至关重要。

1. 目标生成

1）可执行文件的生成

在 CMake 中使用 add_executable 命令来生成可执行文件，示例代码如下：

```
#CMake 最低版本
cmake_minimum_required(VERSION 3.22.1)

#项目名称
project("myapplication")

#生成一个可执行文件，使用 add_executable
add_executable(${CMAKE_PROJECT_NAME} #使用内置变量获取项目名称
        #源文件列表，源文件列表可以是多个，以空格或回车分隔
        native-lib.cpp
        native-lib_1.cpp
        native-lib_2.cpp
)
```

2）库文件的生成

在 CMake 中使用 add_library 命令来生成可执行文件，示例代码如下：

```
#CMake 最低版本
cmake_minimum_required(VERSION 3.22.1)

#项目名称
project("myapplication")

#生成一个动态库，使用 add_library，SHARED 表示动态库，STATIC 表示静态库
add_library(${CMAKE_PROJECT_NAME} SHARED#使用 SHARED 关键字，表示生成动态库
        #源文件列表，源文件列表可以是多个，以空格或回车分隔
        native-lib.cpp
        native-lib_1.cpp
        native-lib_2.cpp
```

```
)
```

2. 链接

如果项目依赖于其他库，则需要在CMake中使用target_link_libraries命令来指定这些库，例如在NDK开发中一般需要打印log，需要依赖log库，示例代码如下：

```
#CMake 最低版本
cmake_minimum_required(VERSION 3.22.1)

#项目名称
project("myapplication")

#生成一个动态库，使用 add_library，SHARED 表示动态库，STATIC 表示静态库
add_library(${CMAKE_PROJECT_NAME} SHARED  #使用 SHARED 关键字，表示生成动态库
        #源文件列表，源文件列表可以是多个，以空格或回车分隔
        native-lib.cpp
        native-lib_1.cpp
        native-lib_2.cpp
)

#使用 target_link_libraries 链接依赖库
target_link_libraries(${CMAKE_PROJECT_NAME}#使用内置变量获取项目名称
        #依赖库的列表
        android
        log)
```

4.1.4 CMake 设置库的输出路径

在CMake中设置输出目录，可以通过设置CMAKE_RUNTIME_OUTPUT_DIRECTORY来为可执行文件设置输出路径，使用LIBRARY_OUTPUT_DIRECTORY为库文件设置输出路径，示例代码如下：

```
#设置可执行文件的输出目录
set(CMAKE_RUNTIME_OUTPUT_DIRECTORY ${CMAKE_BINARY_DIR}/bin)

#设置库文件的输出目录
set(LIBRARY_OUTPUT_DIRECTORY ${CMAKE_BINARY_DIR}/lib)

#生成一个名为 example 的可执行文件
add_executable(example main.cpp)

#生成一个名为 mylib 的库
add_library(mylib mylib.cpp)
```

4.1.5 CMake 如何包含头文件

在C/C++的开发中，无论是编译可执行文件还是共享库都需要告知编译器头文件的路径，以便编译器可以找到它。在CMake中有以下多种包含头文件的方法，开发者可根据不同的场景选择合适的方法来包含头文件。

1. 使用include_directories

1）直接添加

这是传统的使用方式，通常头文件包含在当前项目的源码中，它可以直接添加头文件的搜索路径，示例代码如下：

```
#直接使用路径
include_directories("/path/to/headers")
```

2）在find_package/find_path之后使用

通常使用此方式来找到第三方库的头文件路径，并使用这些路径。这种方式特别适用于项目依赖于外部库，并且这些头文件并不在项目源码目录中，示例代码如下：

```
#使用find_package查找Boost库并包含头文件，如果找不到Boost，则会报错
find_package(Boost REQUIRED)
include_directories(${Boost_INCLUDE_DIRS})


#如果开发者知道头文件的确切位置，则可以使用find_path来手动指定头文件的位置
find_path(MY_HEADER_PATH myheader.h PATHS /path/to/search)
include_directories(${MY_HEADER_PATH})
```

2. 使用target_include_directories

与include_directories对比，target_include_directories通常对CMake target时使用，作用域仅对添加的target有效，而include_directories作用于全局。当一个CMakeLists.txt文件中包含多个target时，可使用target_include_directories来包含头文件，以便减少对其他target的影响，示例代码如下：

```
#添加一个library
add_library(mylib STATIC ${SOURCES})

#将头文件作用域设置为mylib
target_include_directories(mylib PRIVATE${CMAKE_CURRENT_SOURCE_DIR}/ include)
```

注意：*target_include_directories 必须在 add_library/add_executable 之后使用，否则会找不到目标。*

3. 使用CMAKE_INCLUDE_DIRECTORIES变量

作用同include_directories类似，包含的头文件会作用于全局，不同的是include_directories是一个命令，而CMAKE_INCLUDE_DIRECTORIES是一个变量。这意味着include_ directories 命令在 CMake 的执行过程中会被执行，而 CMAKE_INCLUDE_DIRECTORIES 变量则在配置阶段就会被设置，示例代码如下：

```
#set_source_files_properties 的作用是为一个或多个源文件指定属性
set_source_files_properties(${SOURCE} PROPERTIES CMAKE_INCLUDE_DIRECTORIES
"/path/to/headers")
```

4. 在 add_executable/add_library 中直接包含

此方式比较简单，直接包含即可，代码如下：

```
#直接将头文件列表追加到最后即可
add_executable(myapp ${SOURCES} ${HEADERS})
add_library (myapp ${SOURCES} ${HEADERS})
```

4.1.6 CMake 如何包含源文件列表及包含所有源文件语法

1. 使用 add_executable/add_library

在 CMake 中，可以通过多种方式包含源文件。常见的做法是使用 add_executable 或 add_library 命令，这些命令允许开发者指定要编译的源文件，示例代码如下：

```
#直接追加源文件列表
add_executable(my_program main.cpp file1.cpp file2.cpp)
add_library(my_program main.cpp file1.cpp file2.cpp)

#当文件稍多时可以定义变量
set(SOURCES main.cpp file1.cpp file2.cpp)
add_executable(my_program ${SOURCES})
add_library(my_program ${SOURCES})
```

2. 包含所有源文件的语法

当源文件较多时使用文件列表可能会遇到以下问题。

1）维护困难

随着源文件的增加，文件列表可能会变得非常庞大和复杂。维护这样一个列表可能会变得非常困难，因为每次添加、删除或修改源文件时都需要手动更新文件列表。

2）性能问题

当文件列表变得非常大时，CMake 可能需要更长的时间来处理它。这可能会导致构建过程变慢，特别是在大型项目中。

3）错误风险

手动维护文件列表可能会增加出错的风险，例如，可能会不小心遗漏某个源文件，或者错误地包含了不应该被编译的文件。

4）依赖性问题

如果源文件之间存在依赖关系，则仅仅通过文件列表可能无法完全表达这些关系。这可能会导致构建过程中出现问题，例如循环依赖或未解决的依赖。

为此，CMake 提供了 file 命令。配合 GLOB 或 GLOB_RECURSE 来包含所有匹配特定模式的源文件，示例代码如下：

```
#使用 file 命令配合 GLOB 匹配 src 目录下的所有 cpp 文件及 c 文件，并保存到 SOURCES 变量中
file(GLOB SOURCES "src/*.cpp""src/*.c")
add executable(my program ${SOURCES})

#使用 GLOB_RECURSE 递归地查找所有子目录中符合规则的源文件
file(GLOB_RECURSE SOURCES "src/*.cpp")
add_executable(my_program ${SOURCES})
```

注意：当使用 GLOB 或者 GLOB_RECURSE 自动匹配源文件时，如果源文件列表发生变化，CMake 则不会自动重新运行以更新文件列表，可能需要手动重新运行 CMake 以确保新的文件被包含在构件中。

4.2 CMake 多模块场景

4.2.1 多 CMake 应用场景

在软件开发过程中，项目经常需要依赖各种第三方库。这些库可能有大有小，有些甚至包含对其他库的依赖关系。对于较小的第三方库，通常可以直接将其源码与项目源码合并到一个 CMakeLists.txt 文件中进行编译和管理，这种方式简单直接，适用于依赖关系简单、更新频率不高的情况。

然而，当遇到一些大型且复杂的第三方库时，这种直接包含的方式可能会带来一些问题。大型库往往包含大量的源码文件，直接合并到项目中可能会导致项目结构变得混乱。同时，这些大型库可能经常需要独立更新，如果每次都手动合并到项目中，则会大大增加维护成本。此外，这些大型库往往也依赖于其他第三方库，这些依赖关系也需要妥善管理。

为了解决这些问题，一种常见的做法是使用多个 CMakeLists.txt 文件来分别管理这些大型库及其依赖关系。每个 CMakeLists.txt 文件负责一个库的编译和安装，这样可以保持项目结构的清晰和整洁。同时，当这些库需要更新时，只需更新对应的 CMakeLists.txt 文件，而不需要对整个项目进行重新编译，这大大地提高了编译和开发的效率。

具体来讲，可以在项目的根目录下创建一个主 CMakeLists.txt 文件，用于管理整个项目的构建过程，然后为每个大型库及其依赖关系创建一个单独的 CMakeLists.txt 文件，并在主 CMakeLists.txt 文件中通过 add_subdirectory 命令将这些子目录添加到构建过程中。这样，当项目构建时，CMake 会自动遍历所有的子目录，并调用每个子目录下的 CMakeLists.txt 文件来完成对应库的编译和安装。

通过这种方式，不仅可以方便地管理大型第三方库及其依赖关系，还可以提高项目的可

维护性和可扩展性。同时，多个 CMakeLists.txt 文件的编译策略也使项目的构建过程更加灵活和高效。

关键语法的相关代码如下：

```
#包含子目录 CMakeLists，这个目录下必须有 CMakeLists.txt
add_subdirectory(test)

#包含子目录相关头文件，这样才能在主库中使用相关的函数
include_directories(test/include)

#将库链接到 target
target_link_libraries( #Specifies the target library.
        secondlesson

        #Links the target library to the log library
        #included in the NDK.
        ${log-lib}
        #这里可以直接使用子目录生成的这个库
        test
)
```

4.2.2 多 CMake 的实际使用案例

在 3.1.1 节中，详细地介绍了如何创建和配置一个原生（Native）工程。读者可按照这些步骤来创建一个 Native 工程，这将作为本案例的开发环境。一旦原生工程建立完成，就需要在工程的 src/main/cpp 目录下创建一个名为 test 的单独子目录。在 test 子目录中，进一步创建两个新的文件夹：src 和 include。

src 目录将用于存放所有的源文件，这些文件包含了实现程序功能的代码。include 目录则用于存放头文件，这些文件包含了程序所需的函数声明、宏定义和类型定义等。

1. 创建模块的源文件

在 src 目录中创建一个名为 test.c 的源文件，并提供一种方法，代码如下：

```
//第 4 章/test.c
#include <stdio.h>
#include "test.h"

/**
 * 加法运算
 * @param a
 * @param b
 * @return
 */
int add(int a, int b) {
    LOGE("a + b = %d", a + b);
```

```
    return a + b;
}
```

2. 创建模块的头文件

在 include 目录中创建一个 test.h 文件作为头文件，并声明 test.c 文件中的方法，代码如下：

```
//第 4 章/test.h
#ifndef SECONDLESSON_TEST_H
#define SECONDLESSON_TEST_H
#include <jni.h>
#include <android/log.h>
#define TAG "test-jni"

//定义 LOGE 类型
#define LOGE(...)  __android_log_print(ANDROID_LOG_ERROR,TAG,__VA_ARGS__)

#ifdef __cplusplus
extern "C"{
#endif
//声明函数
int add(int a, int b);
#ifdef __cplusplus
}
#endif
#endif //SECONDLESSON_TEST_H
```

3. 创建模块的 CMakeLists.txt

接下来，为 test 模块单独创建一个 CMakeLists.txt，用来设置该模块的编译选项、源文件列表等，以生成一个动态库。此目标库作为主工程的依赖项，代码如下：

```
#第 4 章/CMakeLists.txt
#CMake 的最低版本
cmake_minimum_required(VERSION 3.18.1)

#项目名称
project("test")

#包含头文件目录
include_directories(include)

#生成一个动态库
add_library(
        test
        SHARED
        src/test.c)
#查找 log-lib 这是 Android 官方提供的 log 库，用来打印 log
```

```
find_library(
        log-lib
        log)
#将 log 库链接到 test
target_link_libraries(
        test
        ${log-lib}
)
```

4. 创建主工程的源文件

在 src/main/cpp/目录下创建一个 cpp 文件，用来调用 test 模块中的方法，代码如下：

```
//第 4 章/native-lib.cpp
#include <jni.h>
#include <string>
//包含子模块的头文件
#include "test.h"

extern "C" JNIEXPORT jstring JNICALL
Java_com_jiangc_secondlesson_MainActivity_stringFromJNI(
        JNIEnv *env,
        jobject /* this */) {
    std::string hello = "Hello from C++";
    //调用子模块中的方法
    int res = add(1, 2);
    LOGE("res = %d", res);
    return env->NewStringUTF(hello.c_str());
}
```

5. 创建主工程的 CMakeLists.txt

主 CMakeLists.txt 除负责编译最终目标文件之外，还负责将子模块中的 CmakeLists.txt 文件添加到当前的构建过程中以完成整个项目的编译。主 CMakeLists.txt 使用 add_subdirectory 命令添加子模块，语法示例代码如下：

```
#例如添加子模块 test
add_subdirectory(test)
```

主 CMakeLists.txt 的代码如下：

```
#第 4 章/CMakeLists.txt
#CMake 的最低版本
cmake_minimum_required(VERSION 3.18.1)

#项目名称
project("secondlesson")

#将子目录中的 CMakeLists 添加到当前的构建过程中
add_subdirectory(test)
```

```
#包含子目录相关头文件，这样才能在主库中使用相关的函数
include_directories(test/include)

#生成一个动态库
add_library(
        secondlesson
        SHARED
        native-lib.cpp)
#链接库
target_link_libraries(
        secondlesson
        log
        #这里直接使用这个库
        test
        )
```

所有文件都创建完成，看一下整体的目录结构，如图 4-2 所示。

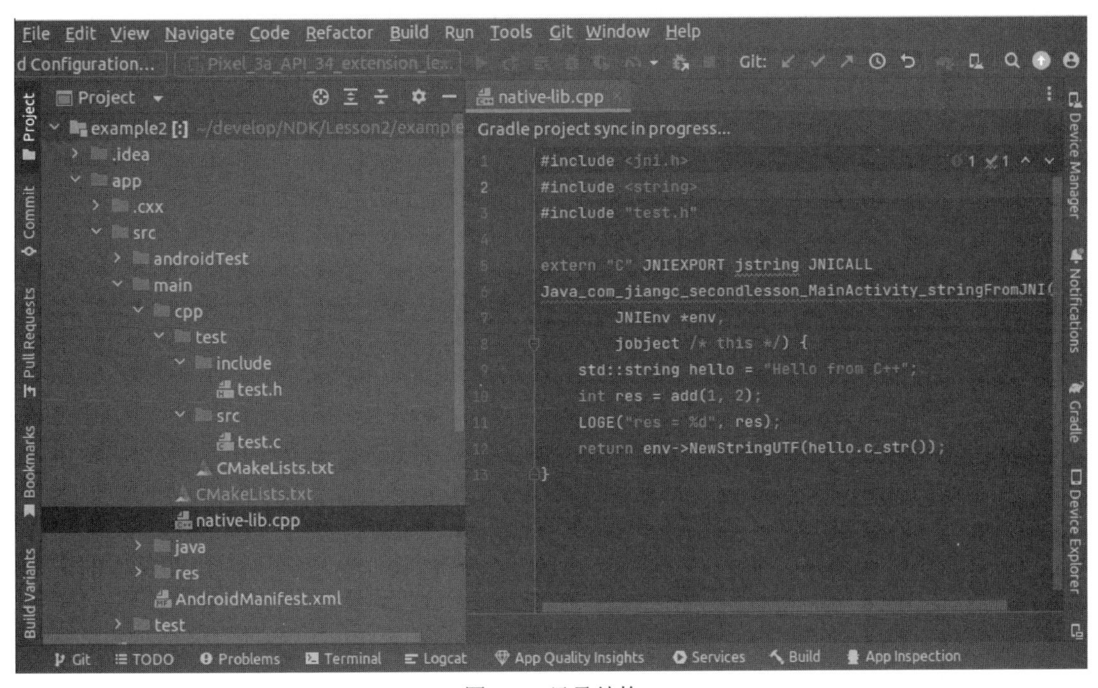

图 4-2 目录结构

单击“运行”按钮即可在 Logcat 中看到日志输出，如图 4-3 所示。

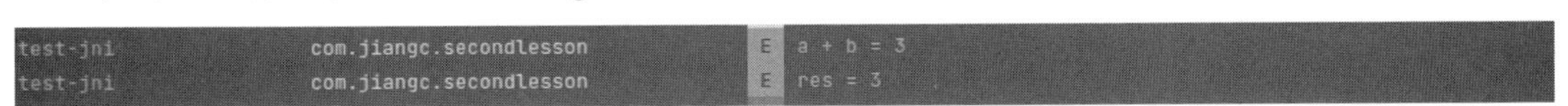

图 4-3 运行结果

4.3 本章小结

本章内容主要讲解了 CMake 的基础语法和常用命令，详尽地展示了多 CMake 应用场景，并通过实际案例详细地阐释了多 CMake 的应用实践。这些内容基本涵盖了在日常软件开发过程中使用 CMake 所需的大部分知识点，目的是为读者提供全面而深入的指导。读者可根据自身的掌握情况，通过实践练习来巩固所学知识，加深对 CMake 应用的理解和记忆。希望读者通过本章的学习，能够熟练掌握 CMake 的使用技巧，提升项目构建和管理的效率。

第 5 章 NDK 开发常用的数据类型及使用方法

经过前 4 章的系统学习，读者应当已经能够熟练地创建并配置一个满足项目需求的 NDK 工程。在此基础上，本章将聚焦于 NDK 开发中的数据类型及其使用技巧。深入理解这些知识点，对于实现 Java 应用程序与原生代码之间的顺畅通信至关重要。

67min

5.1 基础类型说明

基本数据类型在 JNI 中可以直接与 C/C++的基本数据类型相对应。为了实现这种映射关系，JNI 使用 typedef 来定义这些基本类型之间的对应关系。Java 与 Native 之间的数据类型映射关系见表 5-1。

表 5-1　基本数据类型

Java	JNI	C/C++	大小
boolean	jboolean	uint8_t	无符号 8 位
byte	jbyte	int8_t	有符号 8 位
char	jchar	uint16_t	无符号 16 位
short	jshort	int16_t	有符号 16 位
int	jint	int32_t	有符号 32 位
long	jlong	int64_t	有符号 64 位
float	jfloat	float	32 位
double	jdouble	double	64 位

基本类型在 jni.h 文件中的定义，代码如下：

```
//第 5 章/jni.h
/* Primitive types that match up with Java equivalents. */
typedef uint8_t  jboolean; /* unsigned 8 bits */
typedef int8_t   jbyte;    /* signed 8 bits */
```

```
typedef uint16_t jchar;    /* unsigned 16 bits */
typedef int16_t  jshort;   /* signed 16 bits */
typedef int32_t  jint;     /* signed 32 bits */
typedef int64_t  jlong;    /* signed 64 bits */
typedef float    jfloat;   /* 32-bit IEEE 754 */
typedef double   jdouble;  /* 64-bit IEEE 754 */

/* "cardinal indices and sizes" */
typedef jint     jsize;
```

5.2 引用类型说明

关于引用类型，在 Java 语言中所有类都继承自 java.lang.Object，然而，C 语言并未引入类和对象的概念，并且 Java 类的内部结构在原生代码层面并未直接暴露，因此，在 C 语言中，普遍使用 void*代替任意类型，它作为一个通用指针类型，能够指向任意类型的对象，而在 C++中，为了模拟 Java 中的类，定义了一个空的类 class Object {};，作为原生代码中的占位符，以此来与 Java 中的对象概念相对应。由于 C 和 C++的实现并不相同，所以 C 和 C++对应的实际类型是独立的，详细见表 5-2。

表 5-2 引用数据类型

Java	JNI	C	C++
java.lang.Class	jclass	jobject	_jclass *
java.lang.Throwable	jthrowable	jobject	_jthrowable*
java.lang.String	jstring	jobject	_jstring *
Other objects	jobject	void *	_jobject*
java.lang.Object[]	jobjectArray	jarray	_jobjectArray*
boolean[]	jbooleanArray	jarray	_jbooleanArray*
byte[]	jbyteArray	jarray	_jbyteArray*
char[]	jcharArray	jarray	_jcharArray*
short[]	jshortArray	jarray	_jshortArray*
int[]	jintArray	jarray	_jintArray*
long[]	jlongArray	jarray	_jlongArray*
float[]	jfloatArray	jarray	_jfloatArray*
double[]	jdoubleArray	jarray	_jdoubleArray*
Other arrays	Jarray	jarray	jarray*

5.2.1 C 语言下的引用类型

C 语言中对引用数据类型的定义，代码如下：

```
/*
 * Reference types, in C.
 */
typedef void*           jobject;
typedef jobject         jclass;
typedef jobject         jstring;
typedef jobject         jarray;
typedef jarray          jobjectArray;
typedef jarray          jbooleanArray;
typedef jarray          jbyteArray;
typedef jarray          jcharArray;
typedef jarray          jshortArray;
typedef jarray          jintArray;
typedef jarray          jlongArray;
typedef jarray          jfloatArray;
typedef jarray          jdoubleArray;
typedef jobject         jthrowable;
typedef jobject         jweak;
```

5.2.2　C++语言下的引用类型

C++语言中对引用数据类型的定义，代码如下：

```
/*
 * Reference types, in C++
 */
class _jobject {};
class _jclass : public _jobject {};
class _jstring : public _jobject {};
class _jarray : public _jobject {};
class _jobjectArray : public _jarray {};
class _jbooleanArray : public _jarray {};
class _jbyteArray : public _jarray {};
class _jcharArray : public _jarray {};
class _jshortArray : public _jarray {};
class _jintArray : public _jarray {};
class _jlongArray : public _jarray {};
class _jfloatArray : public _jarray {};
class _jdoubleArray : public _jarray {};
class _jthrowable : public _jobject {};

typedef _jobject*       jobject;
typedef _jclass*        jclass;
typedef _jstring*       jstring;
typedef _jarray*        jarray;
typedef _jobjectArray*  jobjectArray;
typedef _jbooleanArray* jbooleanArray;
```

```
typedef _jbyteArray*     jbyteArray;
typedef _jcharArray*     jcharArray;
typedef _jshortArray*    jshortArray;
typedef _jintArray*      jintArray;
typedef _jlongArray*     jlongArray;
typedef _jfloatArray*    jfloatArray;
typedef _jdoubleArray*   jdoubleArray;
typedef _jthrowable*     jthrowable;
typedef _jobject*        jweak;
```

typedef 是一种为数据类型定义别名的机制，它有助于增强代码的可读性和可维护性。从上述代码来看，除了基本数据类型外，在引用类型的处理上，C 语言最终将其视为 void*，而 C++则将其视为_jobject*。尽管全部统一使用 void*或_jobject*作为表示是可行的，但分别使用不同的类型别名是为了提高代码的可读性和可扩展性。这样做有助于开发者更好地理解代码中指针的用途，以及它们所指向的对象类型，同时也为未来可能的类型扩展提供了更高的灵活性，因此，这种类型别名的使用方式不仅符合编程规范，也体现了良好的编程实践。

5.3 UTF-8 和 UTF-16 字符串

在讲解数据类型的操作函数之前，首先需要对字符集进行一番探讨。之所以要专门讲解字符集，是因为不同的编程语言和平台可能采用不同的字符集，这直接影响了字符类型在内存中的占用空间及字符的编码方式。

特别地，我们注意到基本类型中的 char 在 Java 和 C/C++中的表现是有所不同的。对于熟悉 C 语言的读者来讲，知道 C 语言中的 char 类型通常占用一字节的空间，用于存储 ASCII 字符集中的字符，然而，在 Java 语言中，char 类型却占用了两字节的空间。同样地，JNI 中定义的 jchar 类型也占用了两字节。

这种差异的存在，主要是因为 Java 和 C/C++使用了不同的字符集。Java 采用的是 Unicode 字符集，这是一个能够涵盖世界上绝大多数语言和字符的宽字符集。由于 Unicode 字符集中包含了大量的字符，每个字符需要更多的空间来进行编码，因此 Java 中的 char 类型需要两字节来存储一个 Unicode 字符，而 C 语言则通常使用 ASCII 字符集，这是一个只包含基本拉丁字母和符号的较小字符集，因此其 char 类型只需一字节就能存储一个 ASCII 字符。

因此，在使用 jchar 时，需要格外注意字符编码的问题。如果 Java 中的字符串仅包含 ASCII 字符，则可以直接将 jchar 转换为 char 使用，因为 ASCII 字符在 Unicode 中的表示与 ASCII 字符集中的表示是一致的，然而，如果 Java 字符串包含非 ASCII 字符（如汉字），则需要谨慎处理字符编码的转换问题。通常，可以使用 Java 中的 String 类的 getBytes 方法，将字符串转换为指定字符集（如 UTF-8）的字节数组，然后在 C/C++中利用相应的字符集函数将这些字节数组转换为 char 数组。

综上所述，了解 Java 和 C/C++在字符集处理上的差异，对于两者之间进行数据类型转换和通信至关重要。接下来，我们将探讨常用数据类型的操作函数，以便更高效地实现 Java

与原生代码之间的交互。

5.4 常用数据类型操作函数的使用

5.4.1 String字符串的使用

1. 字符串创建

在原生代码（C 或 C++代码）中，可以使用 NewString()函数来创建一个采用 Unicode 编码格式的字符串实例。使用 NewStringUTF()函数则用于创建采用 UTF-8 编码格式的字符串实例。这两个函数都接受一个 C 语言风格的字符串（C 字符串）作为参数，并返回一个 Java 字符串的引用类型，即 jstring 类型的值。

使用 C 语言创建字符串实例，代码如下：

```
//创建一个 Unicode 编码格式的字符串实例
jstring str = (*env)->NewString(env, "hello world");
//创建一个 UTF-8 编码格式的字符串实例
jstring str = (*env) ->NewStringUTF(env, "hello world");
```

使用 C++语言创建字符串实例，代码如下：

```
//创建一个 Unicode 编码格式的字符串实例
jstring str = env->NewString("hello world");
//创建一个 UTF-8 编码格式的字符串实例
jstring str = env->NewStringUTF("hello world");
```

细心观察，使用 C 语言创建字符串和使用 C++创建字符串略有不同，除 C 语言版本在参数上多了一个 env 参数外，还有 env 的使用方式不同。这主要取决于在 C/C++中对于 JNIEnv 定义的不同。以一个普通的 JNI 函数代码举例，第 1 个参数为 JNIEnv *env，代码如下：

```
JNIEXPORT void JNICALL
Java_com_example_javap_TestJni_test(JNIEnv *env, jobject thiz) {

}
```

在 JNI 的头文件 jni.h 中，JNIEnv 分为 C 语言和 C++语言定义两种版本，代码如下：

```
//_JNIEnv 定义
struct _JNIEnv {
const struct JNINativeInterface* functions;
//…省略
};

#if defined(__cplusplus)     //C++中的实现
typedef _JNIEnv JNIEnv;
#else
```

```
typedef const struct JNINativeInterface* JNIEnv;    //C 语言中的实现
#endif
```

在C语言中，JNIEnv的定义实际上是指向struct JNINativeInterface的指针，即JNIEnv等同于struct JNINativeInterface*，因此，在C语言环境中，当我们看到一个JNIEnv* env作为函数参数时，env实际上是一个指向指针的指针，也就是一个双重指针。这意味着在使用env所指向的结构体中的函数或成员时，需要进行解引用操作。

然而，在C++中，情况有所不同。在C++中，JNIEnv通常被定义为_JNIEnv结构的一个别名，而_JNIEnv结构内部包含了一个指向struct JNINativeInterface的指针，因此，在C++的上下文中，当JNIEnv* env作为参数传递时，env是一个指向_JNIEnv结构的指针，而该结构内部已经包含了指向JNINativeInterface的指针，所以，在C++中，可以直接使用指针操作。

除了上述内容外，值得注意的是，C++对JNIEnv进行了封装处理。在其内部结构中，它保留了一个指向JNINativeInterface结构体的指针，因此，在C++中调用JNI接口函数时，JNINativeInterface会被直接作为函数的第1个参数传入，这就意味着在C++环境中调用JNI接口时，开发者无须再次显式地传入env作为函数的第1个参数，而在后续的讲解中，将更多地侧重于函数本身的定义及在C语言环境下的使用方式。

2. 获取字符串UTFChars

在原生代码（C或C++编写的代码）中，当需要与Java端的字符串进行交互时，可以使用GetStringUTFChars函数来获取Java字符串的UTF-8编码表示。该函数返回一个指向字节数组的指针，该字节数组表示采用修改后的UTF-8编码的字符串。该数组在使用ReleaseStringUTFChars函数释放之前一直有效。

接口定义，代码如下：

```
/**
 * 获取字符串 UTFChars
 * @param env        JNI 接口指针
 * @param string     Java 字符串对象
 * @param isCopy     指向布尔值的指针
 * @return 返回指向修改后的 UTF-8 字符串的指针，如果操作失败，则返回 NULL
 */
const char * GetStringUTFChars(JNIEnv *env, jstring string,jboolean *isCopy);
```

isCopy是一个传出参数，在不为NULL的情况下，如果指针指向Java字符串的副本，则*isCopy会被设置为JNI_TRUE；如果*isCopy被赋值为JNI_FALSE，则说明直接指向Java字符串；如果不关心是否复制，则直接传入NULL即可。

接口函数的使用，示例代码如下：

```
jstring str;
jboolean isCopy;
const char *cString = (*env)->GetStringUTFChars(env, str, &isCopy);
  if (NULL == cString) {
```

```
        LOGE("获取 C 字符串失败\n");
    }
    if (isCopy == JNI_FALSE){
        LOGE("cString 指向 Java 字符串");
    }else{
        LOGE("cString 指向 Java 字符串的副本");
    }
```

3. 释放字符串 UTFChars

使用 GetStringUTFChars 获取的字符串必须主动释放，否则会造成内存泄漏。

接口定义，代码如下：

```
/**
 * 释放字符串 UTFChars
 * @param env     JNI 接口指针
 * @param string  Java 字符串对象
 * @param utf     指向修改后的 UTF-8 字符串的指针
 */
void ReleaseStringUTFChars(JNIEnv *env, jstring string, const char *utf)
```

接口函数的使用，示例代码如下：

```
jstring javaString;
const char * cString;
(*env)->ReleaseStringUTFChars(env, javaString, cString);
```

4. 获取字符串长度

使用 GetStringLength()函数获取 Java 字符串长度，该函数有一个参数 jstring，指向 Java 的字符串。返回字符串长度 jsize（int）。

接口定义，代码如下：

```
/**
 * 获取字符串长度
 * @param env     JNI 接口指针
 * @param string  Java 字符串对象
 * @return 返回 Java 字符串的长度
 */
jsize GetStringLength(JNIEnv *env, jstring string);
```

接口函数的使用，示例代码如下：

```
jstring javaString;
jsize length = (*env)->GetStringLength(env, javaString);
```

5.4.2 数组操作

JNI 把 Java 数组当作引用类型来处理，和基本类型一样，JNI 也提供了对 Java 数组进行处理的函数，以下对数组的操作以 Int 数组举例。

1. 创建数组

使用 New<Type>Array()函数在原生代码中创建数组，其中<Type>可以是基本类型中的任意一种，例如 NewIntArray()。该函数接受一个描述数组大小的参数，与 NewString()函数一样，在失败时返回 NULL。

接口定义，代码如下：

```
/**
 * 创建一个新的 Java 数组
 * @param env    JNI 接口指针
 * @param length 数组长度
 * @return 返回一个 Java 数组，如果无法构造该数组，则返回 NULL
 */
ArrayType New<Type>Array(JNIEnv *env, jsize length);
```

接口函数的使用，示例代码如下：

```
//创建一个 Java Int 数组
jintArray javaArray;
javaArray = (*env)->NewIntArray(env, 10);
if (NULL != javaArray){
    LOGE("可以操作数组了");
}
```

2. 获取 Java 数组

JNI 提供了两种访问 Java 数组元素的方法，可以将 Java 数组复制成 C 数组进行操作或者直接返回指向 Java 数组的指针。

1）操作数组副本

使用 Get<Type>ArrayRegion()函数将给定的 Java 数组复制到给定的 C 数组中。

接口函数的定义，代码如下：

```
/**
 * 将给定的 Java 数组复制到给定的 C 数组中
 * @param env    JNI 接口指针
 * @param array  Java 数组
 * @param start  起始索引
 * @param len    要复制的元素数量
 * @param buf    目标缓冲区
 */
void GetIntArrayRegion(JNIEnv *env, jintArray array, jsize start, jsize len,
jint *buf)
```

接口函数的使用，示例代码如下：

```
//定义一个本地数组
jint nativeArray[10];
```

```
//从第 0 个元素开始，将 10 个 Java 数组中的元素复制到本地数组中
(*env)->GetIntArrayRegion(env, javaArray, 0, 10, nativeArray);
```

当使用 Get<Type>ArrayRegion()函数时，需要确保提供的本地数组有效且足够大，以便存储从 Java 数组中提取的元素。如果 start 和 len 参数指定的范围超出了数组的实际大小，则 JNI 将抛出异常。复制成功后，原生代码就可以像使用普通的 C 数组一样使用和修改。

当原生代码想将所作的修改提交给 Java 数组时，可以使用 Set<Type>ArrayRegion()函数将 C 数组复制回 Java 数组，示例代码如下：

```
jintArray javaArray;
jint nativeArray[10];

//从第 0 个元素开始，将 10 个 Java 数组中的元素复制到本地数组中
(*env)->GetIntArrayRegion(env, javaArray, 0, 10, nativeArray);
  //数组操作
  for (int i = 0; i < 10; ++i) {
          nativeArray[i] = nativeArray[i] + 10;
      }
  //将修改后的数组提交到 Java 数组
(*env)->SetIntArrayRegion(env, javaArray, 0, 10, nativeArray);
```

2）操作数组指针

使用 Get<Type>ArrayElements()函数获取指向数组的元素的直接指针。在调用 Release<Type>ArrayElements()函数之前，返回的指针一直有效。由于返回的数组可能是 Java 数组的副本，因此在调用 Release<Type>ArrayElements()函数之前，对返回数组所做的更改不一定会反映到原始 Java 数组中。

接口函数的定义，代码如下：

```
/**
 * 获取指向数组的元素的指针
 * @param env              JNI 接口指针
 * @param javaArray        Java 数组
 * @param isCopy           指向布尔值的指针
 * @return  返回指向数组元素的指针，如果操作失败，则返回 NULL
 */
jint* GetIntArrayElements(JNIEnv* env, jintArray javaArray, jboolean* isCopy);


/**
 * 释放指向 Java 数组元素的直接指针
 * @param env     JNI 接口指针
 * @param array   Java 数组对象
 * @param elems   指向数组元素的指针
 * @param mode    释放模式
```

```
    */void Release<Type>ArrayElements(JNIEnv *env, ArrayType array Type *elems,
jint mode);
```

接口函数的使用，示例代码如下：

```
jboolean isCopy;
jint * cArray = (*env)->GetIntArrayElements(env, javaArray, &isCopy);
if (cArray == NULL){
    LOGE("java 数组获取失败");
    return ;
}
if (isCopy == JNI_TRUE){
    LOGE("数组指针指向 Java 数组副本");
}else if (isCopy == JNI_FALSE){
    LOGE("Java 数组直接指向 Java 数组");
}
//释放指向 Java 数组元素的直接指针
(*env)->ReleaseIntArrayElements(env, javaArray, cArray, 0);
```

值得注意的是 Release<Type>ArrayElements()函数的最后一个参数 mode。该 mode 参数提供有关如何释放数组缓冲区的信息，如果 elems 不是数组中元素的副本，则 mode 无效，否则 mode 会有以下影响，详细见表 5-3。

表 5-3　数组释放模式

mode	影　　响
0	将内容复制到 Java 数组并释放 elems 缓冲区
JNI_COMMIT	将内容复制到 Java 数组但不释放 elems 缓冲区
JNI_ABORT	释放缓冲区而不将可能的更改复制到 Java 缓冲区

在大多数情况下，开发者将 0 传递给参数 mode 以确保固定数组和复制数组的行为一致。虽然其他选项可以使程序员更好地控制内存管理，但在使用时应格外小心。

注意：从 JDK/JRE 1.1 开始，程序员可以使用 Get/Release<Type>ArrayElements()函数来获取指向原始数组元素的指针。如果 VM 支持 pinning，则返回指向原始数据的指针，否则将制作一份副本。

3. 获取 Java 端数组的直接指针

从 JDK/JRE 1.3 开始引入的新函数允许本机代码获取指向数组元素的直接指针，即使 VM 不支持 pinning 也是如此。

接口函数的定义，代码如下：

```
/**
 *  获取指向数组的元素的直接指针
 * @param env      JNI 接口指针
```

```
 * @param array   Java 数组对象
 * @param isCopy  指向布尔值的指针
 * @return 返回指向数组元素的指针，如果操作失败，则返回 NULL
 */
void * Get<Type>ArrayCritical(JNIEnv *env, jarray array, jboolean *isCopy);


/**
 * 释放指向 Java 数组元素的直接指针
 * @param env     JNI 接口指针
 * @param array   Java 数组对象
 * @param elems   指向数组元素的指针
 * @param mode    释放模式
 */
void Release<Type>ArrayCritical(JNIEnv *env, jarray array, void *carray, jint
mode);
```

这两个函数在语义上与 Get/Release<Type>ArrayElements()函数非常相似。如果可能，则 VM 返回一个指向原始数组的指针，否则将制作一份副本，然而，这些函数的使用方式存在很大的限制。

在调用 Get<Type>ArrayCritical()和 Release<Type>ArrayCritical()函数之间不应该间隔太长时间。必须将这对函数内的代码视为在“关键区域”中运行。在关键区域内，本地代码不得调用其他 JNI 函数或任何可能导致当前线程阻塞并等待另一个 Java 线程的系统调用（例如，当前线程不得调用 read 去读取另一个 Java 线程正在写入的流）。

这些限制使本地代码更有可能获得数组的未复制版本，即使 VM 不支持 pinning，例如，当本地代码保存指向通过 Get<Type>ArrayCritical()获得的数组指针时，VM 可能会暂时禁用垃圾收集。

接口函数的使用，示例代码如下：

```
jint len = (*env)->GetArrayLength(env, arr1);
jbyte *a1 = (*env)->GetPrimitiveArrayCritical(env, arr1, 0);
jbyte *a2 = (*env)->GetPrimitiveArrayCritical(env, arr2, 0);
//检查 VM 是否尝试创建数组副本
if (a1 == NULL || a2 == NULL) {
    //如果返回 NULL，则进行异常抛出处理
}
//操作数组
memcpy(a1, a2, len);

//释放数组
(*env)->ReleasePrimitiveArrayCritical(env, arr2, a2, 0);
(*env)->ReleasePrimitiveArrayCritical(env, arr1, a1, 0);
```

虽然即使 VM 不支持 pinning 时依旧可以返回数组的直接指针，但并不是绝对的。如果

VM 内部以不同的格式表示数组，则仍可能会创建数组的副本，因此，需要通过检查返回值是否为 NULL 来判断可能出现内存不足的情况。

当使用均衡的垃圾回收策略时，*Critical 形式的调用可能不会返回堆的直接指针，这可以通过 isCopy 标志反映出来。发生此行为是由于内部存在大型数组，其中的数据可能不是连续的。通常，当数组的存储量小于堆的 1/1000 时会作为直接指针返回。

5.5 本章小结

本章内容详尽地阐述了 NDK 开发中数据类型的分类、定义及其具体的使用范例。这些知识对于开发者而言，无疑是宝贵的财富，它们能使开发者在编程过程中更加得心应手、游刃有余。尤其需要强调的是，实践是检验知识的最佳途径。对于此类实践性强的知识，强烈建议读者能够亲身实践，动手操作。只有通过实践，读者才能真正掌握这些知识，将它们转换为自己的技能，并在实际开发中灵活运用，因此，希望读者能够珍视这些学习内容，积极投入实践中去，以便不断提升自己的开发能力。

第 6 章

NDK 开发核心知识点

6.1 JavaVM

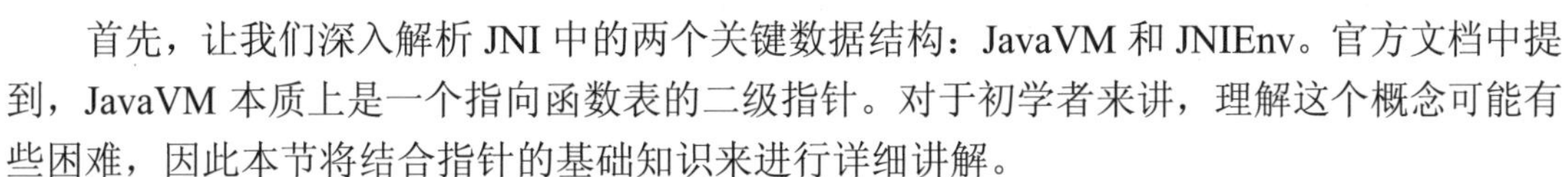

首先，让我们深入解析 JNI 中的两个关键数据结构：JavaVM 和 JNIEnv。官方文档中提到，JavaVM 本质上是一个指向函数表的二级指针。对于初学者来讲，理解这个概念可能有些困难，因此本节将结合指针的基础知识来进行详细讲解。

指针，简单来讲，就是内存地址的抽象表示。在编程中，每个变量都存储在内存中的某个位置，而这个位置的地址就是该变量的指针，例如，在 C 语言中，使用 malloc 函数来申请一块内存空间，该函数返回的是一个 void*类型的值，这个值实际上就是所申请空间的起始地址。通过持有这个地址，开发者就可以对这块内存空间进行读写操作。

而指针变量，顾名思义，就是用来存储指针的变量。它与普通的变量（如 int、char、float 等）在本质上没有区别，都是用来存储数据的。只不过，普通的变量存储的是具体的值，而指针变量存储的值是一个地址，这个地址指向了某块内存空间。

现在，回到 JavaVM 的概念上来。JavaVM 作为一个二级指针，实际上是指向一个函数表的指针的指针。在 JNI 中，JavaVM 提供了一系列“调用接口”函数，这些函数用于创建和销毁 Java 虚拟机实例。这些函数通常通过函数表来间接调用，以实现跨语言调用的灵活性。

理论上，每个进程可以拥有多个 JavaVM 实例，但在 Android 系统中，出于安全和资源管理的考虑，通常只允许存在一个 JavaVM 实例。这是因为 Android 系统通过 Java 虚拟机来管理应用程序的运行环境，而多个 JavaVM 实例可能会导致资源冲突和系统不稳定。

通过深入理解 JavaVM 和指针的概念，可以更好地掌握 JNI 的工作原理，从而在 Android 开发中更加灵活地运用 JNI 技术来实现 Java 与本地代码之间的交互。

在了解了 JavaVM 概念后，接下来看一下 JavaVM 在 jni.h 文件中的定义，代码如下：

```
/*
 * JNI invocation interface.
 */
struct JNIInvokeInterface {
    //函数定义
};
```

```
/*
 * C++ 版本_JavaVM 定义
 */
struct _JavaVM {const struct JNIInvokeInterface* functions; //省略};

//如果是 C++
#if defined(__cplusplus)
//则使用 typedef 将_JavaVM 结构体重命名为 JavaVM
typedef _JavaVM JavaVM;
#else//否则
//使用 struct JNIInvokeInterface*定义 JavaVM
typedef const struct JNIInvokeInterface* JavaVM;
#endif
```

不难看出，对于 C++来讲，JavaVM 是使用 typedef 对_JavaVM 结构体进行重命名的，而_JavaVM 是一个结构体（C++中的结构体和 C 中的结构体不太一样，C++中允许有函数，和类相似），结构体中有很多成员函数，这个类等于说是一个代理，它帮助开发者调用了 JNIInvokeInterface 中的函数，而 C 语言版本中，JavaVM 是一个 JNIInvokeInterface*类型的指针变量。

无论是 C 还是 C++，本质上都会调用 JNIInvokeInterface 中的接口。接口内的函数也说明 JavaVM 在 JNI 开发中的作用。JNIInvokeInterface 的定义，代码如下：

```
/*
 * JNI invocation interface.
 */
struct JNIInvokeInterface {
    //...保留字
    //释放 JavaVM
    jint        (*DestroyJavaVM)(JavaVM*);
    //将当前线程附着到虚拟机
    jint        (*AttachCurrentThread)(JavaVM*, JNIEnv**, void*);
    //将当前线程和虚拟机分离
    jint        (*DetachCurrentThread)(JavaVM*);
    //获取 JNIEnv
    jint        (*GetEnv)(JavaVM*, void**, jint);
    //AttachCurrentThreadAsDaemon()函数在 JNI 中的作用是将当前线程附加到 Java 虚拟
//机中作为一个守护线程，以便在非 Java 线程中调用 Java API，并使当所有非守护线程结束时，
//Java 虚拟机可以退出
    jint        (*AttachCurrentThreadAsDaemon)(JavaVM*, JNIEnv**, void*);
};
```

通过 JNIInvokeInterface 接口的定义可以看出，JavaVM 提供了获取 JNIEnv 的函数，将当前线程附着到 Java 虚拟机中及分离等功能。

本质上就是和 javaVM 取得联系，使本地代码可以和 Java 代码进行通信，因为虚拟机并

不知道本地 C/C++层的线程，所以不能直接通信，需要将线程附着到虚拟机上，这样就可以在本地代码中获得虚拟机的环境，从而和 Java 端进行通信。

6.2　JNIEnv

JNIEnv 是 JNI 编程中的一个核心概念，它代表了一个指向函数指针表的指针，该表包含了本地代码（通常是由 C 或 C++编写的代码）与 Java 代码之间进行交互所需的各种接口函数。JNIEnv 的存在使本地代码能够调用 Java 虚拟机（JVM）提供的服务，如创建和操作 Java 对象、调用 Java 方法、访问 Java 字段等。

JNIEnv 在 jni.h 文件中的定义，代码如下：

```
/*
 * 接口函数指针表
 */
struct JNINativeInterface {
    jstring     (*NewString)(JNIEnv*, const jchar*, jsize);
    jsize       (*GetStringLength)(JNIEnv*, jstring);
    const char* (*GetStringUTFChars)(JNIEnv*, jstring, jboolean*);
    void        (*ReleaseStringUTFChars)(JNIEnv*, jstring, const char*);
    jsize       (*GetArrayLength)(JNIEnv*, jarray);
    jintArray   (*NewIntArray)(JNIEnv*, jsize);
    jint*       (*GetIntArrayElements)(JNIEnv*, jintArray, jboolean*);
    void        (*ReleaseIntArrayElements)(JNIEnv*, jintArray, jint*, jint);
    void        (*GetStringRegion)(JNIEnv*, jstring, jsize, jsize, jchar*);
    void        (*GetStringUTFRegion)(JNIEnv*, jstring, jsize, jsize, char*);
    void*       (*GetPrimitiveArrayCritical)(JNIEnv*, jarray, jboolean*);
    void     (*ReleasePrimitiveArrayCritical)(JNIEnv*, jarray, void*, jint);
    //... 省略
};
```

在 jni.h 头文件中，JNIEnv 被定义为一个指向 JNINativeInterface 结构体的指针。这个结构体包含一系列函数指针，每个函数指针都对应一个 JNI 函数，用于执行特定的操作，例如，NewString()函数用于创建一个新的 Java 字符串对象，GetStringLength()函数用于获取一个 Java 字符串的长度等。

这些函数为本地代码提供了一种标准化的方式来与 Java 代码进行交互。通过 JNIEnv，本地代码可以安全地访问和操作 Java 对象，而无须关心底层 JVM 的实现细节。

简而言之，JNIEnv 是 JNI 编程中的关键组件，它提供了一组函数接口，使本地代码能够与 Java 代码进行无缝集成和交互。

6.3 全局引用和局部引用

在 JNI 编程中，引用是一个至关重要的概念。它充当了本地代码（如 C 或 C++编写的代码）与 Java 对象之间的桥梁，使本地代码能够访问和操作 Java 对象。在 Java 虚拟机（JVM）中，垃圾收集器会根据引用关系自动管理对象的生命周期，然而，在原生代码中，由于缺乏 JVM 的垃圾收集机制，开发者需要手动管理引用的生命周期。为此，JNI 提供了一组函数，用于在原生代码中创建、使用和管理这些引用。

根据引用的生命周期和特性，JNI 定义了 3 种类型的引用：局部引用、全局引用和弱全局引用。

6.3.1 局部引用

局部引用是在 JNI 函数调用期间创建的引用，它们只在当前线程的原生方法执行期间有效。一旦原生方法返回，局部引用便会被释放，因此这些引用会变得无效。大多数通过 JNI 函数直接返回的对象是局部引用，包括通过 FindClass()、NewString()等函数创建的对象。虽然局部引用在单个函数调用期间非常方便，但如果需要跨函数或跨线程使用对象，就需要考虑其他类型的引用。

每个本地引用都会花费一定数量的 Java 虚拟机资源。开发者需要确保原生方法不会过度地分配本地引用。虽然局部引用在原生方法返回 Java 后会被自动释放，但是过多地分配局部引用可能会导致 VM 运行在原生方法执行期间内存不足，例如使用 FindClass()函数获取一个类的引用，在使用后使用 DeleteLocalRef()函数进行释放，代码如下：

```
jclass clazz;
clazz = (*env)->FindClass(env, "java/lang/String");
//... 操作
//删除局部引用
 (*env)->DeleteLocalRef(env, clazz);
```

根据 JNI 规范，进入原生方法之前，VM 会自动确保至少 16 个局部引用可以创建。在单种方法调用时进行多个内存密集型操作的最佳实践是删除未使用的局部引用。当创建局部引用超过 16 个时可能会失败。在创建局部引用之前，可使用 JDK/JRE 1.2 中提供的一组方法请求更多的局部引用。

从 JDK/JRE 1.2 开始，提供了一组额外的函数，用于本地参考生命周期管理。

1. EnsureLocalCapacity

该函数确保至少给定数量的局部引用可以在当前线程中创建，函数接口的定义，代码如下：

```
/**
 * 确保至少给定数量的局部引用可以在当前线程中创建
 * @param env        JNI 接口指针
```

```
 * @param capacity  指定的可创建的容量
 * @return 返回 0 表示成功;否则返回一个负数并抛出一个 .OutOfMemoryError
 */
jint EnsureLocalCapacity(JNIEnv *env, jint capacity);
```

EnsureLocalCapacity()函数的使用，示例代码如下：

```
void use_ensure_local_capacity(JNIEnv *env){
    int len = 20;
    if ((*env)->EnsureLocalCapacity(env, len) < 0){
        LOGE(TAG, "申请失败");
        return ;
    }
    jstring  jstr0 = env->GetObjectArrayElement(arr,0);
    //... 省略
    jstring  jstr19 = env->GetObjectArrayElement(arr,0);
}
```

2. PushLocalFrame 与 PopLocalFrame

为函数创建一个指定数量的局部引用帧（一段栈上的连续的存储空间），与 PopLocalFrame()成对使用。函数接口的定义，代码如下：

```
/**
 * 为函数创建一个指定数量的局部引用帧
 * @param env      JNI 接口指针
 * @param capacity 指定的可创建的容量
 * @return 成功时返回 0，失败时返回负数并抛出一个.OutOfMemoryError
 */
jint PushLocalFrame(JNIEnv *env, jint capacity);
```

弹出使用 PushLocalFrame()函数接口创建的局部引用帧中的所有局部引用或只保留一个，与 PushLocalFrame()函数接口成对使用。函数接口的定义，代码如下：

```
/**
 * 清空使用 PushLocalFrame 接口创建的局部引用帧中的所有局部引用或只保留一个
 * @param env     JNI 接口指针
 * @param result  如果传入 null，则释放帧中的全部局部引用；如果传入局部引用，则释放除
result 之外的其他局部引用
 * @return  需要保留的局部引用
 */

jobject PopLocalFrame(JNIEnv *env, jobject result);
```

PushLocalFrame()与 PopLocalFrame()函数的使用，示例代码如下：

```
void use_push_pop_local_frame(JNIEnv *env){
    int len = 20;
    //创建一个指定数量的局部引用帧
    if ((*env)->PushLocalFrame(env, len)){
```

```
        LOGE(TAG, "创建失败");
        return ;
    }
    jstring  jstr0 = env->GetObjectArrayElement(arr,0);
    //... 省略
    jstring  jstr19 = env->GetObjectArrayElement(arr,0);

    //调用 PopLocalFrame 直接释放这个帧内所有的局部引用
    (*env)->PopLocalFrame(NULL);
}
```

3. NewLocalRef

当开发者不清楚返回的引用是什么类型时，会导致不知道调用哪种方式来删除这个引用类型。JNI 中提供了 NewLocalRef()函数来保证工具类函数返回的总是一个局部引用类型。函数接口的定义，代码如下：

```
/**
 * 创建一个对象的新本地引用
 * @param env  JNI 接口指针
 * @param ref  引用对象
 * @return 如果成功，则返回局部引用，如果失败，则返回 NULL
 */
jobject NewLocalRef(JNIEnv *env, jobject ref);
```

NewLocalRef()函数的使用，示例代码如下：

```
jobject use_new_local_ref(JNIEnv *env){
    static jstring cachedString = NULL;
    if (cachedString == NULL) {
        //创建一个局部引用
        jstring cachedStringLocal = ... ;
        //创建一个全局引用
        cachedString =(*env)->NewGlobalRef(env, cachedStringLocal);
    }
    //返回局部引用
    return (*env)->NewLocalRef(env, cachedString);
}
```

使用 NewLocalRef()函数可以确保返回值是一个局部引用，这样局部引用在使用后就会被自动释放。

6.3.2 全局引用

和局部引用不同，全局引用在原生方法的后续调用过程中依旧有效，除非它们被显式地释放。

1. NewGlobalRef

创建全局引用，参数可以是局部引用、全局引用、弱全局引用、NULL，全局引用不再使用时必须显式地调用 DeleteGlobalRef()函数进行释放。

函数接口的定义，代码如下：

```
/**
 * 创建全局引用
 * @param env    JNI 接口指针
 * @param obj    可以是局部引用、全局引用、弱全局引用、NULL
 * @return  返回全局引用或 NULL (obj == NULL 或已被回收的弱全局引用)
 */
jobject NewGlobalRef(JNIEnv *env, jobject obj);
```

NewGlobalRef()函数的使用，示例代码如下：

```
//1. 创建一个全局引用变量
jobject  g_object;
void use_new_global_ref(JNIEnv *env){
    //2. 获取局部引用
    jobject obj = (*env)->NewLocalRef(env, "hello");
    //3. 创建全局引用
    g_object = (*env)->NewGlobalRef(env, obj);
}
```

注意：JNIEnv 并不是一个可以创建全局引用的 Java 对象。JNIEnv 是一个指向特定于线程的 JNI 函数接口表的指针，它提供了本地代码与 Java 虚拟机交互所需的函数。每个线程在其 JNI 调用中都有一个与之关联的 JNIEnv 指针，这个指针是自动管理的，不需要（也不能）通过 NewGlobalRef()函数来创建全局引用。

2. DeleteGlobalRef

释放指向的全局引用。全局引用和局部引用都会阻止垃圾回收器回收，但全局引用的生命周期更长。未释放的全局引用会造成内存泄漏。

函数接口的定义，代码如下：

```
/**
 * 释放全局引用
 * @param env        JNI 接口指针
 * @param globalRef  要释放的全局引用
 */
void DeleteGlobalRef(JNIEnv *env, jobject globalRef);
```

DeleteGlobalRef()函数的使用，示例代码如下：

```
//全局引用定义
jobject  g_object;
void use_delete_global_ref(JNIEnv *env){
```

```
    //释放全局引用
    (*env)->DeleteGlobalRef(env, g_object);
}
```

6.3.3 弱全局引用

弱全局引用是一种特殊的全局引用。与普通全局引用相同的是，弱全局引用在原生方法的后续调用过程中同样有效。与普通全局引用不同的是，弱全局引用并不阻止潜在的对象被垃圾回收，所以在使用时需要判断引用是否处于活动状态，避免运行时异常。

1. NewWeakGlobalRef

创建弱全局引用，如果成功，则返回弱全局引用，参数可以是局部引用、全局引用。最佳实践是在不使用时使用 DeleteWeakGlobalRef()函数主动进行释放。

函数接口的定义，代码如下：

```
/**
 * 创建弱全局引用
 * @param env      JNI 接口指针
 * @param obj      一个有效的 Java 类对象，局部引用、全局引用
 * @return 弱全局引用，如果发生错误（例如 obj 不是一个有效的 Java 对象引用），则可能会返回 NULL，如果 VM 内存不足，则抛出 OutOfMemoryError
 */
jweak NewWeakGlobalRef(JNIEnv *env, jobject obj);
```

NewWeakGlobalRef()函数的使用，示例代码如下：

```
void someNativeMethod(JNIEnv *env, jobject thiz) {
    //假设有一个 jobject 引用，想要创建一个弱全局引用
    jobject javaObject = /* 获取或创建 Java 对象 */;

    //创建弱全局引用
    jweak weakRef = (*env)->NewWeakGlobalRef(env, javaObject);
    if (weakRef == NULL) {
        //处理错误情况
        return;
    }

    //... 在这里使用 weakRef ...

    //释放弱全局引用
    (*env)->DeleteWeakGlobalRef(env, weakRef);
}
```

2. DeleteWeakGlobalRef

释放指向的弱全局引用。虽然弱的全局引用不会阻止垃圾回收器回收，但它也不会自动释放，仍然占据 VM 中的资源。当存在过多的未释放的弱全局引用时可能会导致引用表溢出，

一旦引用表溢出，任何后续的 JNI 调用都可能会失败，因为 JNI 无法为新的局部引用或全局引用分配空间。

函数接口的定义，代码如下：

```
/**
 * 释放弱全局引用
 * @param env      JNI 接口指针
 * @param obj      要释放的弱全局引用,这个引用必须是之前通过 NewWeakGlobalRef 创建的,
并且尚未被释放
 */
void DeleteWeakGlobalRef(JNIEnv *env, jweak obj);
```

DeleteWeakGlobalRef()函数的使用，示例代码如下：

```
jweak weakRef = /* 获取之前创建的弱全局引用 */;

//... 使用 weakRef ...

//释放弱全局引用
 (*env)->DeleteWeakGlobalRef(env, weakRef);

//从现在起，weakRef 不再有效，不应再被使用
```

3. IsSameObject

测试两个引用是否引用相同的 Java 对象。可以用来检测弱全局引用是否被释放，在使用弱全局引用前可使用该函数进行检查，以便确认弱全局引用是否被回收。

函数接口的定义，代码如下：

```
/**
 * 测试两个引用是否引用相同的 Java 对象
 * @param env      JNI 接口指针
 * @param ref1     Java 对象
 * @param ref2     Java 对象
 * @return  如果相同，则返回 JNI_TRUE，否则返回 JNI_FALSE
 */
jboolean IsSameObject(JNIEnv *env, jobject ref1, jobject ref2);
```

IsSameObject()接口函数的使用，示例代码如下：

```
jobject obj1 /* 获取或创建的引用*/
//对 obj1 和 NULL 进行比较，如果返回 JNI_TRUE，则说明 obj1 已经被回收了
jboolean result = (*env)->IsSameObject(env, obj1, NULL);
if (JNI_TRUE == result){
    //被回收了，不可使用
}else{
    //引用有效，可以使用
}
```

6.3.4 JNI_OnLoad

JNI_OnLoad JNI 规范中定义的一个特定函数，无须开发者手动调用，其作用是在 JVM 加载本地库（例如动态链接库.so 文件或.dll 文件）时执行初始化操作，并指定该库所使用的 JNI 版本。这个函数在 JNI 本地方法库的开发过程中扮演着至关重要的角色。

具体而言，JNI_OnLoad()函数的主要功能如下：

首先，JNI_OnLoad()函数用于声明本地库所支持的 JNI 版本。通过返回特定的版本号，JNI_OnLoad()函数告知 JVM 当前加载的本地库遵循的 JNI 规范版本，以确保 JVM 能够正确地与该库进行交互。如果本地库未提供 JNI_OnLoad()函数，则 JVM 将默认采用较旧的 JNI 版本，可能会导致功能受限或兼容性问题。

其次，JNI_OnLoad()函数提供了初始化本地库所需的环境和资源的机会。在函数内部，开发者可以执行必要的初始化操作，如分配内存、设置全局变量或注册本地方法。这些初始化操作对于确保本地库的正确运行至关重要。

示例代码如下：

```
JavaVM *g_JVM;   //全局的 JavaVM 指针
jclass g_class;  //全局的 Java 类引用
JNIEXPORT jint JNI_OnLoad(JavaVM* vm, void* reserved){
    //定义本地变量 env
    JNIEnv *env;
    //保存全局的 VM，由于 vm 是在 JVM 加载本地库时传递给 JNI_OnLoad 函数的
    //并且这个指针在整个本地库的生命周期内都是有效的，因此不需要额外地使用 NewGlobalRef
    //去创建全局引用了
    g_JVM = vm;

    if ((*vm)->GetEnv(vm, (void**)&env, JNI_VERSION_1_6) != JNI_OK){
        //获取 env 失败
        return JNI_ERR;
    }

    //查找类，并保存为全局。FindClass 方法获取的类的引用在调用它的那个 JNI 本地线程中有效
    jclass clazz = (*env)->FindClass(env, "com/jiangc/secondlesson/
MainActivity");
    if (NULL == clazz){
    //查找类失败
        return JNI_ERR;
    }
    //创建全局引用
    g_class = (*env)->NewGlobalRef(env, clazz);

    //本地方法数组
    static const JNINativeMethod methods[] = {
            {"nativeFoo", "()V", (void *)(nativeFoo)},
```

```
            {"nativeBar", "(Ljava/lang/String;I)Z", (void *)(nativeBar)},
        };
        //动态注册 JNI 方法(7.2 章节会详细地讲解)，可减少函数调用时的查找开销
        int rc = (*env)->RegisterNatives(env, clazz, methods, sizeof(methods)/
sizeof(JNINativeMethod));
        if (rc != JNI_OK) return rc;

        //返回 JNI 版本
        return JNI_VERSION_1_6;
    }
```

综上所述，JNI_OnLoad()函数是 JNI 规范中的一个重要的组成部分，它提供了本地库初始化、版本声明和性能优化功能。在开发涉及本地方法的 Java 应用程序时，合理地使用 JNI_OnLoad()函数对于确保程序的稳定性和性能至关重要。

6.3.5　JNI_OnUnload

JNI_OnUnload()函数也是 JNI 中的一个特殊函数，它在 JVM 释放与本地代码库（例如*.so 或*.dll 文件）相关的资源时被调用。换句话说，当 Java 程序不再需要某个本地库且垃圾回收器（GC）回收了加载该库的 ClassLoader 时，JNI_OnUnload()函数会被触发。

通常与 JNI_OnLoad()函数成对使用，例如释放本地资源、关闭打开的文件、断开网络连接等。虽然这个函数在大多数情况下可能不是必需的，但在某些情况下，正确实现 JNI_OnUnload()函数可以帮助避免资源泄漏和其他潜在问题。

示例代码如下：

```
JNIEXPORT void JNI_OnUnload(JavaVM* vm, void* reserved){
    JNIEnv *env;
    //获取 JNIEnv
    if ((*vm)->GetEnv(vm, (void**)&env, JNI_VERSION_1_6) != JNI_OK){
        //获取 JNIEnv 失败
        return ;
    }
    //释放全局引用
    (*env)->DeleteGlobalRef(env, g_class);
}
```

第 7 章

NDK 开发关键函数

经过对第 6 章 NDK 开发核心知识点的深入学习，相信读者已经对 JNI 中的特定函数、JNIEnv、JavaVM 及引用的创建和管理等概念有了初步的理解和把握。本章将进一步拓展和深化这些知识点，着重探讨在 NDK 的开发过程中函数操作所涉及的关键技术和应用。

首先，详细讲解函数签名的概念及其在 JNI 中的重要性，其次，介绍如何在原生方法中调用 Java 的方法。这通常涉及 JNI 接口的使用，包括获取 JNIEnv 指针、查找 Java 类和方法 ID、构造参数列表及调用 Java 方法等步骤。

此外，本章还将讨论原生线程的使用方法。在 NDK 开发中，有时需要在原生代码中创建和管理线程以执行特定的任务。我们将介绍如何创建原生线程、如何在线程中调用 Java 方法及如何处理线程间的同步和通信等问题。这些知识点对于实现复杂的多线程应用程序至关重要。

通过本章的学习，读者将能够更深入地理解 NDK 开发中的关键知识点，掌握函数签名、原生方法中调用 Java 的方法及原生线程的使用方法等核心技术。

7.1 函数操作基础

7.1.1 函数签名

在 Java 语言中当调用 JNI 中的方法时，JNI 中的方法需要按照一定的规则（静/动态注册）创建，这样在 Java 语言中才能找到对应的原生方法。反之，如果想在原生方法中调用 Java 中的方法，则需要得到对应被调用的 Java 中方法的签名。函数签名是 JNI 中用于唯一标识 Java 方法的字符串，它包含了方法的类名、方法名和参数类型等信息。通过正确的函数签名，开发者才可以在原生代码中准确地定位并调用 Java 方法，实现 Java 与原生代码之间的交互。

函数签名 Java 类型对应的字符串，详见表 7-1。

在 JNI 中，方法的签名对应的字符串和 Java 方法相比返回值是倒置的，示例代码如下：

```
//Java 方法
void func(int a);
```

表 7-1　函数签名

Java 类型	签　　名	Java 类型	签　　名
Boolean	Z	Float	F
Byte	B	Double	D
Char	C	fully-qualified-class	Lfully-qualified-class
Short	S	type[]	[type
Int	I	method type	(arg-type)ret-type
Long	J		

```
//签名(方法的括号在前面，返回值在后面，V代表返回值void)
(I)V
```

基本类型，示例代码如下：

```
//(II)I
public int add(int a, int b){
  return a + b;
}
//()Z
public boolean isTrue(){
      return true;
}
```

引用类型，示例代码如下：

```
//()Ljava/lang/String;             L + 类的全限定名，注意后面的分号也要加上
public String HelloWorld();

//([I)J                            数组类型[type
Public long test(int[] arr);
```

1. 使用 javap 生成函数签名

在实际开发中，手动编写函数签名不仅烦琐易错，而且效率低下，因此，通常使用 javap 这个强大的工具来自动生成函数签名。javap 是 JDK 提供的一个命令行工具，它可以输出 Java 类的公共、受保护、默认（包）访问和私有字段及方法签名。通过运行 javap 命令并指定 Java 类文件作为参数，开发者可以轻松地获取所需的函数签名。

在实际的开发过程中，一般将 javap 作为 Android Studio 中的扩展工具来使用。这样，开发者在编写原生代码时，就可以直接利用 Android Studio 的集成功能来生成函数签名，无须离开开发环境或手动编写。

1）配置 javap 工具

打开 Android Studio，选择 File→Settings→Tools→External Tools 扩展工具栏，如图 7-1 所示。

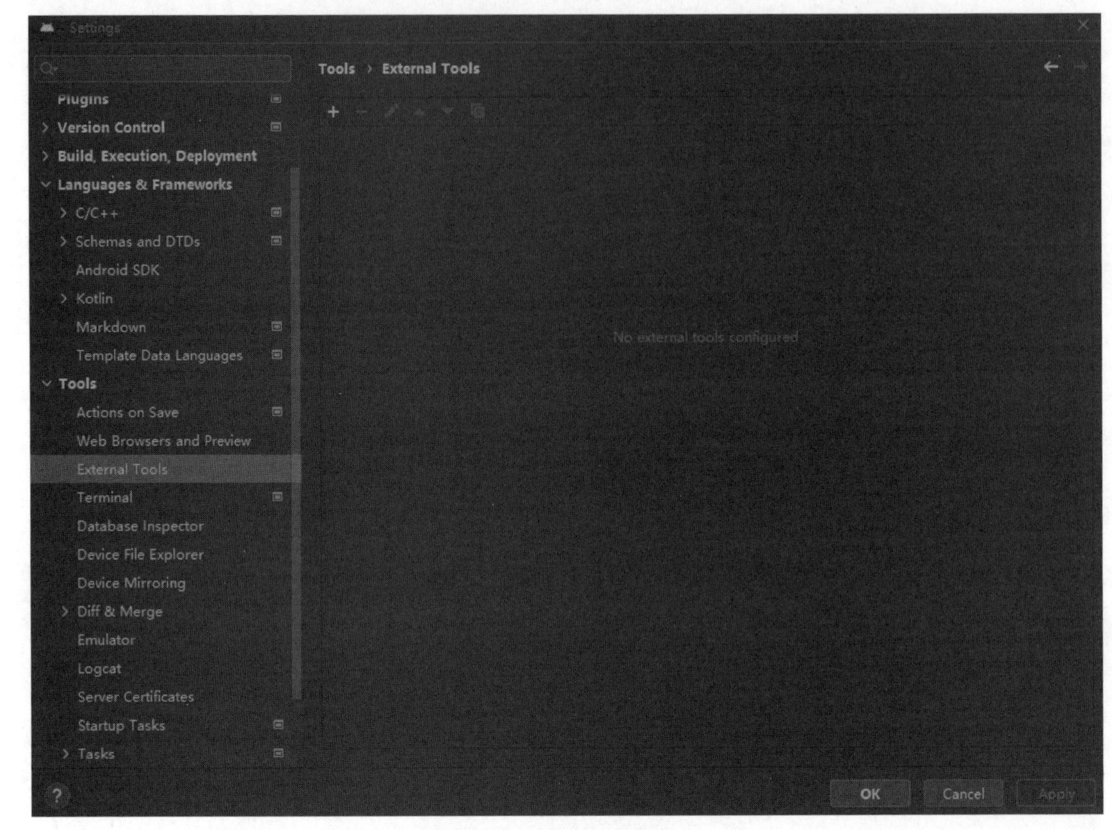

图 7-1　External Tools

单击“+”号按钮，填写 javap 的绝对路径及参数和 class 文件的输出目录，如图 7-2 所示。

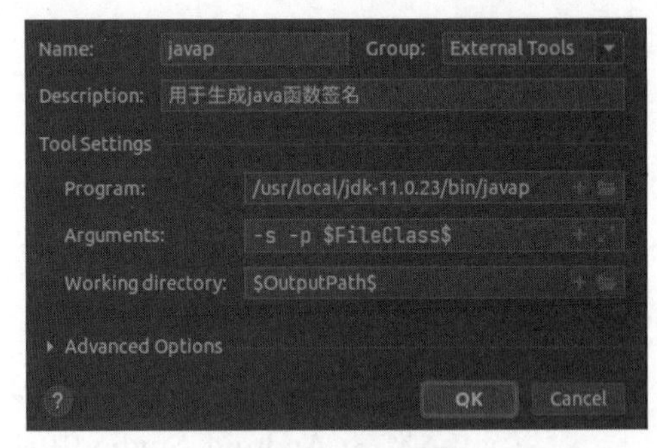

图 7-2　javap 配置

其中，填写的参数释义如下。

- Program：填写 javap 的绝对路径。
- Arguments：填写 javap 使用的参数，$FileClass$代表要解析的 class 文件。
- Working directory：填写输出路径，java 文件被编译成 class 后的路径。

单击 OK 按钮完成配置。

2）获取函数签名

在使用时需要先编译项目，否则在运行 javap 时会找不到 class 文件。然后在对应的 Java 文件上右击，执行 javap 命令，如图 7-3 所示。

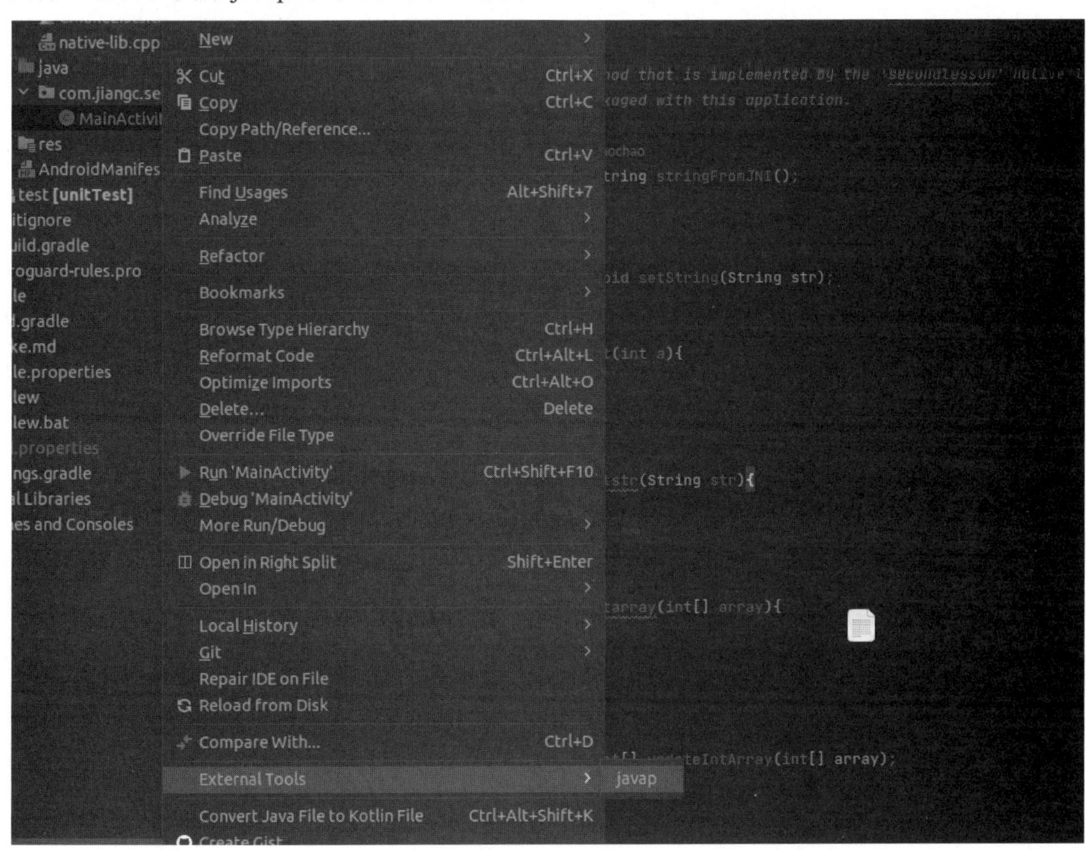

图 7-3　javap 使用

签名会在 Android Studio 的终端中直接打印出来，如图 7-4 所示。

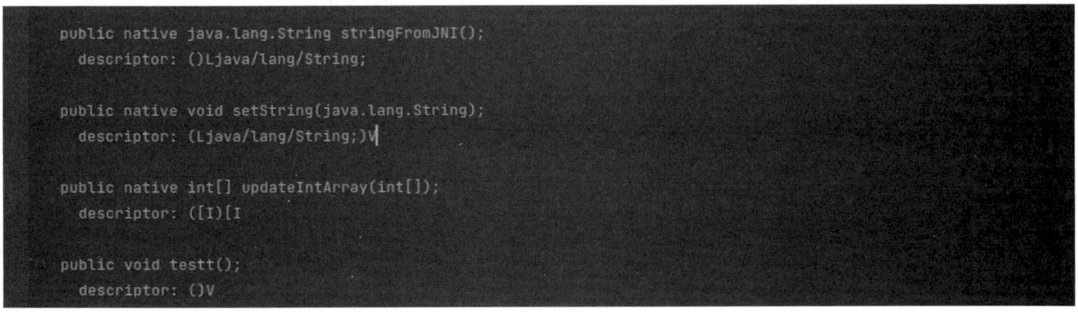

```
public native java.lang.String stringFromJNI();
  descriptor: ()Ljava/lang/String;

public native void setString(java.lang.String);
  descriptor: (Ljava/lang/String;)V

public native int[] updateIntArray(int[]);
  descriptor: ([I)[I

public void testt();
  descriptor: ()V
```

图 7-4　javap 执行结果

这样就可以轻松地获取某个 Java 文件中的所有函数签名了。

2. 访问字段

Java 有两类字段：实例字段和静态字段。由于类的每个实例都有自己的实例字段副本，而每个类的所有实例共享同一个静态字段，所以在使用 JNI 访问 Java 的方法时会有两种不同的方法。

1）FieldID

JNI 中提供了用 FieldID 访问类字段的函数，在实例字段和静态字段中对应的是不同的方法。在实例字段中使用的是 GetFieldID()函数，而在静态字段中使用的则是 GetStaticFieldID()函数。

带有实例字段和静态字段的 Java 类，代码如下：

```
public class MainActivity{
    public float aFloat;
    public static String sPath;
}
```

接口定义，代码如下：

```
/**
 * 获取实例字段 ID
 * @param env     JNI 接口指针
 * @param clazz   Java 类对象
 * @param name    字段名称：一个以'\0'结尾的 UTF-8 字符串
 * @param sig     字段签名：一个以'\0'结尾的 UTF-8 字符串
 * @return 如果成功，则返回字段 ID，如果失败，则返回 NULL
 */
jfieldID GetFieldID(JNIEnv *env, jclass clazz, const char *name, const char
*sig);
```

获取实例字段中的 FieldID，代码如下：

```
//实例字段 ID 获取
jfieldID jfId;
jfId = (*env)->GetFieldID(env, g_class, "aFloat", "F");
```

获取静态字段中的 FieldID，代码如下：

```
//静态字段 ID 获取
jfieldID jsId;
jsId = (*env)->GetStaticFieldID(env, g_class, "sPath", "Ljava/lang/ String;");
```

2）获取 Field

在获取 FieldID 后，可以通过 Get<Type>Field()函数获取实际的实例字段，通过 GetStatic<Type>Field()函数获取实际的静态字段。

Get<type>Field()函数的定义，代码如下：

```
/**
 * 获取实例字段
 * @param env      JNI 接口指针
 * @param obj      Java 对象，不得为 NULL
 * @param fieldID 有效的字段 ID
 * @return 返回 Field 的内容
 */
NativeType Get<type>Field(JNIEnv *env, jobject obj, jfieldID fieldID);
```

获取实例字段，代码如下：

```
//获取实例字段
float f = (*env)->GetFloatField(env, thiz, jfId);
```

GetStatic<type>Field()函数的定义，代码如下：

```
/**
 * 获取静态字段
 * @param env      JNI 接口指针
 * @param clazz    Java 类对象
 * @param fieldID  静态字段 ID
 * @return 返回静态 Field 的内容
 */
NativeType GetStatic<type>Field(JNIEnv *env, jclass clazz, jfieldID fieldID);
```

获取静态字段，代码如下：

```
//获取静态字段
jstring str = (*env)->GetStaticObjectField(env, g_class, jsId);
```

7.1.2　jclass

在 JNI 中，jclass 是用于表示 Java 类的引用类型。当需要在原生方法中引用或操作 Java 类时，需要获取该类的 jclass 实例。以下是获取 jclass 的几种常见方式。

1. FindClass

这是最常见的方式，开发者可以使用该方法直接获取类的 jclass 引用。

接口定义，代码如下：

```
/**
 * 查找类
 * @param env      JNI 接口指针
 * @param name     类的全限定名(包名+类名)
 * @return 如果成功，则返回类的 jclass 对象，如果失败，则返回 NULL
 */
jclass FindClass(JNIEnv *env, const char *name);
```

使用 FindClass()函数查找一个类，示例代码如下：

```
JNIEnv* env;
jclass cls = (*env)->FindClass(env, "com/example/MyClass");
if (cls == NULL) {
//处理错误
}
```

2. GetObjectClass

对于非静态 native 方法，默认会将类的 jobject 对象作为参数传递到原生方法中。开发者可以使用该方法直接获取类的 jclass 引用。

接口定义，代码如下：

```
/**
 * 获取对象的类
 * @param env     JNI 接口指针
 * @param obj     Java 对象，不得为 NULL
 * @return  返回一个 jclass 对象
 */
jclass GetObjectClass(JNIEnv *env, jobject obj);
```

使用 GetObjectClass()函数获得对象的类，示例代码如下：

```
void test(JNIEnv *env, jobject thiz) {
    jclass clazz = (*env)->GetObjectClass(env, thiz);
    if (NULL == clazz){
        //处理错误
    }
}
```

3. 通过全局或局部引用

对于静态 native 方法，默认会将类的 jclass 引用作为参数传递到原生方法中。开发者可以使用 NewGlobalRef()函数方法创建一个全局引用，以便在后续的调用中使用，代码如下：

```
jclass g_class;  //全局 Java 类引用
void test(JNIEnv *env, jclass clazz) {

    g_class = (*env)->NewGlobalRef(env, clazz);
    if (NULL == g_class){
        //处理错误
    }
}
```

注意：创建的全局引用在不用时需要调用 DeleteGlobalRef()函数进行释放，否则会引起内存泄漏。

7.1.3　jmethodID

jmethodID 是 JNI 中用于表示 Java 方法的一种类型，当需要在原生代码中调用 Java 方法时，首先需要获得该方法的 jmethodID。

jmethodID 是通过 JNI 的函数从 Java 类的 jclass 中获取的。它表示 Java 方法的一个唯一标识，使原生代码可以准确地调用对应的方法。

与获取字段 ID 相同，JNI 同样提供了两类方法，以便获取方法 ID。在实例方法中使用 GetMethodID()函数，而在静态方法中则使用 GetStaticMethodID()函数。

带有实例方法和静态方法的 Java 类，代码如下：

```
public class MainActivity {

    //实例方法
    public int normalFunc(String result){
        //处理结果
        return 0;
    }

    //静态方法
    public static int staticFunc(String result){
        //处理结果
        return 0;
    }
```

接口定义，代码如下：

```
/**
 * 获取实例方法 ID
 * @param env         JNI 接口指针
 * @param clazz       Java 类对象
 * @param name        方法名称，以'\0'结尾的 UTF-8 字符串
 * @param sig         方法签名，以'\0'结尾的 UTF-8 字符串
 * @return 如果成功，则返回方法 ID，如果失败，则返回 NULL
 */
jmethodID GetMethodID(JNIEnv *env, jclass clazz, const char *name, const char
*sig);

//获取静态方法 ID 将函数名替换为 GetStaticMethodID，参数相同
```

获取实例方法 ID，代码如下：

```
test(JNIEnv *env, jobject thiz) {
    //获取 jclass
    jclass clazz = (*env)->GetObjectClass(env, thiz);
    if (NULL == clazz){
        //处理错误
```

```
            return;
        }
        //获取实例方法 ID
        jmethodID fid = (*env)->GetMethodID(env, clazz, "normalFunc", "(Ljava
/lang/String;)I");
        if (NULL == fid){
            //处理错误
            return;
        }
    }
```

获取静态方法 ID，代码如下：

```
    test(JNIEnv *env, jobject thiz) {
        //获取 jclass
        jclass clazz = (*env)->GetObjectClass(env, thiz);
        if (NULL == clazz){
            //处理错误
            return ;
        }
        jmethodID fid = (*env)->GetStaticMethodID(env, clazz, "staticFunc",
"(Ljava/lang/String;)I");
        if (NULL == fid){
            //处理错误
            return ;
        }
    }
```

注意：jfieldID 和 jmethodID 是不透明类型，也不是对象引用，并且不能传递给 NewGlobalRef() 函数。

7.2 调用 Java 端的函数

在 7.1 节中，详细地探讨了函数操作的基础，包括函数签名的规则及如何获取 jfieldID、jclass 和 jmethodID。这些概念和操作对于理解原生方法与 Java 端方法之间的交互至关重要。本节将继续深入，结合 7.1 节的内容，进一步介绍如何在原生方法中调用 Java 端的方法。

首先，开发者需要明确一点：原生方法是使用非 Java 语言（如 C 或 C++）编写的，并通过 JNI（Java Native Interface）在 Java 代码中调用的方法。这种机制允许 Java 代码与本地代码进行交互，从而利用本地代码的性能优势或访问特定于平台的资源。

7.2.1 Native 调用 Java 端成员函数

1. 函数分类

为了支持 Java 与原生代码之间进行交互，JNI 提供了两类主要的接口函数：有返回值的接口函数和无返回值的接口函数。这两类函数均支持参数的可选性，即它们既可以接受参数，也可以不接受参数，这取决于具体的调用需求。

有返回值的接口函数的定义，代码如下：

```
/**
 * 调用 Java 端非静态返回值类型为 type 的方法，type 可以是 int、short、object、float 等
 * @param env        JNI 接口指针
 * @param obj        Java 对象
 * @param methodID   方法 ID
 * @param ...        可变参数，可以为 0 到多个
 * @return NativeType 或抛出异常
 */
NativeType Call<type>Method(JNIEnv *env, jobject obj, jmethodID methodID, ...);
```

无返回值的接口函数的定义，代码如下：

```
/**
 * 调用 Java 端非静态没有返回值的方法
 * @param env        JNI 接口指针
 * @param obj        Java 对象
 * @param methodID   方法 ID
 * @param ...        可变参数，可以为 0 到多个
 * @return void
 */
void  CallVoidMethod(JNIEnv*, jobject, jmethodID, ...);
```

2. 函数变体

相同功能的函数，在 JNI 中有 3 种定义。区别之处是函数的参数传递方式。除了函数分类中讲解的可变参数外，还支持 va_list（函数以 V 结尾）和 jvalue（函数以 A 结尾）数组的方式。

1) Call<Type>MethodV

Call<Type>MethodV()函数也用于调用 Java 端的非静态方法，并期望返回一个 Type 类型的值。与 Call<Type>Method()函数不同的是，它使用 va_list 来传递参数。这通常用于当参数数量不固定或者参数类型复杂时。

函数的定义，代码如下：

```
/**
 * 用于调用 Java 端的非静态方法
 * @param env     JNI 接口指针
 * @param obj     Java 对象
```

```
     * @param mid    方法 ID
     * @param args   va_list 类型的参数列表，通常通过 va_start 和 va_end 宏来初始化和清理
     * @return  Type
     */
    NativeType  Call<Type>MethodV(JNIEnv  *env,  jobject  obj,  jmethodID  mid,
va_list args);
```

2) Call<Type>MethodA

Call<Type>MethodA()函数同样用于调用 Java 端的非静态方法并返回 Type 类型的值，但它使用 jvalue 数组来传递参数。这种方式提供了更好的类型安全性，因为它避免了 va_list 可能带来的类型不匹配问题。

函数的定义，代码如下：

```
    /**
     * 用于调用 Java 端的非静态方法
     * @param env    JNI 接口指针
     * @param obj    Java 对象
     * @param mid    方法 ID
     * @param args   是一个指向 jvalue 数组的指针，该数组包含了要传递给 Java 方法的参数
     * @return
     */
    NativeType Call<Type>MethodA(JNIEnv *env, jobject obj, jmethodID mid, const
jvalue *args);
```

3. 函数使用示例

带有实例方法的 Java 类，代码如下：

```
public class MainActivity{

    public int add(int a, int b){
        return a + b;
    }
}
```

CallIntMethod()函数的使用，示例代码如下：

```
void test(JNIEnv *env, jobject thiz) {
    //获取 jclass
    jclass clazz = (*env)->GetObjectClass(env, thiz);
    if (NULL == clazz){
        //处理错误
        return ;
    }
    jmethodID fid = (*env)->GetMethodID(env, clazz,  "add", "(II)I");
    if (NULL == fid){
        //错误处理
        return ;
```

```
    }
    //可变参数调用 Java 方法，参数为 1 和 2
    jint result = (*env)->CallIntMethod(env, thiz, fid, 1,2);
    LOGE(TAG, "result = %d\n", result);

    return ;
}
```

CallIntMethodV()函数的使用，示例代码如下：

```
/**
 * 封装一个公共的调用 Java 端返回值为 int 的函数
 * @param obj           Java 对象
 * @param mid           方法 ID
 * @param ...           可变参数
 * @return  函数执行的返回值
 */
int callIntJava(jobject obj, jmethodID mid, ...){
    JNIEnv *env;
    if ((*g_JVM)->GetEnv(g_JVM, (void**)&env, JNI_VERSION_1_6) != JNI_OK){
        //获取 env 失败
        return -1;
    }
    //可变参数列表
    va_list list;
    //初始化 va_list 对象
    va_start(list, mid);
    //调用 CallIntMethodV
    jint result = (*env)->CallIntMethodV(env, obj, mid, list);
    //结束对可变参数的访问
    va_end(list);
    return result;
}
```

CallIntMethodA()函数的使用，示例代码如下：

```
void test(JNIEnv *env, jobject thiz) {
    //获取 jclass
    jclass clazz = (*env)->GetObjectClass(env, thiz);
    if (NULL == clazz){
        //处理错误
        return ;
    }
    jmethodID fid = (*env)->GetMethodID(env, clazz,  "add", "(II)I");
    if (NULL == fid){
        //错误处理
        return ;
    }
```

```
    //设置参数值
    jvalue jvalues[2];
    jvalues[0].i = 1;
    jvalues[0].i = 2;

    //调用 Java 方法，传递 jvalue*类型的参数
    jint result = (*env)->CallIntMethodV(env, thiz, fid, jvalues);

    return ;
}
```

7.2.2 Native 调用 Java 端的静态函数

在调用 Java 端的静态函数时，使用的是 JNI CallStatic<Type>Method()函数系列，这与调用 Java 的成员函数有所不同。当调用静态函数时，不再是传递 Java 对象的引用作为第 2 个参数，而是传递 Java 类的引用。这是因为静态函数属于类本身，而非类的实例。

通过一个简单的例子来展示如何使用 JNI 调用 Java 端的静态函数。

带有静态方法的 Java 类代码如下：

```
public class MainActivity extends AppCompatActivity {

    public static int staticFunc(int a, int b){

        return a + b;
    }
}
```

示例代码如下：

```
test(JNIEnv *env, jobject thiz) {
    //获取 jclass
    jclass clazz = (*env)->GetObjectClass(env, thiz);
    if (NULL == clazz){
        //处理错误
        return ;
    }
    //使用 GetStaticMethodID 获取静态函数的 jmethodID
    jmethodID fid = (*env)->GetStaticMethodID(env, clazz, "staticFunc",
"(II)I");
    if (NULL == fid){
        //错误处理
        return ;
    }
    //使用 CallStaticIntMethod 来调用 Java 的静态方法
    jint result = (*env)->CallStaticIntMethod(env, clazz, fid, 1, 2);
    LOGE("result = %d\n", result);
```

```
}
```

CallStatic<Type>Method()系列函数和 7.1.1 节中介绍的使用方式颇为相似，读者可自行练习 CallStatic<Type>MethodA()和 CallStatic<Type>MethodV()函数的用法。

7.3 Linux 线程使用方法

Android 操作系统构建于 Linux 内核之上，因此自然而然地继承了 Linux 对原生线程的支持。线程作为一种轻量级的进程形式，享有共同的进程地址空间，这使线程间可以高效地共享数据。相较于进程，线程的创建与销毁过程开销较小，因此在需要实现多任务并发执行时，线程往往成为更理想的选择。在 Linux 环境中，开发者可以借助 Posix 线程库（Pthreads）来创建和管理线程，从而充分发挥线程在并发处理方面的优势。

7.3.1 线程的创建函数 pthread_create

在原生代码中使用 pthread_create()函数来创建一个线程，函数的定义，代码如下：

```
/**
 * 线程创建函数
 * @param tidp       指向线程标识符的指针，这是一个传出参数，成功时指向的内存单元被设置为新创建的线程 ID，不能为 NULL
 * @param attr       用于设置线程属性，如果没有特殊需求，则可以设置为 NULL
 * @param start_rtn  线程运行函数的起始地址，这是一个返回值为 void*且参数为 void*类型的函数指针，不能为 NULL
 * @param arg        线程函数的参数，如果不需要传递参数，则可以传 NULL
 * @return           如果成功，则返回 0，如果失败，则返回 errno
 */
int  pthread_create(pthread_t  *tidp,const  pthread_attr_t  *attr,  void *(*start_rtn)(void*),void *arg){
```

新创建的线程从 start_rtn()函数的地址开始运行，该函数只有一个万能指针参数 arg，如果需要向 start_rtn()函数传递的参数不止一个，则需要把这些参数放到一个结构中，然后把这个结构的地址作为 arg 的参数传入。

示例代码如下：

```
/**
 * 线程函数
 * @param arg
 * @return
 */
void *func(void *arg){

    //获取线程参数
    int temp = *((int*)arg);
```

```
    //使用线程参数
    LOGE("temp = %d", temp);
    //用于计数
    int count = 0;
    //while 循环
    while(1){
        //业务处理
        LOGE("count = %d", count++);
        //模拟耗时处理
        sleep(1);
    }
    return NULL;
}
void createNativeThread(JNIEnv *env, jobject thiz) {
    //线程参数
    int arg = 100;
    //定义线程的唯一标识
    pthread_t tid;
    //使用 pthread_create 创建线程，并传递 arg 作为线程参数
    int ret = pthread_create(&tid, NULL, func, &arg);
    if (ret != 0){
        //错误处理
        return ;
    }
}
```

7.3.2 获取线程 ID 函数 pthread_self

在进程的执行过程中，可以使用 getpid 函数来获取当前进程的唯一标识符，即进程 ID。同样地，线程也有其专属的线程 ID。为了获取线程的 ID，应使用 pthread_self()函数。此函数会返回调用线程的线程 ID，它是线程在操作系统中的唯一标识。通过调用 pthread_self()函数，可以方便地获取当前线程的 ID，从而便于进行线程管理、同步或其他相关操作。

在原生代码中使用 pthread_self()函数获取当前线程 ID，函数的定义，代码如下：

```
/**
 * 获取当前线程 ID
 * @return  返回当前线程 ID
 */
pthread_t pthread_slef()
```

示例代码如下：

```
/**
 * 线程函数
 * @param arg
 * @return
```

```
 */
void *func(void *arg){

    pthread_t tid = pthread_self();
    LOGE("thread id is %ld", tid);
    return NULL;
}
```

7.3.3 线程退出函数 pthread_exit

线程通过调用 pthread_exit()函数终止执行，就如同进程在结束时调用 exit 函数一样。这个函数的作用是终止调用它的线程并返回一个指向某个对象的指针。

在原生代码中使用 pthread_exit()函数退出当前线程，函数的定义，代码如下：

```
/**
 * 线程退出函数
 * @param retval 线程返回值的指针，当不需要返回值时可传 NULL
 * @return void
 */
void pthread_exit(void* retval);
```

尽管 pthread_create()和 pthread_self()函数的用途和含义相对直观，但对 pthread_exit()函数的深入理解可能不那么直接。为了更准确地把握 pthread_exit()的真正含义，这里将其与进程终止函数 exit()及函数体内的 return 语句进行对比，以分析它们对线程执行的不同影响。为了方便观察，示例将在 Linux 环境下进行。

1. exit

exit()函数是 C 语言标准库中的一个函数，用于终止当前进程的执行。当调用 exit()函数时，整个进程将被终止，包括其中所有正在运行的线程。这意味着 exit()函数的影响是全局性的，不仅限于调用它的线程。

示例代码将在 main()函数中通过 for 循环创建两个线程，并在第 1 个线程函数中调用 exit()函数，观察执行结果，代码如下：

```
//第 7 章/exit.c
#include <stdio.h>
#include <pthread.h>
#include <stdlib.h>
#include <unistd.h>

/**
 * 线程函数
 * @param arg 线程参数
 */
void *func(void *arg){
    //接收参数
```

```
    int i = (int)arg;
    //打印参数
    printf("pthread:  %d\n", i);
    //判断 i 是否为 0，如果为 0，则调用 exit 退出进程
    if (i == 0){
        exit(0);//退出进程
    }

    return NULL;
}

int main(int argc, const char *argv[])
{

    pthread_t tid;
    int i;
    //循环创建线程
    for(i = 0; i < 2; i ++){
        //首先将 i 强转换为 void*值，然后传递到线程中
        pthread_create(&tid, NULL, func, (void*)i);
    }

    //等待，为了观察线程的执行状态
    sleep(5);
    return 0;
}
```

使用 gcc 编译，命令如下：

```
gcc exit.c -lpthread
```

运行结果如下：

```
./a.out
pthread:  0        //仅第 1 个线程打印了日志
```

从运行结果可以看出，当第 1 个线程运行时 i 等于 0，线程函数调用了 exit()函数，第 2 个线程并未打印。可以说明 exit()将进程退出时，所有的线程将全部结束。

2. return

return 语句在函数体内，用于结束函数的执行，并将控制权返给调用该函数的地方。在 7.3.1 节及 7.3.2 节中的示例代码均通过 return 语句结束线程函数。那么，是否可以在任何地方通过 return 语句来结束一个线程？

示例代码将通过 for 循环创建两个线程，当 i 等于 0 时调用 test()函数并在该函数中调用 return 语句，观察是否可以通过 return 语句来结束当前线程，示例代码如下：

```
//第 7 章/pthread_return.c
#include <stdio.h>
```

```
#include <pthread.h>
#include <stdlib.h>
#include <unistd.h>

//通过 return 返回的函数
void* test(int i){
    printf("test i = %d\n", i);
    return NULL;
}
/**
 * 线程函数
 * @param arg 线程参数
 */
void *func(void *arg){
    //接收参数
    int i = (int)arg;
    //打印参数
    printf("pthread start:  %d\n", i);
    //判断 i 是否为 0，如果为 0，则调用 exit 退出进程
    if (i == 0){
        test(i);    //将 exit 替换成函数调用，然后在函数中调用 return
    }
    printf("pthread end:  %d\n", i);
    return NULL;
}

int main(int argc, const char *argv[])
{

    pthread_t tid;
    int i;
    //循环创建线程
    for(i = 0; i < 2; i ++){
        //首先将 i 强转换为 void*值，然后传递到线程中
        pthread_create(&tid, NULL, func, (void*)i);
    }

    //等待，为了观察线程执行状态
    sleep(5);
    return 0;
}
```

使用 gcc 编译，命令如下：

```
gcc pthread_return.c -lpthread
```

运行结果如下：

```
./a.out
//第 1 个线程
pthread start:  0
test i = 0           //test 函数调用
pthread end:  0      //test 函数调用之后的打印
//第 2 个函数的打印
pthread start:  1
pthread end:  1
```

从运行结果可以看出，return 语句用于结束当前函数的执行并将控制权返回给调用者。在线程函数中使用时，它结束该线程的执行；在主线程中使用时，它结束整个进程；在普通函数中使用时，它仅返回调用该函数的地方。这种效果取决于 return 被调用的上下文。

3. pthread_exit

pthread_exit()函数是专门为线程编程而设计的，用于显式地终止调用它的线程。与 exit()函数的全局性影响不同，pthread_exit()函数仅作用于调用它的线程，不会影响其他线程的执行。与 return 语句不同的是，pthread_exit()函数不关心被调用的函数是否为普通函数，而是作用于当前线程。此外，pthread_exit()函数允许线程在终止时将一个指向某个对象的指针传递给系统，这个指针可以被其他线程通过 pthread_join()函数来接收，从而实现线程间的通信和同步。

示例代码将通过 for 循环创建两个线程，当 i 等于 0 时调用 test 函数并在该函数中调用 pthread_exit()函数，观察是否可以通过 pthread_exit()来结束当前线程，示例代码如下：

```
//第 7 章/pthread_exit.c
#include <stdio.h>
#include <pthread.h>
#include <stdlib.h>
#include <unistd.h>

//调用 pthread_exit 的普通函数
void test(int i){
    pthread_exit(NULL);
}


/**
 * 线程函数
 * @param arg 线程参数
 */
void *func(void *arg){
    //接收参数
    int i = (int)arg;
    //打印参数
    printf("pthread start:  %d\n", i);
    //判断 i 是否为 0，如果为 0，则调用 exit 退出进程
```

```
        if (i == 0){
            test(i);    //在 test 函数中调用 pthread_exit,如果线程退出,则 pthread end 就
不会打印
        }
        printf("pthread end:  %d\n", i);

        return NULL;
    }

    int main(int argc, const char *argv[])
    {

        pthread_t tid;
        int i;
        //循环创建线程
        for(i = 0; i < 2; i ++){
            //首先将 i 强转换为 void*值，然后传递到线程中
            pthread_create(&tid, NULL, func, (void*)i);
        }

        //等待，为了观察线程执行状态
        sleep(5);
        return 0;
    }
```

使用 gcc 编译，命令如下：

```
gcc pthread_exit.c -lpthread
```

运行结果如下：

```
./a.out
pthread start:  0
pthread start:  1
pthread end:  1
```

从运行结果可以看出，第 1 个线程仅打印了 pthread start，并没有打印 pthread end。说明在 test()函数中调用 pthread_exit()函数后线程退出了。第 2 个线程打印了 pthread end，说明 pthread_exit()函数仅退出了当前线程，不会影响其他线程。

7.3.4 线程资源回收函数 pthread_join

pthread_join()函数用于阻塞等待线程退出，获取线程退出状态。当函数返回时，被等待线程的资源被回收。如果线程已经结束，则该函数会立即返回。

线程有两种终止状态：可结合（joinable）和分离（detached）。在线程函数终止后，线程的栈空间会被自动释放，但存在一些其他的系统资源，如线程描述符、线程控制块(TCB)、

内核资源等。这些资源在线程创建时分配，并不会被立即回收。这些资源的回收通常与线程的终止状态有关。如果线程是可结合的，则为了避免资源回收的延迟和潜在的僵尸线程问题，建议对不再需要的线程使用 pthread_join()函数来回收。如果线程是分离的，则在其终止后，其资源会被系统自动回收，而无须其他线程调用 pthread_join()函数。

在原生代码中使用 pthread_join()函数等待当前线程退出，函数的定义，代码如下：

```
/**
 * 阻塞等待线程退出，并回收线程资源
 * @param thread      pthread_t 类型，调用 pthread_create 时获得
 * @param retval      线程的返回值的指针
 * @return    如果成功，则返回 0，如果失败，则返回 errno，如果线程被意外终止，则返回
PTHREAD_CANCELED(-1)
 */
int pthread_join(pthread_t thread, void **retval);
```

为了方便观察结果，示例依旧在 Linux 环境下演示。示例创建一个线程循环，用于打印 5 条日志，并在 main()函数中调用 pthread_join()等待线程结束并获得返回值，代码如下：

```
//第 7 章/pthread_join.c
#include <stdio.h>
#include <pthread.h>
#include <stdlib.h>
#include <unistd.h>
//定义一个复杂类型作为返回值
typedef struct {
    int hight;
    int width;
}ST_Test;
/**
 * 线程函数
 * @param arg 线程参数
 */
void *func(void *arg){
    ST_Test *test;
    //申请空间
    test = (ST_Test *)malloc(sizeof(ST_Test));
    //初始化返回值
    test->hight = 10;
    test->width = 20;

    int i = 0;
    while(i < 5){
        //每隔 1s 打印一次
        printf("i = %d\n", i++);
        sleep(1);
    }
```

```
        //线程结束，返回 test
        return (void *)test;
    }

    int main(int argc, const char *argv[]){
        pthread_t tid;
        pthread_create(&tid, NULL, func, NULL);
        //线程返回值，因为是指针的指针，所以这里定义一个指针，然后取地址传进去
        ST_Test *mTest = NULL;
        //等待线程结束
        pthread_join(tid, (void **)&mTest);

        //打印返回值
        if (NULL != mTest){
            printf("mTest->hight = %d    mTest->width = %d\n", mTest->hight,
mTest->width);
            //释放空间
            free(mTest);
        }
        return 0;
    }
```

使用 gcc 编译，命令如下：

```
gcc pthread_join.c -lpthread
```

运行结果如下：

```
./a.out
i = 0
i = 1
i = 2
i = 3
i = 4
mTest->hight = 10   mTest->width = 20
```

从运行结果可以看出，线程创建完成之后进程并没有直接结束，而是等到线程执行完成之后才结束，这说明 pthread_join()函数阻塞了 main()函数的返回。同时，观察打印，pthread_join()函数通过第 2 个参数获得了指定线程的返回值。基于这一特性，开发者可将 pthread_join()函数用于线程间的同步处理，并通过返回值来获取线程的执行结果。

7.3.5 线程终止函数 pthread_cancel

pthread_cancel()函数用于向指定的线程发送一个取消请求，然而，这个请求并不会立即终止线程的执行。相反，线程会在其到达一个取消点时检查这个请求，并在那时开始终止其执行。如果线程中不存在取消点，则可能会继续运行而不会响应取消请求。

取消点是线程中可以被检查是否有取消请求的特殊位置。这些点通常是系统调用、库函数调用或者其他特定于线程库的行为，例如，某些POSIX标准的函数（如sleep()、nanosleep()、sigwait()等）及某些I/O操作（如read()、write()）都是潜在的取消点。不过，不是所有的系统调用或库函数调用都是取消点，因此了解哪些函数是取消点很重要。开发者可执行命令man 7 pthreads查看具备取消点的系统调用列表。

如果线程中没有自然的取消点，并且需要确保线程能够响应取消请求，则线程可以显式地调用 pthread_testcancel()函数来检查是否有取消请求。这个函数会在没有取消点的地方创建一个临时的取消点。

当线程被取消时，它的退出状态会被设置为 PTHREAD_CANCELED。在 Linux 上，这个值通常被定义为-1，但重要的是要明白这是通过 pthread_cancel()设置的特定退出状态，而不是简单的-1 值。

当对已经被取消的线程调用 pthread_join()函数时，pthread_join()函数的第 2 个参数（指向线程返回值的指针）会被设置为 PTHREAD_CANCELED（如果提供了该参数）。此外，pthread_join()函数的返回值将是 0，表示成功回收了线程的资源。

在原生代码中使用 pthread_cancel()函数终止当前线程，函数的定义，代码如下：

```
/**
 * 终止(取消)指定线程
 * @param thread    线程 ID
 * @return 如果成功，则返回 0，如果失败，则返回 errno
 */
int pthread_cancel(pthread_t thread);
```

正如上文对 pthread_cancel()函数的描述一样，pthread_cancel()函数并非看上去那么简单。为了使读者真正理解 pthread_cancel()函数的含义，这里通过 3 个示例的运行结果来说明 pthread_cancel()函数的实际使用及对线程的影响。

1. 示例 7-1

示例 7-1 将创建一个线程，线程每隔 1s 打印一次当前线程 ID 并在线程终止时返回 111。主线程在线程创建完成之后先等待 3s，然后调用 pthread_cancel()函数发起线程终止请求，示例代码如下：

```
//第 7 章/pthread_cancel.c
#include <stdio.h>
#include <pthread.h>
#include <stdlib.h>
#include <unistd.h>



/**
 * 线程函数
 * @param arg 线程参数
 */
```

```
void *func(void *arg){
    while(1){
        printf("tid = %ld\n", pthread_self());
        sleep(1);
    }
    return (void *)111;
}

int main(int argc, const char *argv[]){
    pthread_t tid;
    pthread_create(&tid, NULL, func, NULL);

    //线程返回值
    void *mTest = NULL;

    //等待线程执行，方便观察现象
    sleep(3);

    //终止线程
    int ret = pthread_cancel(tid);
    printf("pthread_cancel ret = %d\n", ret);
    ret = pthread_join(tid, (void **)&mTest);
    printf("pthread_join ret = %d\n", ret);

    //打印返回值
    if (NULL != mTest){
        printf("mTest = %d \n", (int)mTest);
    }

    return 0;
}
```

使用 gcc 编译，命令如下：

```
gcc pthread_cancel.c -lpthread
```

运行结果如下：

```
./a.out
tid = 125418789140032
tid = 125418789140032
tid = 125418789140032
pthread_cancel ret = 0
pthread_join ret = 0
mTest = -1
```

从运行结果可以看出，在主线程 sleep 期间，线程打印了 3 次日志。当主线程 sleep 结束后调用 pthread_cancel()函数，线程被终止，验证了 pthread_cancel()函数的作用。同时

pthread_cancel()函数和 pthread_join()函数均返回成功，说明线程资源被成功回收。mTest 的值为-1，说明线程是被意外终止的。线程能够被成功终止本质上是因为线程中存在 sleep()函数，能够使线程到达一个取消点。

2. 示例 7-2

为了验证不存在取消点的线程是否能够被正常终止。示例 7-2 将示例 1 中的线程函数的逻辑删除，仅保留 while 循环，其余代码保持一致，示例代码如下：

```
/**
 * 线程函数
 * @param arg 线程参数
 */
void *func(void *arg){
    while(1){
    }
    return (void *)111;
}
```

使用 gcc 编译，命令如下：

```
gcc pthread_cancel.c -lpthread
```

运行结果如下：

```
./a.out
pthread_cancel ret = 0
```

从运行结果可以看出，主线程 sleep 结束后，调用了 pthread_cancel，并且返回成功，但 pthread_join 并没有被打印，说明线程没有被结束，主线程被阻塞。也就论证了前文所描述的“如果线程中不存在取消点，则可能会继续运行而不会响应取消请求”。

3. 示例 7-3

当线程中不存在取消点时，可以通过调用 pthread_testcancel()函数手动添加一个取消点。运行到该函数时会检测是否收到了线程取消请求，从而达到使用 pthread_cancel()函数终止线程的目的。同样地，其余代码保持不变，在线程函数中调用 pthread_testcancel()函数，示例代码如下：

```
/**
 * 线程函数
 * @param arg 线程参数
 */
void *func(void *arg){
    while(1){
        //手动添加取消点
        pthread_testcancel();
    }
    return (void *)111;
```

```
}
```

使用 gcc 编译，命令如下：

```
gcc pthread_cancel.c -lpthread
```

运行结果如下：

```
./a.out         //这里等待了 3s
pthread_cancel ret = 0
pthread_join ret = 0
mTest = -1
```

从运行的结果可以看出，主线程在等待 3s 后调用了 pthread_cancel()函数且返回成功。同时 pthread_join()函数也返回成功，并且线程的返回值为-1，说明是被终止的。如果一个线程无法被 pthread_cancel()函数终止，则可以查看线程中是否存在取消点函数。如果想通过 pthread_cancel()函数终止一个线程，但线程中又不存在取消点函数，则可通过调用 pthread_testcancel()函数手动添加取消点。

7.3.6　线程分离函数 pthread_detach

pthread_detach()函数用于将指定的线程标记为分离状态（Detached State）。当一个线程被设置为分离态时，它会主动与创建它的主线程（或其他线程）断开关系。这意味着当该线程结束时，其资源（如栈空间、线程 ID 等）将被系统自动回收，而无须其他线程调用 pthread_join()函数来显式地回收这些资源。

分离态线程的一个主要特点是，它们的退出状态不会被保存在任何地方以供其他线程获取，因此，在不需要关心线程返回值的场景中，使用分离态线程是非常合适的，例如，在网络编程中，当处理客户端请求时，每个请求可能都需要创建一个新的线程来处理。由于这些线程通常只需完成特定的任务（如解析请求、处理数据等），并且它们的返回值对于主线程或其他线程来讲并不重要，因此可以将它们设置为分离态，以便在线程结束时自动释放其资源，减少内存泄漏的风险。

在使用 pthread_detach()函数时，需要注意的是，一旦线程被设置为分离态，就不能再调用 pthread_join()函数来回收其资源了。这是因为分离态线程已经主动与主线程断开了关系，其资源的管理权已经交给了系统。

因此，在编写多线程程序时，如果确定不需要关心线程的返回值，并且希望在线程结束时自动释放其资源，则可以使用 pthread_detach()函数将线程设置为分离态。这有助于提高程序的效率和可靠性，并减少内存泄漏的风险。

在原生代码中使用 pthread_detach()函数分离当前线程，函数的定义，代码如下：

```
/**
 * 分离线程
 * @param thread   线程 ID
 * @return  如果成功，则返回 0，如果失败，则返回 errno
```

```
 */
int pthread_detach(pthread_t thread)
```

示例将创建一个线程，打印1条日志，在main()函数中先调用pthread_detach()函数将线程分离，然后调用pthread_join()函数等待线程结束，代码如下：

```
//第7章/pthread_detach.c
#include <stdio.h>
#include <pthread.h>
#include <stdlib.h>
#include <unistd.h>
#include <string.h>


/**
 * 线程函数
 * @param arg 线程参数
 */
void *func(void *arg){
   printf("thread id: %ld\n", pthread_self());
   return NULL;
}

int main(int argc, const char *argv[])
{

   pthread_t tid;
   pthread_create(&tid, NULL, func, NULL);

   //分离线程
   int ret = pthread_detach(tid);
   if (ret != 0){
      //打印错误信息
      printf("pthread_detach error: %s\n", strerror(ret));
      return -1;
   }
   printf("pthread_detach success\n");
   //等待线程执行，方便观察现象
   sleep(2);
   //等待线程结束
   ret = pthread_join(tid, NULL);
   if (ret != 0){
      printf("pthread_join error: %s\n", strerror(ret));
   }
   printf("main exit\n");
   return 0;
}
```

使用 gcc 编译，命令如下：

```
gcc pthread_detach.c -lpthread
```

运行结果如下：

```
./a.out
pthread_detach success
thread id: 137951845545536
pthread_join error: Invalid argument
main exit
```

从运行结果可以看出，线程被成功分离，同时线程打印出了自己的线程 ID，但在 phtread_join()函数的执行过程中出现了错误，错误信息为 Invalid argument。这是因为 tid 代表的线程被分离后资源被交给系统管理，不再需要其他线程显式地回收其资源。这就是 pthread_detach()函数的作用。

7.3.7　线程属性 pthread_attr_t

pthread_create()函数的第 2 个参数用来初始化线程属性。尽管在大多数情况下，这些属性可能不需要特别地进行设置，但理解并使用这些属性可以使开发者更加精细地控制线程的行为，例如当对程序的性能提出更高的要求时，需要设置线程属性，例如通过设置线程栈的大小来降低内存的使用，以及增加最大线程个数等。本节作为指引性介绍，将通过操作线程属性来达到线程分离的目的，以此来讲述线程属性的基本用法。

pthread_attr_t 是一个结构体，代码如下：

```
typedef struct{
    int                     detachstate;     //线程的分离状态
    int                     schedpolicy;     //线程的调度策略
    struct sched_param      schedparam;      //线程的调度参数
    int                     inheritsched;    //线程的继承性
    int                     scope;           //线程的作用域
    size_t                  guardsize;       //线程栈末尾的警戒缓冲区大小
    int                     stackaddr_set;   //线程的栈设置
    void *                  stackaddr;       //线程栈的位置
    size_t                  stacksize;       //线程栈的大小
}pthread_attr_t;
```

1. 线程属性初始化及资源释放

在使用线程属性之前，需要先使用 pthread_attr_init()函数进行初始化，并且对属性的操作必须在 pthread_create()函数之前调用。之后需要 pthread_attr_destroy()函数进行资源释放。

pthread_attr_init()函数的定义，代码如下：

```
/**
 * 线程属性初始化
 * @param attr  线程属性
```

```
 * @return  如果成功，则返回 0，如果失败，则返回 errno
 */
int pthread_attr_init(pthread_attr_t *attr)
```

pthread_attr_destroy()函数的定义，代码如下：

```
/**
 * 线程属性资源释放
 * @param attr 线程属性
 * @return  如果成功，则返回 0，如果失败，则返回 errno
 */
int pthread_attr_destroy(pthread_attr_t *attr)
```

2. 属性值设置及获取

当需要为线程指定某种行为或特性时，可以使用 set 函数来设置线程的属性。这些函数通常遵循一定的命名约定，即 pthread_attr_setXXX，其中 XXX 代表具体的属性名。

与设置属性相对应，可以使用 get 函数来获取线程属性的当前值。这些函数通常遵循 pthread_attr_getXXX 的命名约定。

以线程分离属性操作函数为例，函数的定义，代码如下：

```
/**
 * 设置线程分离属性
 * @param attr          init 后的线程属性的指针
 * @param detachstate 要设置的属性值：PTHREAD_CREATE_JOINABLE（可结合）
 *                                    PTHREAD_CREATE_DETACHED（分离）
 * @return 如果成功，则返回 0，如果失败，则返回 errno
 */
int pthread_attr_setdetachstate(pthread_attr_t *attr, int detachstate);

/**
 * 获取线程分离属性的值
 * @PARAM ATTR          INIT 后的线程属性指针
 * @PARAM DETACHSTATE  用来接收属性值的指针
 * @RETURN 如果成功，则返回 0，如果失败，则返回 ERRNO
 */
INT PTHREAD_ATTR_GETDETACHSTATE(CONST PTHREAD_ATTR_T *ATTR, INT *DETACHSTATE);
```

3. 线程分离示例

示例展示了如何通过设置线程属性来实现与 pthread_detach()函数相同的效果，并演示在线程创建后尝试使用 pthread_detach()和 pthread_join()函数时可能遇到的情况。

示例代码如下：

```
//第 7 章/pthread_attr.c
#include <stdio.h>
#include <pthread.h>
#include <stdlib.h>
```

```
#include <unistd.h>
#include <string.h>

/**
 * 线程函数
 * @param arg 线程参数
 */
void *func(void *arg){

    //打印线程ID
    printf("pthread id: %ld\n", pthread_self());
    return NULL;
}


int main(int argc, const char *argv[])
{
    int ret = 0;
    //线程ID
    pthread_t tid;
    //线程属性
    pthread_attr_t attr;
    //初始化线程属性
    ret = pthread_attr_init(&attr);
    if (ret != 0){
        fprintf(stderr, "pthread_attr_init error: %s\n", strerror(ret));
        return -1;
    }

    //将线程分离属性设置为PTHREAD_CREATE_DETACHED
    ret = pthread_attr_setdetachstate(&attr, PTHREAD_CREATE_DETACHED);
    if (ret != 0){
        fprintf(stderr, "pthread_attr_setdetachstate error: %s\n", strerror(ret));
        //释放资源
        pthread_attr_destroy(&attr);
        return -1;
    }

    ret = pthread_create(&tid, &attr, func, NULL);
    if (ret != 0){
        fprintf(stderr, "pthread_create error: %s\n", strerror(ret));
        //释放资源
        pthread_attr_destroy(&attr);
        return -1;
    }

    //线程分离后尝试再次分离
```

```
    ret = pthread_detach(tid);
    if (ret != 0){
        fprintf(stderr, "pthread_detach error: %s\n", strerror(ret));
    }

    //尝试join
    ret = pthread_join(tid, NULL);
    if (ret != 0){
        fprintf(stderr, "pthread_join error: %s\n", strerror(ret));
    }

     printf("main thread: pid = %d   tid = %ld\n", getpid(), pthread_self());

    //退出主线程，不影响子线程
    pthread_exit((void *)0);
    return 0;
}
```

使用 gcc 编译，命令如下：

```
gcc pthread_attr.c -lpthread
```

运行结果如下：

```
./a.out
pthread_detach error: Invalid argument                    //detach报错
pthread_join error: Invalid argument                      //join报错
pthread id: 126304701642304                               //线程函数打印
main thread: pid = 12547   tid = 126304704837440          //主线程打印
```

从运行结果可以看出，线程创建之后调用 pthread_detach()和 pthread_join()函数时均由于失败而报错。说明线程在创建时就已经被分离了，达到了和 pthread_detach()函数一样的效果。

7.3.8 小结

7.3 节探讨了线程的常用函数接口及其使用示例。线程作为现代编程中不可或缺的一部分，在并行处理、多任务执行等场景中发挥着至关重要的作用，然而，由于线程间共享内存空间和相互协作的复杂性，线程的使用也常常伴随着潜在的风险和错误。

为了加深对线程编程的理解和掌握，强烈建议读者结合 7.3 节中提供的接口示例进行练习。通过亲手编写和运行代码，读者可以更直观地理解线程创建、终止、回收等关键操作的实现方式，以及如何在具体场景中合理地应用这些技术。

7.4 原生线程中获取 JNIEnv

所有线程都是 Linux 线程，由内核调度。它们通常从受管理代码启动（使用 Thread.start()），但也可以在其他位置创建，然后附加到JavaVM，例如，可以使用AttachCurrentThread()函数附加到使用 pthread_create()函数或 std::thread 启动的线程。在附加之前，线程没有任何JNIEnv，也无法进行 JNI 调用。

在一般的调用中，原生方法和 Java 方法处于同一个线程中。JNIEnv 会作为一个参数随被调用的原生方法一起被传递到原生方法中，在原生方法中可直接使用，然而，由于 JNIEnv 和线程的强相关性，它不能作为线程参数直接传递到子线程中进行使用。如果一段代码无法通过其他方式获取其 JNIEnv，则应该共享 JavaVM，并使用 GetEnv 获取线程的 JNIEnv。

在原生线程中获取 JNIEnv 调用 Java 方法应遵循以下步骤：

（1）将当前线程附加到 JVM，并获取 JNIEnv。

（2）调用 Java 方法。

（3）将当前线程和 JVM 分离。

通过 JNI 附加的线程必须在退出之前调用 DetachCurrentThread()函数，否则会造成内存泄漏，即使这样线程也不会退出。

1. 函数定义

JVM 提供了 AttachCurrentThread()和 DetachCurrentThread()函数，用来附加和分离原生线程，函数的定义，代码如下：

```
/**
 * 将当前线程附加到 Java VM。返回参数中的 JNI 接口指针 JNIEnv。
 * @param vm            当前线程将附加到的虚拟机实例
 * @param p_env         JNIEnv 指针的地址，附着成功后 JNIEnv 就可以使用了
 * @param thr_args      可以是 NUL 或指向 JavaVMAttachArgs 的结构体指针
 * @return 如果成功，则返回 JNI_OK，如果失败，则返回错误码
 */
jint AttachCurrentThread(JavaVM *vm, void **p_env, void *thr_args);


/**
 * 将当前线程与 Java VM 分离。该线程持有的所有 Java 监视器都会被释放。所有等待该线程死亡的 Java 线程都会收到通知。
 * @param vm     当前线程将附加到的虚拟机实例。
 * @return     如果成功，则返回 JNI_OK，如果失败，则返回错误码
 */
jint DetachCurrentThread(JavaVM *vm);

/**
* 了解即可，通常传 NULL
*/
typedef struct JavaVMAttachArgs {
    jint version;    //JNI 版本号
    char *name;      //线程的名字或 NUL
    jobject group;   //线程组对象的全局引用或 NULL
```

```
} JavaVMAttachArgs
```

2. 程序示例

假定 MainActivity.java，代码如下：

```
//第7章/MainActivity.java
public class MainActivity extends AppCompatActivity {
    static {
        System.loadLibrary("attachdetach");
    }
    @Override
    protected void onCreate(Bundle savedInstanceState) {
        super.onCreate(savedInstanceState);
        //调用 JNI 方法
        stringFromJNI();
    }

    public native String stringFromJNI();
}
```

创建 native-lib.c 文件，添加 JNI_OnLoad()函数，获取 JVM 并创建类的全局对象，代码如下：

```
//第7章/native-lib.c
JavaVM *g_JVM;    //全局的 JavaVM 指针
jclass g_class;  //全局的 Java 类引用
JNIEXPORT jint JNI_OnLoad(JavaVM* vm, void* reserved){
    //定义本地变量 env
    JNIEnv *env;
    //保存全局的 VM，由于 VM 是在 JVM 加载本地库时传递给 JNI_OnLoad 函数的，
    //并且这个指针在整个本地库的生命周期内都是有效的，因此不需要额外地使用
//NewGlobalRef 去创建全局引用了
    g_JVM = vm;

    if ((*vm)->GetEnv(vm, (void**)&env, JNI_VERSION_1_6) != JNI_OK){
        //获取 env 失败
        return JNI_ERR;
    }

    //查找类，并保存为全局。FindClass 方法获取的类的引用在调用它的那个 JNI 本地线程中有效
    jclass clazz = (*env)->FindClass(env, "com/example/attachdetach/
MainActivity");    //替换成自己的包名
    if (NULL == clazz){
        //查找类失败
        return JNI_ERR;
    }
    //创建全局引用
    g_class = (*env)->NewGlobalRef(env, clazz);
```

```
    //返回 JNI 版本
    return JNI_VERSION_1_6;
}
```

紧接着在 JNI 方法中创建线程，并将线程附加到 JVM 中，代码如下：

```
/**
 * 线程函数
 * @param arg 线程参数
 * @return
 */
void *func(void *arg){
    //使用全局的 JavaVM 中的 AttachCurrentThread 方法将线程附加到 JVM 并获取 JNIEnv
    JNIEnv  *env = NULL;
    if ((*g_JVM)->AttachCurrentThread(g_JVM, &env, NULL) != JNI_OK){
        LOGE(TAG, "AttachCurrentThread error");
        return NULL;
    }
    if (NULL == env){
        LOGE(TAG, "getenv fail");
        //将线程从 JVM 分离
        (*g_JVM)->DetachCurrentThread(g_JVM);
        return NULL;
    }

    //使用 JNIEnv

    //将线程从 JVM 分离
    (*g_JVM)->DetachCurrentThread(g_JVM);
    return NULL;
}

JNIEXPORT jstring JNICALL
Java_com_example_attachdetach_MainActivity_stringFromJNI(
        JNIEnv* env,
        jobject obj) {
    pthread_t tid;
    //创建线程
    int ret = pthread_create(&tid, NULL, func, NULL);
    if (0 != ret){
        LOGE(TAG, "pthread_create error: %s", strerror(ret));
    }
    return (*env)->NewStringUTF(env, "hello world");
}
```

7.5 本章小结

在深入学习本节内容之后，相信读者已经掌握了 JNI 中函数操作的基础，包括如何在原生方法中调用 Java 方法，以及如何在 JNI 环境中详细使用线程，并在线程中获取 JNIEnv 指针。这些技能是 NDK 开发能力的核心组成部分，对于希望在 Java 和本地代码（如 C/C++）之间建立桥梁的开发者来讲至关重要。

本章介绍了大量的 JNI 和线程函数，这些函数提供了在 Java 和本地代码之间传递数据、调用方法及处理异常的能力。尽管笔者已经尽力解释了这些函数的实际含义和用法，但读者只有通过实践才能真正掌握它们，因此，建议读者结合本章节中的示例代码进行练习，通过编写和调试自己的 JNI 代码来加深对 JNI 的理解。

第 8 章

NDK 开发函数注册方式

在 NDK 开发中，本地方法的注册可以通过两种主要方式实现：静态注册（Static Registration）和动态注册（Dynamic Registration）。这两种方式在 Android 的 JNI 编程中扮演着关键角色，它们各有优缺点，适用于不同的使用场景。

8.1 函数的静态注册方式

静态注册是 JNI 中最常用的函数注册方式，也是最简单直接的一种。它通常通过 Java 代码中的 native 关键字声明本地方法，并在本地代码（如 C/C++）中提供相应的实现。通常在写好函数声明后通过 IDE 的快捷键（默认 Alt+Enter）可直接生成以静态方式注册的本地方法，如图 8-1 所示。

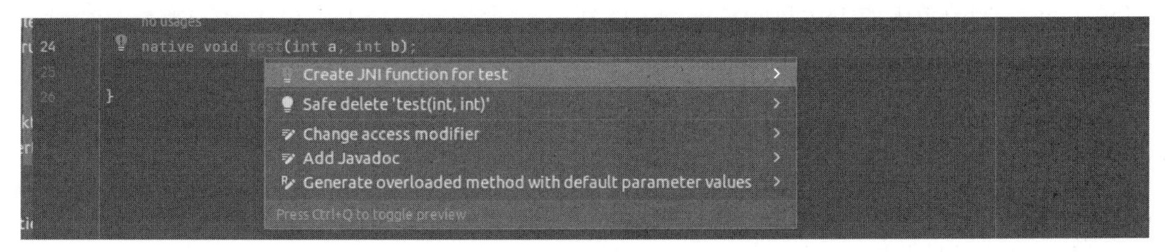

图 8-1　快捷生成原生方法

按 Enter 键即可在 C/C++源文件中生成对应的原生方法，如图 8-2 所示。

```
#include <jni.h>
#include <string.h>
#include <pthread.h>


JNIEXPORT void JNICALL
Java_com_ndk8_11_attachdetach_MainActivity_test(JNIEnv *env, jobject thiz, jint a, jint b) {
    // TODO: implement test()
}
```

图 8-2　原生方法

在观察自动生成的函数时，可以注意到函数名最后一部分与 MainActivity（在 Java 层）中的函数名相同，只是在前面增加了一个特定的前缀。这正是静态注册函数接口的命名规则：Java_包名_类名_函数名，然而也存在不符合这一常规命名规则的特殊情况，例如本节中提到的接口名，它看上去比规则中多出了一个 1 字符。

值得注意的是，当函数接口命名看似不符合规则时，通常是由于包名中包含了特殊字符，特别是下画线。根据 JNI 的命名规则，包名中的“.”应该被替换为下画线，然后与类名拼接，但在某些情况下，如果包名本身就包含下画线，编译器需要一种方式来区分这个下画线是作为包名的一部分，还是由于替换“.”而生成的。为此，编译器会采用一种特殊的规则，将包名中的下画线替换为_1，例如，在 com.ndk8_1.attachdetach 这样的包名中，下画线被替换为_1，这解释了为什么有时会出现与常规规则不匹配的函数接口命名。

注意：为了避免编译错误和提高开发效率，建议读者在实际开发中利用 IDE 生成功能来创建函数接口，而不是手动编写。这样可以确保函数接口名遵循了正确的命名规则，并可以减少潜在的错误。在 IDE 支持快捷生成之前通常借助 javah 来生成 JNI 的头文件，此方法在 IDE 支持快捷生成功能后已经很少使用，读者可自行了解。

8.2 函数的动态注册方式

动态注册相对于静态注册来讲更为复杂，需要开发者手动编写本地方法的映射表（JNI_OnLoad()函数中的 JNINativeMethod 数组）。这个映射表在 JNI_OnLoad()函数中会被注册给 JVM，以便在运行时能够直接找到对应的本地方法实现。

8.2.1 JNINativeMethod

JNINativeMethod 是一个结构体，结构体成员包括 Java 方法名、Java 方法签名、本地方法指针。结构体的定义，代码如下：

```
typedef struct {
    char *name;            //Java 方法名
    char *signature;       //Java 方法签名
    void *fnPtr;           //本地方法指针

} JNINativeMethod;
```

通常会在 C/C++文件中创建一个 JNINativeMethod 数组，用于保存 Java 和本地方法的映射关系，示例代码如下：

```
/**
 * 本地方法，与静态注册一样，前两个参数也需要传入 JNIEnv 和 jobject
 * @param env     JNIEnv
 * @param thiz    Java 对象
```

```
 * @param a      参数 a
 * @param b      参数 b
 */
void native_test(JNIEnv *env, jobject thiz, int a, int b){
}

//函数映射表
static JNINativeMethod methods[] = {
     //Java 方法         Java 方法签名     本地函数指针
       {"test",           "(II)V",       (void*) native_test},
};
```

8.2.2　RegisterNatives 和 UnregisterNatives 函数

本地函数注册和反注册的接口。当动态库被加载时，通过 RegisterNatives()函数对映射表中的函数(JNI_OnLoad()函数中调用)进行注册。当动态库被卸载时，通过 UnregisterNatives()函数反注册映射表中的函数（JNI_OnUnload()函数中调用）。

函数接口的定义，代码如下：

```
/**
 * 注册本地函数
 * @param env          env
 * @param clazz        Java 类对象
 * @param methods      函数映射表
 * @param nMethods     映射表元素的个数
 * @return 如果成功，则返回 0，如果失败，则返回负数
 */
jint RegisterNatives(JNIEnv *env, jclass clazz, const JNINativeMethod *methods, jint nMethods);


/**
 * 反注册本地函数
 * @param env          env
 * @param clazz        Java 类对象
 * @return 如果成功，则返回 0，如果失败，则返回负数
 */
jint UnregisterNatives(JNIEnv *env, jclass clazz);
```

8.2.3　示例

首先，创建一个 NDK 工程，并在 MainActivity.java 文件中添加本地方法，代码如下：

```
//第 8 章/MainActivity.java
public class MainActivity extends AppCompatActivity {
```

```
    static {
        System.loadLibrary("attachdetach");
    }

    @Override
    protected void onCreate(Bundle savedInstanceState) {
        super.onCreate(savedInstanceState);
    }

    //无参数，无返回值
    native void test();
    //有参数，有返回值
    native int add(int a, int b);

}
```

其次，在 native-lib.c 文件中添加 JNI_OnLoad()函数，并定义 JNINativeMethod 数组及本地方法的实现，然后通过 RegisterNatives()函数注册本地方法，代码如下：

```
//第 8 章/native-lib.c
/**
 * 本地方法 test
 */
void native_test(JNIEnv *env, jobject thiz){
}

/**
 * 本地方法 add
 */
int native_add(JNIEnv *env, jobject thiz, int a, int b){

    return a + b;
}

//函数映射表
static JNINativeMethod methods[] = {
        //Java 方法           Java 方法签名        本地函数指针
        {"test", "()V", (void*) native_test},
        {"add", "(II)I", (void *)native_add},
};

JNIEXPORT jint JNI_OnLoad(JavaVM* vm, void* reserved){
    //定义本地变量 env
    JNIEnv *env;
    if ((*vm)->GetEnv(vm, (void**)&env, JNI_VERSION_1_6) != JNI_OK){
    //获取 env 失败
        return JNI_ERR;
```

```
        }
        //查找类
        jclass clazz = (*env)->FindClass(env, "com/ndk8_1/attachdetach/
MainActivity");
        if (NULL == clazz){
            //查找类失败
            return JNI_ERR;
        }

        //动态注册 JNI 方法
        int rc = (*env)->RegisterNatives(env, clazz, methods, sizeof(methods)/
sizeof(JNINativeMethod));
        if (rc != JNI_OK) return rc;

        //返回 JNI 版本
        return JNI_VERSION_1_6;
    }
```

注意：在大多数情况下，JVM 会在动态链接库卸载时自动清理与本地方法相关的资源，因此手动调用 UnregisterNatives()函数可能是不必要的。

8.3 静态注册和动态注册的优缺点及使用场景

8.3.1 静态注册的优缺点及使用场景

1. 优点

简单易用，只需在 Java 代码中声明 native 方法，便可直接通过 IDE 的快捷键（Alt+Enter）生成本地方法的定义，然后在本地代码中实现。截至本书编写时，只有最新版本 IDE 支持动态注册函数的跳转，低版本 IDE 仅支持静态注册函数的跳转。支持函数跳转功能提高了开发效率，降低了开发难度。

2. 缺点

静态注册在运行时需要进行额外的查找操作来确定本地方法的地址，这相对于动态注册来讲有一定的性能开销。由于静态注册要遵循 JNI 接口规范，所以本地方法的命名和 Java 类的包名强相关。当需要移植原生代码时，需要根据新的包名、类名修改对应的本地方法接口名，可移植性低。

3. 使用场景

适用于简单的 JNI 接口，当本地方法的数量较少且对性能要求不是特别高时，静态注册是一个很好的选择。一般在快速原型开发或者实验性项目中，静态注册可以快速地搭建 JNI 接口。

8.3.2 动态注册的优缺点和使用场景

1. 优点

动态注册在编译时就完成了方法地址的映射，运行时无须再进行额外的查找操作，因此性能更高。由于是手动编写映射表，开发者可以灵活地控制 JNI 接口的定义，且映射表仅绑定 Java 方法名、签名及本地方法地址，和包名无关。在移植过程中仅需要修改注册时使用的类对象，相对静态注册修改较少，可移植性高。

2. 缺点

需要手动编写映射表，并且需要确保映射表中的方法与 Java 代码中的 native 方法声明完全一致，否则会导致运行时错误。在接口发生变化时，如添加、删除或修改本地方法时，需要同步更新映射表，增加了维护工作量。低版本 IDE 不支持函数跳转，当 native 函数较多时，给代码阅读带来了一定的难度。

3. 使用场景

适用于对性能要求较高的 JNI 接口，特别是高频率调用的场景中，动态注册能够显著地提升性能。在 AOSP 系统服务中大量地使用了动态注册。

8.3.3 小结

综上所述，静态注册和动态注册各有优缺点，开发者应根据项目的具体需求和场景选择合适的注册方式。在大多数情况下，静态注册由于其简单易用的特点而成为首选，而在对性能有较高的场景中，动态注册则是一个更好的选择。

8.4 本章小结

本章详细地讲解了静态注册和动态注册的使用方式、优缺点及使用场景。了解了不同注册方式的使用和区别后，可帮助开发者在实际的项目中灵活地选择开发方式，且在源码阅读中起到一定的帮助。

实 战 篇

第 9 章 NDK 开发之大量数据传输

9.1 DirectByteBuffer 简单介绍

DirectByteBuffer 是 Java NIO 中的一个类，用于表示一字节缓冲区，该缓冲区是直接字节缓冲区。与普通字节缓冲区不同，DirectByteBuffer 的字节数据存储在 Java 堆外，即直接在操作系统的物理内存中分配。

1. 堆外存储

DirectByteBuffer 的字节数据存储在 Java 堆外，直接分配在操作系统的物理内存中。这使它不受 Java 垃圾回收机制的管理，减少了垃圾回收的开销。

2. 高性能

由于 DirectByteBuffer 的字节数据直接存储在物理内存中，因此当 Java 代码需要与本地代码（如 C/C++）进行交互时，可以避免在 Java 堆和本地内存之间进行数据复制，从而提高了性能。

3. 内存管理

由于 DirectByteBuffer 的字节数据存储在堆外，因此需要手动管理其生命周期。

4. 注意事项

1）内存泄漏

由于 DirectByteBuffer 的字节数据存储在堆外，因此如果不正确地管理其生命周期，则可能会导致内存泄漏。当不再需要 DirectByteBuffer 时，应显式地调用其 cleaner().clean()方法来释放其占用的内存。

2）性能优化

虽然 DirectByteBuffer 可以提高性能，但在某些情况下，使用它可能会增加额外的开销，因此，在决定是否使用 DirectByteBuffer 时，需要根据具体的应用场景和性能需求进行评估。

3）兼容性

不同的 JVM 实现可能对 DirectByteBuffer 的行为有所不同，因此，在使用 DirectByteBuffer 时，需要注意其兼容性问题，并进行充分测试和验证。

9.2 DirectByteBuffer 的使用方法

9.2.1 创建 DirectByteBuffer

DirectByteBuffer 可通过 Java 创建或 JNI 创建，可通过自定义 set/get()方法将 DirectByteBuffer 的地址传递到需要的地方。

1. Java 端创建

Java 中使用 ByteBuffer.allocateDirect()方法创建一个 DirectByteBuffer。接口的定义，代码如下：

```
/**
* 申请一个直接缓冲区
* @param capacity   指定容量
* @return 新的 ByteBuffer，如果容量为负数，则抛出 IllegalArgumentException 异常
*/
public static ByteBuffer allocateDirect (int capacity);
```

2. JNI 创建

在原生代码中使用 NewDirectByteBuffer()函数创建一个 DirectByteBuffer。接口的定义，代码如下：

```
/**
 * 创建 DirectByteBuffer
 * @param env        JNIEnv 接口指针
 * @param address    内存区域的起始地址（通过 malloc 或 new 获得）
 * @param capacity   内存区域的大小（以字节为单位，必须为正）
 * @return  返回对新实例化的 java.nio.ByteBuffer 对象的本地引用。如果发生异常，或者该虚拟机不支持对直接缓冲区的 JNI 访问，则返回 NULL
 */
jobject NewDirectByteBuffer(JNIEnv* env, void* address, jlong capacity);
```

注意：JNI 中调用 NewDirectByteBuffer()函数是为了返给 Java 层使用，并非实际的申请空间，而 Java 层的 allocateDirect()方法则会申请 capacity 大小的空间。

9.2.2 DirectByteBuffer API 使用

DirectByteBuffer 也叫直接缓冲区。本质上是一个指向字节缓冲区的指针，由于 Java 中不存在指针的概念，所以在 Java 语言中被封装成 ByteBuffer 相关的 API，而原生代码中则通过 GetDirectBufferAddress()函数获取字节数组缓冲区的地址，从而完成对 DirectByteBuffer 的访问和操作。

1. arrayOffset 方法

在 Java 层使用 ByteBuffer 需要注意的是缓冲区的有效数据偏移。arrayOffset()方法返回

的是当前缓冲区的偏移量，通常用来获取数据的首地址偏移量，方法的使用，示例代码如下：

```
public class MainActivity extends AppCompatActivity {
    private static final String TAG = "MainActivity";
    static {
        System.loadLibrary("directbytebuffer");
    }

    ByteBuffer mByteBuffer;
    @Override
    protected void onCreate(Bundle savedInstanceState) {
        super.onCreate(savedInstanceState);
        //申请缓冲区
        mByteBuffer = ByteBuffer.allocateDirect(1024);
        //put 字符
        mByteBuffer.put((byte) 'a');
        mByteBuffer.put((byte) 'b');
        mByteBuffer.put((byte) 'c');
        mByteBuffer.put((byte) 'd');
        mByteBuffer.put((byte) 'e');
        mByteBuffer.put((byte) 'f');
        //查看当前数组的偏移量
        Log.e(TAG, "onCreate: " + mByteBuffer.arrayOffset());
        //根据偏移量来复制数据
        byte[] bytes = new byte[1024];
        System.arraycopy(mByteBuffer.array(), mByteBuffer.arrayOffset(),
bytes, 0, 6);
        for (int i = 0; i < 6; i++) {
            Log.e(TAG, "" + String.format("%c", bytes[i]));
        }
    }
}
```

运行结果如下：

```
onCreate: 4
a
b
c
d
e
f
```

从运行结果可以看出，缓冲区有效数据的偏移量并不是0，而是4。为了程序的健壮性，建议开发者在数据复制时使用该方法获取有效数据的偏移量。

2. get/put 方法

get/put 方法分别用于缓冲区数据的获取和写入。由于是 ByteBuffer 中的内部方法，和直接使用 array()方法获取的数组操作不同，使用 get/put()方法时不需要关心缓冲区的偏量。因为方法内部已经做了偏移量处理，示例代码如下：

```
public class MainActivity extends AppCompatActivity {
    private static final String TAG = "MainActivity";
    static {
        System.loadLibrary("directbuffer");
    }

    ByteBuffer mByteBuffer;
    @Override
    protected void onCreate(Bundle savedInstanceState) {
        super.onCreate(savedInstanceState);
        //申请缓冲区
        mByteBuffer = ByteBuffer.allocateDirect(1024);

        //put 一个字符到缓冲区
        mByteBuffer.put((byte) 'a');
        //
        byte c = mByteBuffer.get(0);
        Log.e(TAG, "onCreate: " + String.format("%c", c));
    }
}
```

运行结果如下：

```
onCreate: a
```

从运行结果可以看出，虽然 get 方法是从 0 位置获取了一个字符，但实际上依旧能够获取正确的值。可以得出无论是 get 还是 put 方法，默认都是从数据的有效位置对数据进行操作的。这一点要和使用 array 方法获取的数组操作区分开。

3. GetDirectBufferAddress

对于通过 Java 层创建的 DirectByteBuffer，需要通过 JNI 方法将地址传递到原生代码中。在原生代码中使用 GetDirectBufferAddress()函数获得缓冲区的首地址，函数的定义，代码如下：

```
/**
 * 获取 java.nio.Buffer 引用的内存区域的起始地址（DirectByteBuffer）
 * @param env  JNIEnv 接口指针
 * @param buf  Direct ByteBuffer 对象（不能为 NULL）
 * @return  返回缓冲区引用的内存区域的起始地址。如果内存区域未定义、给定对象不是 Direct
ByteBuffer 或该虚拟机不支持对直接缓冲区的 JNI 访问，则返回 NULL
 */
void* GetDirectBufferAddress(JNIEnv* env, jobject buf);
```

示例将演示如何在 Java 语言中创建一个 DirectByteBuffer，然后通过 JNI 方法将 DirectByteBuffer 的对象传递到原生代码中。在原生代码中获得缓冲区地址，并通过缓冲区将数据传递到 Java。

Java 代码如下：

```
//第 9 章/MainActivity.java
public class MainActivity extends AppCompatActivity {
    private static final String TAG = "MainActivity";
    static {
        System.loadLibrary("directbuffer");
    }

    ByteBuffer mByteBuffer;
    @Override
    protected void onCreate(Bundle savedInstanceState) {
        super.onCreate(savedInstanceState);
        //申请缓冲区
        mByteBuffer = ByteBuffer.allocateDirect(1024);
        //将对象设置到原生方法
        setDirectBuffer(mByteBuffer);
    }

    /**
     * native 回调
     */
    public void onNotify(int length){
        //获取数据
        for (int i = 0; i < length; i++) {
            Log.e(TAG, "onNotify: " + String.format("%c", mByteBuffer.get(i)));
        }
    }

    /**
     * 将 Java 创建的 DirectByteBuffer 传递到原生代码
     * @param directBuffer DirectByteBuffer 对象
     */
    public native void setDirectBuffer(ByteBuffer directBuffer);
}
```

native 代码如下：

```
//第 9 章/native-lib.c
#include <jni.h>
#include <string.h>
```

```
#include <android/log.h>    //添加头文件
#define LOG_TAG "jni"       //定义 TAG
#define LOGD(...) __android_log_print(ANDROID_LOG_DEBUG, LOG_TAG, __VA_ARGS__)

unsigned char *gl_buffer = NULL;    //DirectByteBuffer 地址
unsigned int gl_capacity;           //DirectByteBuffer 容量

JNIEXPORT void JNICALL
Java_com_example_directbuffer_MainActivity_setDirectBuffer(JNIEnv *env, jobject thiz,
                                                   jobject direct_buffer)
{   //获取 DirectByteBuffer 地址
    gl_buffer = (*env)->GetDirectBufferAddress(env, direct_buffer);
    LOGD("direct buffer address: %p\n", gl_buffer);
    //获取 DirectByteBuffer 容量
    gl_capacity = (*env)->GetDirectBufferCapacity(env, direct_buffer);
    LOGD("direct buffer capacity: %d\n", gl_capacity);
    const char *str = "hello world";
    //复制数据
    memcpy(gl_buffer, str, strlen(str));
    //通知 Java 取数据
    jclass clazz = (*env)->GetObjectClass(env, thiz);
    jmethodID methodId = (*env)->GetMethodID(env, clazz, "onNotify", "(I)V");
    //通知 Java
    (*env)->CallVoidMethod(env, thiz, methodId, (int)(strlen(str)));
}
```

运行结果如下：

```
//通过调用 GetDirectBufferAddress 函数获取的 DirectByteBuffer 缓冲区的地址
direct buffer address: 0x73b23580
//通过调用 GetDirectBufferCapacity 函数获取的 DirectBuffer 缓冲区的容量
direct buffer capacity: 1024
//Java 层获取原生代码中设置的数据
onNotify: h
onNotify: e
onNotify: l
onNotify: l
onNotify: o
onNotify:
onNotify: w
onNotify: o
onNotify: r
onNotify: l
onNotify: d
```

9.3 DirectByteBuffer 的使用场景

当使用 byte[]数组时，Java 代码需要将数据从 Java 堆复制到原生内存（例如，通过 JNI 的 SetByteArrayRegion()或 GetByteArrayRegion()函数），然后原生代码才能访问这些数据。这种数据复制操作可能会带来额外的性能开销。在某些实现中，可以使用 GetByteArrayElements()和 GetPrimitiveArrayCritical()函数获取指向托管堆中原始数据的实际指针，但在其他实现中，它会在原生堆上分配缓冲区并复制数据，所以，byte[]传递是否能获得真正的原始数据的指针，取决于虚拟机的实现，而直接字节缓冲区允许原生代码直接访问其内存区域，无须进行这种复制操作。

9.3.1 大数据量的 IO 密集型操作

对于需要处理大量数据的 IO 密集操作，如文件读写、网络通信等，DirectByteBuffer 可以显著地提高性能。由于 DirectByteBuffer 的内存分配在 JVM 堆外，因此可以避免在 Java 堆内存和操作系统之间复制数据，从而减少了数据处理的时间和 CPU 的负载。

9.3.2 长期使用的数据

对于那些需要长期使用的数据，使用 DirectByteBuffer 可以避免频繁地创建和销毁堆内 Buffer 所带来的额外开销。由于 DirectByteBuffer 的生命周期内的内存地址都不会再发生更改，因此内核可以安全地对其进行访问。

9.3.3 对内存管理有特殊要求的场景

DirectByteBuffer 的使用降低了垃圾收集的压力，因为它们不受 JVM 垃圾收集的直接管理。这在一些对内存管理有特殊要求的场景中可能非常有用，例如需要避免频繁地进行垃圾收集而导致的性能波动或延迟。

9.3.4 需要直接访问操作系统内存资源的场景

DirectByteBuffer 提供了一种高效的方式来直接访问和操作系统级别的内存资源。这种方式允许 Java 应用程序能够更接近操作系统的底层，提供了更高效的数据处理能力。

9.4 DirectByteBuffer 的使用案例

示例代码将演示在原生代码中申请缓冲区，并通过 JNI 接口使其可被 Java 代码访问。在 Java 端，利用获得的缓冲区的引用将数据高效地传递到原生代码中。同时，示例代码将记录两种传递方式分别运行 10 000 000 次的耗时。

代码如下：

```
//第9章/MainActivity.java
public class MainActivity extends AppCompatActivity {
    private static final String TAG = "MainActivity";
    static {
        System.loadLibrary("directbuffer");
    }

    ByteBuffer mByteBuffer;
    @Override
    protected void onCreate(Bundle savedInstanceState) {
        super.onCreate(savedInstanceState);

        //获得native中申请的缓冲区
        mByteBuffer = getNativeByteBuffer();
        //申请一个byte[]数组
        byte[] bytes = new byte[10240];
        //初始化数组内容
        for (int i = 0; i < 10240; i++) {
            bytes[i] = (byte) i;
        }
        //将byte[]数组放到bytebuffer中
        mByteBuffer.put(bytes);
        int count = 10000000;
        //打印时间
        Log.e(TAG, "onCreate: sendData start time: " +
SystemClock.currentThreadTimeMillis());
        while (count > 0){
            //通知原生代码操作数据
            sendData();
            count --;
        }
        Log.e(TAG, "onCreate: sendData end time: " +
SystemClock.currentThreadTimeMillis());

        count = 1000000;


        //打印时间
        Log.e(TAG, "onCreate: setByteData start time: " +
SystemClock.currentThreadTimeMillis());
        while (count > 0){
            //将byte[]传递到原生代码中
            setByteData(bytes);
            count --;
        }
        Log.e(TAG, "onCreate: setByteData end time: " +
SystemClock.currentThreadTimeMillis());
```

```
    }

    /**
     * 获取 native 申请的 DirectByteBuffer
     * @return  DirectByteBuffer
     */
    public native ByteBuffer getNativeByteBuffer();

    /**
     *通知原生代码操作数据
     */
    public native void sendData();

    /**
     * 使用 byte[]数组传递方式
     * @param data byte[]
     */
    public native void setByteData(byte[] data);
}
```

原生代码的实现，代码如下：

```
//第 9 章/native-lib.c
#include <jni.h>
#include <string.h>
#include <malloc.h>


#include <android/log.h>    //添加头文件
#define LOG_TAG "jni"       //定义 TAG
#define LOGD(...) __android_log_print(ANDROID_LOG_DEBUG, LOG_TAG,
__VA_ARGS__)


unsigned  char *gl_buffer = NULL;   //DirectByteBuffer 地址
unsigned  int gl_capacity;          //DirectByteBuffer 容量

unsigned  char buffer[10240] = {0}; //用来模拟数据的复制


JNIEXPORT jobject JNICALL
Java_com_example_directbuffer_MainActivity_getNativeByteBuffer(JNIEnv
*env, jobject thiz) {
    if (NULL == gl_buffer){
        gl_buffer = malloc(10240);
    }
```

```
    return (*env)->NewDirectByteBuffer(env, gl_buffer, 10240);
}

JNIEXPORT void JNICALL
Java_com_example_directbuffer_MainActivity_sendData(JNIEnv *env, jobject thiz) {
    //由于是DirectByteBuffer，所以这里可以直接使用gl_buffer，而无须复制
}

JNIEXPORT void JNICALL
Java_com_example_directbuffer_MainActivity_setByteData(JNIEnv *env,
jobject thiz, jbyteArray data) {
    //模拟数据的使用，将数组内容复制到gl_buffer中才能使用
    (*env)->GetByteArrayRegion(env, data, 0, 10240, gl_buffer);
}
```

运行结果如下：

```
//使用DirectByteBuffer，10 000 000次执行耗时66ms
sendData start time: 117
sendData end time: 183

//直接传递byte[]，10 000 000次执行耗时2021ms
setByteData start time: 183
setByteData end time: 2204
```

对于不同次数的运行结果，见表9-1。

表9-1 运行结果比较

运行次数	DirectByteBuffer	byte[]	差值/ms
1000	0	0	0
10 000	3	4	1
100 000	12	24	12
1 000 000	18	208	190
10 000 000	66	2021	1955

从运行结果可以看出，随着运行次数的增加，相较于使用byte[]，使用DirectBuffer对性能的提升也就越明显。

第 10 章

NDK 开发之 opus 开源库开发案例

在经过对前 9 章 NDK 开发基础知识的学习后，相信读者已经具备了 NDK 开发所需的基本能力。从本章开始，将进入实际项目的练习阶段。本章将通过一个实战项目将前 9 章的内容串联起来，以此巩固之前所学的知识。

案例整体实现一个实时对讲的 App，需求如下。

（1）UI：实现一个按钮，完成按下按钮时开始讲话，松开按钮时停止讲话功能。非案例重点，读者可不必关注太多。

（2）音频采集：案例使用 Android 提供的 Java 端录制 API 完成 PCM 音频数据的采集。用于回顾函数动态注册、DirecBuffer 相关知识。

（3）音频播放：使用 Android 提供的 Java 端播放 API 完成 PCM 音频数据的播放。用于回顾原生代码回调 Java 层代码、DirectBuffer 相关知识。

（4）音频编解码：使用 opus 开源编解码库，完成音频的编解码。库的编译将使用预编译库的方式集成，用于回顾预编译库的编译集成、CMake 语法及项目配置相关知识。

（5）音频传输：使用原生 socket 对编码后的音频进行传输。传输部分采用源码直接集成，非案例重点，读者可不必关注太多。

案例从语言的角度分为 Java 和 Native 层；从功能角度分为客户端和服务器端；客户端负责采集、编码、发送。服务器端负责接收、解码和播放，案例的整体架构如图 10-1 所示。

为了简单起见，案例将尽可能地减少其他与本书关系不大的内容，例如网络协议，将直接使用原生 socket，使用固定的音频参数，程序启动时完成编解码参数初始化，交互时序如图 10-2 所示。

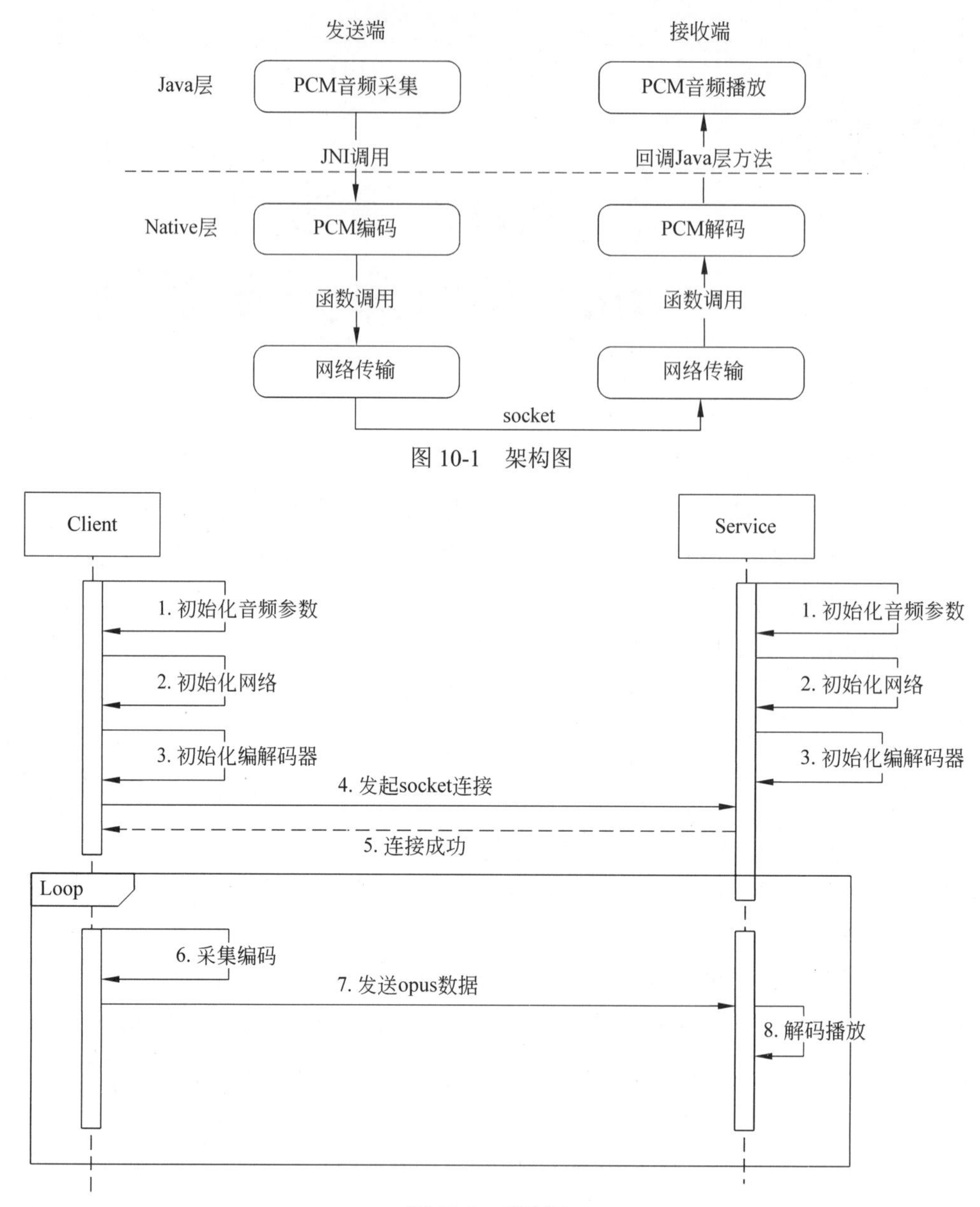

图 10-1　架构图

图 10-2　时序图

10.1　开源库 opus 源码封装

opus 是一个完全开放、免版税、高度通用的音频编解码器，其应用十分广泛，包括 IP 语音、视频会议、游戏内聊天，甚至远程现场音乐表演。它可以从低比特率窄带语音扩展到非常高质量的立体声音乐，支持的功能如下：

（1）比特率从 6 Kb/s 到 510 Kb/s。

（2）采样率从 8 kHz（窄带）到 48 kHz（全带）。

（3）帧大小从 2.5 ms 到 60 ms。

（4）支持恒定比特率（CBR）和可变比特率（VBR）。

（5）音频带宽从窄带到全带。

（6）支持语音和音乐。

（7）支持单声道和立体声。

（8）支持多达 255 个通道（多流帧）。

（9）动态可调的比特率、音频带宽和帧大小。

（10）良好的丢包稳健性和丢包隐藏（PLC）。

（11）浮点和定点实现。

截至本书编写之时，opus 官网提供的最新版本为 1.5.2。接下来将使用 3.1.2 节相关知识编译出 opus 的预编译库。

10.1.1　opus 预编译库的编译与集成

1. opus 源码下载

opus 源码下载有两种方式。第 1 种方式是在 opus 的官方网站单击源码版本链接，例如 opus-1.5.2.tar.gz，如图 10-3 所示。

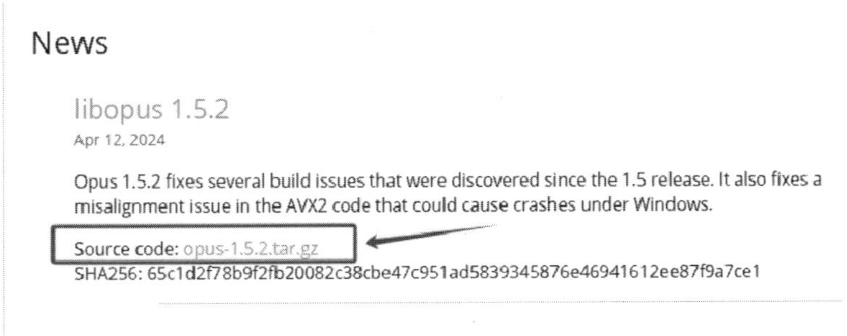

News

libopus 1.5.2

Apr 12, 2024

Opus 1.5.2 fixes several build issues that were discovered since the 1.5 release. It also fixes a misalignment issue in the AVX2 code that could cause crashes under Windows.

Source code: opus-1.5.2.tar.gz

SHA256: 65c1d2f78b9f2fb20082c38cbe47c951ad5839345876e46941612ee87f9a7ce1

图 10-3　opus 源码

第 2 种方式是通过 GitHub（https://github.com/xiph/opus）使用 git clone 命令下载，例如下载 opus-1.5.2 版本，命令如下：

```
git clone -b v1.5.2 --single-branch https://github.com/xiph/opus.git
```

2. opus 编译

1）确认编译方式

通常，在接触陌生的开源库时，首先需要阅读开源库的 README 文件，找到其对应的编译文档以确定所支持的编译方式。

进入 opus 源码目录，打开 README 文件，可以看到一段与编译相关的内容，内容如下：

```
== Compiling libopus for Windows and alternative build systems ==

See cmake/README.md or meson/README.md.
```

这段描述的意思是为 Windows 和其他系统时编译时可以查看 cmake 目录下的 README.md 或 meson 目录下的 README.md。

进入 cmake 目录，打开 README.md 文件可以看到有关 Android 系统的相关编译说明，内容如下：

```
#Cross compiling for Android

cmake .. -DCMAKE_TOOLCHAIN_FILE=${ANDROID_HOME}/ndk/25.2.9519653/build/
cmake/android.toolchain.cmake -DANDROID_ABI=arm64-v8a
```

从 README.md 的介绍中可以发现 opus 支持使用 android.toolchain.cmake 的方式编译。回顾 3.1.2 节的内容，可以将编译命令以脚本的方式进行组织，从而一次性完成多个需要的 ABI 类型的库。

2）编译脚本

根据 README.md 中的提示及 3.1.2 节编译脚本（build.sh）的参考。同样在源码根目录创建一个 build.sh 文件，完整的编译脚本如下：

```
#第 10 章/build.sh
#!/bin/bash

#定义 Android Sdk 根目录
ANDROID_HOME="/home/test/Android/Sdk/ndk/26.1.10909125"

#每次编译删除原来的编译文件
rm build -rf
rm install -rf
#创建临时编译目录，避免污染源文件
mkdir build
#定义一个数组，存储架构类型，用来循环编译
ARCH_ARRAY=(armeabi-v7a arm64-v8a x86 x86_64)

#创建一个目录，用于保存编译产物
mkdir install

#进入编译目录
cd build

for item in "${ARCH_ARRAY[@]}"; do
    mkdir -p install/$item
    echo "$item"
    echo "$ANDROID_HOME"
    #每次编译执行时删除上次执行的缓存文件
```

```
    rm * -rf
    cmake .. \
        -DCMAKE_TOOLCHAIN_FILE=${ANDROID_HOME}/build/cmake/
android.toolchain.cmake \
        -DANDROID_ABI=$item \
        -DOPUS_BUILD_SHARED_LIBRARY=y
    make -j8
    mkdir -p ../install/$item
    mv *.so  ../install/$item/
done

#将头文件复制到安装目录
cp ../include -rf ../install
```

在源码根目录执行脚本，命令如下：

```
./build.sh
```

脚本执行结束后，可以在源码目录中生成 install 目录。进入 install 目录，可以看到生成的不同 ABI 的库文件和头文件，内容如下：

```
  ├── arm64-v8a
  │   └── libopus.so
  ├── armeabi-v7a
  │   └── libopus.so
  ├── include
  │   ├── meson.build
  │   ├── opus_custom.h
  │   ├── opus_defines.h
  │   ├── opus.h
  │   ├── opus_multistream.h
  │   ├── opus_projection.h
  │   └── opus_types.h
  ├── x86
  │   └── libopus.so
  └── x86_64
     └── libopus.so
```

3. opus 集成

1）工程创建及文件复制

参考 3.1.3 节的内容，创建一个 Native 工程。将库文件复制到工程的 libs 目录，并在 cpp 目录下创建一个 include 目录（方便未来存放不同库的头文件），然后将生成的 opus 头文件复制到 include 中的 opus 目录中，项目结构如图 10-4 所示。

2）修改 CMakeLists

参考 3.1.3 节的内容，修改 CMakeLists.txt 文件以满足库和头文件的依赖。修改后完整的 CMakeLists.txt 文件中的代码如下：

图 10-4　工程目录

```
#第 10 章/CMakeLists.txt
#cmake 版本
cmake_minimum_required(VERSION 3.22.1)

#项目名称
project("ptt")

#导入预编译库
#opus
add_library(opus SHARED IMPORTED)
#设置目标的属性，这里将 opus 的属性设置为导入一个本地库并根据当前的
#CMAKE_ANDROID_ARCH_ABI 替换成不同的路径
set_target_properties(opus PROPERTIES IMPORTED_LOCATION
${CMAKE_CURRENT_SOURCE_DIR}/../../../libs/${CMAKE_ANDROID_ARCH_ABI}/
libopus.so)

#包含头文件目录
include_directories(include)
```

```
add_library(${CMAKE_PROJECT_NAME} SHARED
        #源文件列表
        native-lib.cpp)

target_link_libraries(${CMAKE_PROJECT_NAME}
        #List libraries link to the target library
        android
        log
        opus  #链接 opus 库
        )
```

3）测试库的可用性

项目配置完成后，通过调用库的方法以验证库集成的正确性。在 native-lib.cpp 文件中的 stringFromJNI()（默认生成的）函数中调用 opus_get_version_string()函数，以便获取 opus 库的版本号，如果正常输出，则认为集成成功，代码如下：

```
//第 10 章/native-lib.cpp
#include <jni.h>
#include <string>
#include "include/opus/opus.h"       //opus 头文件
#include "include/LogUtils.h"        //日志头文件
#define TAG "jni_ptt"                //定义 TAG，以便区分不同文件打印

extern "C" JNIEXPORT jstring JNICALL
Java_com_example_ptt_MainActivity_stringFromJNI(
        JNIEnv* env,
        jobject /* this */) {
    std::string hello = "Hello from C++";
    //调用库方法，获取 opus 版本号
    const char *version = opus_get_version_string();
    LOGE("opus version: %s\n", version);
    return env->NewStringUTF(hello.c_str());
}
```

单击“运行”按钮，日志打印如下：

```
E  opus version: libopus 1.5.2
```

10.1.2　opus 库的基本使用

1. 音频术语介绍

由于此案例主要围绕音频的处理和传输，所以有必要了解一些基本的音频术语，这样对接口的设计会有一定的帮助。

1）采样率

采样频率，也称为采样速度或者采样率，定义了单位时间内从连续信号中提取并组成离

散信号的采样个数，它用赫兹（Hz）来表示。常见的采样率有8000Hz、16000Hz、24000Hz、44100Hz和48000Hz等。

2）量化位数

量化位数是衡量模拟信号数字化后动态范围的一个指标，它决定了模拟信号数字化后的质量。量化位数越高，如8位、16位和32位，意味着信号的动态范围越大，保真度也越高。量化位数决定了数据的大小，例如采用8位量化，一个采样点占用1字节；采用16位量化，一个采样点占用2字节。量化位数越大，数据量越大。

3）通道数

指声音的通道的数目，它决定了音频信号通过多少个独立的通道进行传输和播放。常见的音频通道数包括单声道（Mono）和立体声（Stereo），但也有更多通道数的配置，如四声道（Quadraphonic）等。和量化位数一样，也会影响数据量的大小。通道数越多，数据量越大。

4）Frame Size

这是每帧的样本数。这个值通常是opus 编码器在创建时设置的帧大小，但也可以是编码器能够处理的任何大小（在opus 的限制范围内）。一般来讲，较小的帧大小意味着较低的延迟，但编码效率可能会降低，例如，48kHz在20ms的样本数为960个。数据大小为960×通道数×量化位数。

2. 常用API介绍

opus的API大致可分为4类，分别是编解码引擎创建、编解码参数设置、编码及解码。

1）opus编解码引擎创建

使用opus编解码音频时，首先要创建编、解码引擎。编、解码引擎创建接口的定义，代码如下：

```
/**
 * 编码引擎创建
 * @param Fs             采样率
 * @param channels       通道数
 * @param application    应用场景
 * @param error          错误码
 * @return Opus          编码引擎
 */
OPUS_EXPORT OPUS_WARN_UNUSED_RESULT OpusEncoder *opus_encoder_create
(opus_int32 Fs, int channels, int application, int *error);

/**
 * 解码引擎创建
 * @param Fs          采样率
 * @param channels    通道数
 * @param error       错误码
 * @return Opus       解码引擎
 */
```

```
OPUS_EXPORT OPUS_WARN_UNUSED_RESULT OpusDecoder *opus_decoder_create
(opus_int32 Fs,int channels,int *error);
```

2）编码和解码参数设置

编解码参数设置分别使用 opus_encoder_ctl()和 opus_decoder_ctl()函数，默认所有的参数都有默认值。仅在需要修改时使用，接口的定义，代码如下：

```
/**
 * 编码配置
 * @param st          opus 编码引擎
 * @param request     要设置的属性
 * @param ...         属性值
 * @return 如果 request 是一个查询请求，则返回值是所请求的值。如果只设置一个值，返回
OPUS_OK 表示成功，返回其他信息表示失败
 */
OPUS_EXPORT int opus_encoder_ctl(OpusEncoder *st, int request, ...)
OPUS_ARG_NONNULL(1);

/**
 * 解码配置
 * @param st          opus 解码引擎
 * @param request     要设置的属性
 * @param ...         属性值
 * @return 如果 request 是一个查询请求，则返回值是所请求的值。如果只设置一个值，返回
OPUS_OK 表示成功，返回其他信息表示失败
 */
OPUS_EXPORT int opus_decoder_ctl(OpusDecoder *st, int request, ...)
OPUS_ARG_NONNULL(1);
```

3）编码

在编码引擎创建及相关参数配置完成后，即可调用 opus 的编码接口将 PCM 数据编码成压缩数据，编码接口的定义，代码如下：

```
/**
 * 编码一帧 PCM 数据
 * @param st                 编码引擎
 * @param pcm                PCM 数据(short 类型数组)
 * @param frame_size         编码的样本数
 * @param data               输出数据
 * @param max_data_bytes  最大数据大小
 * @return 如果成功，则返回编码后的数据的长度，如果失败，则返回负数
 */
OPUS_EXPORT  OPUS_WARN_UNUSED_RESULT  opus_int32  opus_encode(OpusEncoder
*st,const  opus_int16  *pcm,int  frame_size,unsigned  char  *data,opus_int32
max_data_bytes) OPUS_ARG_NONNULL(1) OPUS_ARG_NONNULL(2) OPUS_ARG_NONNULL(4);
```

4）解码

解码接口的定义，代码如下：

```
/**
 * 解码一帧压缩数据为 PCM
 * @param st            解码引擎
 * @param data          压缩数据(unsigned char 类型数组)
 * @param len           数据长度
 * @param pcm           解码后的 PCM 数据
 * @param frame_size    请求的样本的个数
 * @param decode_fec    前向纠错，传 0 或 1
 * @return 如果成功，则返回 frame_size（单通道的样本数），如果失败，则返回负数。数据的
实际长度：frame_size * 通道数 * 量化位数/8
 */
OPUS_EXPORT OPUS_WARN_UNUSED_RESULT int opus_decode(OpusDecoder *st,const
unsigned char *data,opus_int32 len,opus_int16 *pcm,int frame_size,int decode_fec)
OPUS_ARG_NONNULL(1) OPUS_ARG_NONNULL(4);
```

注意：opus 库的使用并非本书的重点，读者更需要关心的是 NDK 相关的知识。感兴趣的读者可根据以上 API 的介绍编写相关编解码的 demo 代码。

10.1.3 opus 库的封装

根据 10.1.2 节 opus 库的基本使用内容可知，在使用 opus 库进行音频编解码时，需要遵循一定的步骤。接口的封装结合 opus 编解码接口及案例架构特性进行定义。

根据案例架构，可预见定义以下接口：

（1）opus 库的初始化。

（2）网络参数初始化。

（3）编解码 DirectBuffer 缓冲区。

（4）编码接口。

（5）解码数据回调接口。

1. opus 库的初始化

从引擎的创建及参数配置接口可以看出，可能需要从外界传递的参数有采样率、通道数、量化位数，根据以上参数定义接口，代码如下：

```
/**
 * opus 引擎初始化
 * @param sample_rate    采样率
 * @param channels       通道数
 * @param lsb_depth      量化位数
 */
private native void opus_init(int sample_rate, int channels, int lsb_depth);
```

2. 网络参数初始化

应用同时作为发送端和接收端，网络的初始化需要本机 IP 地址和端口，以及对端的 IP 地址和端口，网络初始化接口的定义，代码如下：

```
/**
 * 网络初始化
 * @param local_ip       本机 IP
 * @param local_port     本机端口
 * @param remote_ip      对端 IP
 * @param remote_port    对端端口
 */
public native void init_network(String local_ip, int local_port, String remote_ip, int remote_port);
```

3. 编解码 DirectBuffer 缓冲区

为了提升传输效率，本案例使用 DirectBuffer 缓冲区。缓冲区在原生代码中申请，Java 端通过接口获取缓冲区引用。由于编码与解码相互独立，因此需要两个缓冲区。缓冲区引用获取接口的定义，代码如下：

```
/**
 * 获取编码用缓冲区引用
 * @return DirectBuffer 引用
 */
private native ByteBuffer getEncodeDirectBuffer();

/**
 * 获取解码用缓冲区引用
 * @return DirectBuffer 引用
 */
private native ByteBuffer getDecodeDirectBuffer();
```

4. 编码接口

编码时将 PCM 数据写入从原生代码申请的 DirectBuffer，编码时仅需要通过接口通知原生代码获取数据即可，无须将数据通过接口传递。编码完成后在原生代码中通过 socket 发送到对端，故不需要将数据再次返回 Java 端，因此，编码接口无须参数和返回值，编码接口的定义，代码如下：

```
/**
  * 编码一帧数据
*/
public native void opus_encoder();
```

5. 解码数据回调接口

接收到网络传递的压缩音频数据后，使用 opus 解码接口将压缩音频数据解码为 PCM 并写入用于存放解码数据的 DirectBuffer。调用 Java 接口通知 Java 层从解码缓冲区获取数据，并调用播放接口播放数据，解码接口的定义，代码如下：

```
/**
 * 接收到解码后的 PCM 数据
 * @param size      实际数据长度
 */
@Override
public void onPlay(int size)
```

10.2 使用 opus 开发 PTT 语音通话案例

根据需求分析的结果，案例的开发大致可划分为以下工作：

（1）UI 开发。

（2）编解码及网络接口封装。

（3）录音功能实现。

（4）播放功能实现。

10.2.1 UI 开发

UI 主要用于用户信息的输入和互动。根据设计，需要提供用户手动输入对端的 IP 地址、按下按钮讲话、松开按钮停止讲话的交互能力，实际的 UI 界面如图 10-5 所示。

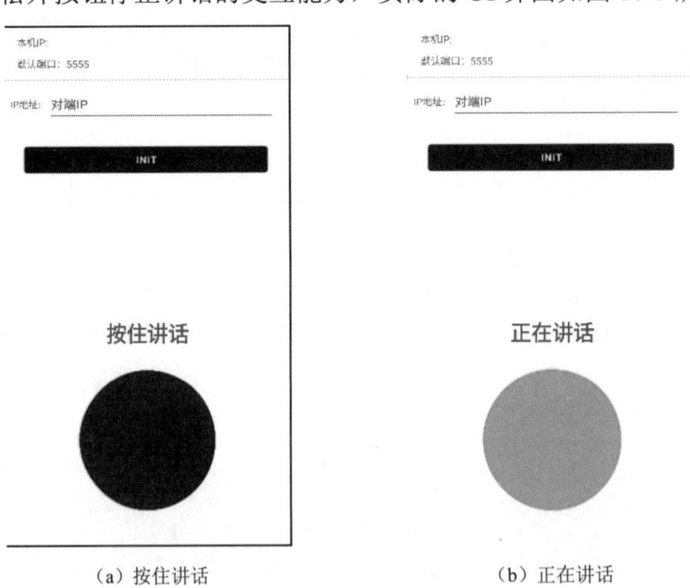

（a）按住讲话　　（b）正在讲话

图 10-5　UI 设计

UI 布局文件采用 xml 编写，布局代码如下：

```
<!--第 10 章/activity_layout.xml-->
```

```xml
<?xml version="1.0" encoding="utf-8"?>
<androidx.constraintlayout.widget.ConstraintLayout xmlns:android=
"http://schemas.android.com/apk/res/android"
    xmlns:app="http://schemas.android.com/apk/res-auto"
    xmlns:tools="http://schemas.android.com/tools"
    android:layout_width="match_parent"
    android:layout_height="match_parent"
    tools:context=".MainActivity">

    <TextView
        android:id="@+id/textView5"
        android:layout_width="wrap_content"
        android:layout_height="wrap_content"
        android:layout_marginTop="10dp"
        android:text="默认端口：5555"
        app:layout_constraintBottom_toTopOf="@+id/textView"
        app:layout_constraintEnd_toEndOf="parent"
        app:layout_constraintHorizontal_bias="0.0"
        app:layout_constraintStart_toStartOf="@+id/tv_local_ip"
        app:layout_constraintTop_toBottomOf="@+id/tv_local_ip"
        app:layout_constraintVertical_bias="0.0" />

    <TextView
        android:id="@+id/textView"
        android:layout_width="wrap_content"
        android:layout_height="50dp"
        android:layout_marginStart="10dp"
        android:layout_marginTop="10dp"
        android:text="IP 地址:"
        android:gravity="center"
        app:layout_constraintBottom_toBottomOf="parent"
        app:layout_constraintEnd_toEndOf="parent"
        app:layout_constraintHorizontal_bias="0.0"
        app:layout_constraintStart_toStartOf="parent"
        app:layout_constraintTop_toTopOf="@+id/guideline"
        app:layout_constraintVertical_bias="0.0" />

    <androidx.constraintlayout.widget.Guideline
        android:id="@+id/guideline"
        android:layout_width="wrap_content"
        android:layout_height="wrap_content"
        android:orientation="horizontal"
        app:layout_constraintGuide_percent="0.1" />

    <EditText
        android:id="@+id/tv_remote_ip"
        android:layout_width="0dp"
```

```
        android:layout_height="0dp"
        android:layout_marginStart="10dp"
        android:layout_marginEnd="20dp"
        android:ems="10"
        android:hint="对端 IP"
        android:inputType="text"
        app:layout_constraintBottom_toBottomOf="@+id/textView"
        app:layout_constraintEnd_toEndOf="parent"
        app:layout_constraintStart_toEndOf="@+id/textView"
        app:layout_constraintTop_toTopOf="@+id/textView" />

    <Button
        android:id="@+id/btn_init"
        android:layout_width="0dp"
        android:layout_height="wrap_content"
        android:layout_marginStart="30dp"
        android:layout_marginTop="30dp"
        android:layout_marginEnd="30dp"
        android:text="init"
        app:layout_constraintBottom_toBottomOf="parent"
        app:layout_constraintEnd_toEndOf="parent"
        app:layout_constraintStart_toStartOf="parent"
        app:layout_constraintTop_toBottomOf="@+id/tv_remote_ip"
        app:layout_constraintVertical_bias="0.0" />

    <android.widget.Button
        android:id="@+id/btn_ptt"
        android:layout_width="200dp"
        android:layout_height="200dp"
        android:background="@drawable/btbackgroud"
        app:layout_constraintBottom_toBottomOf="parent"
        app:layout_constraintEnd_toEndOf="parent"
        app:layout_constraintStart_toStartOf="parent"
        app:layout_constraintTop_toBottomOf="@+id/btn_init"
        app:layout_constraintVertical_bias="0.85" />

    <TextView
        android:id="@+id/tv_local_ip"
        android:layout_width="wrap_content"
        android:layout_height="wrap_content"
        android:layout_marginStart="10dp"
        android:layout_marginTop="10dp"
        android:text="本机 IP: "
        app:layout_constraintBottom_toTopOf="@+id/tv_remote_ip"
        app:layout_constraintEnd_toEndOf="parent"
        app:layout_constraintHorizontal_bias="0.0"
        app:layout_constraintStart_toStartOf="@+id/textView"
```

```
        app:layout_constraintTop_toTopOf="parent"
        app:layout_constraintVertical_bias="0.0" />

    <TextView
        android:id="@+id/tv_tips"
        android:layout_width="wrap_content"
        android:layout_height="wrap_content"
        android:layout_marginBottom="30dp"
        android:textSize="30sp"
        android:textStyle="bold"
        android:text="按住讲话"
        app:layout_constraintBottom_toTopOf="@+id/btn_ptt"
        app:layout_constraintEnd_toEndOf="parent"
        app:layout_constraintStart_toStartOf="parent"
        app:layout_constraintTop_toBottomOf="@+id/btn_init"
        app:layout_constraintVertical_bias="1.0" />

</androidx.constraintlayout.widget.ConstraintLayout>
```

使用 shape+ selector 方式实现按钮背景的变化。首先，使用 shape 在 drawable 目录下创建并实现按钮两种状态的背景，分别保存为 normal.xml 和 push.xml。

按钮正常状态下 shape 的实现，代码如下：

```
<!--第 10 章/normal.xml-->
<?xml version="1.0" encoding="utf-8"?>
<shape
    xmlns:android="http://schemas.android.com/apk/res/android"
    android:shape="oval"
    android:useLevel="false">
    <solid android:color="#ff0000"/>
    <stroke
        android:width="1dp"
        android:color="@color/white"/>
    <size android:width="50dp"
        android:height="50dp"/>
</shape>
```

按钮按下的 shape 实现代码如下：

```
<!--第 10 章/push.xml-->
<?xml version="1.0" encoding="utf-8"?>
<shape
    xmlns:android="http://schemas.android.com/apk/res/android"
    android:shape="oval"
    android:useLevel="false">
    <solid android:color="#00ff00"/>
    <stroke
        android:width="1dp"
```

```
        android:color="@color/white"/>
    <size android:width="50dp"
    android:height="50dp"/>
</shape>
```

其次，使用 selector 在 drawable 目录下创建并设置按钮两种状态的背景的切换，并保存为 btbackground.xml 文件。

背景切换状态，代码如下：

```
<!--第 10 章/btbackground.xml-->
<?xml version="1.0" encoding="utf-8"?>
<selector xmlns:android="http://schemas.android.com/apk/res/android">
<!--  按下时设置为 push.xml 文件中的颜色 -->
    <item android:state_pressed="true" android:drawable="@drawable/push"/>
<!--  松开后设置成 normal.xml 文件中的颜色-->
    <item android:state_pressed="false" android:drawable="@drawable/normal"/>
</selector>
```

UI 的逻辑控制代码由 MainActivity.java 实现，包含了应用程序的主逻辑，例如 opus 的初始化逻辑、录音和播放的初始化逻辑及按钮的按下和抬起控制逻辑等。MainActivity.java 的实现，代码如下：

```
//第 10 章/MainActivity.java
package com.example.ptt;

import androidx.annotation.NonNull;
import androidx.appcompat.app.AppCompatActivity;
import androidx.core.app.ActivityCompat;
import androidx.core.content.ContextCompat;

import android.annotation.SuppressLint;
import android.content.pm.PackageManager;
import android.os.Bundle;
import android.util.Log;
import android.view.MotionEvent;
import android.widget.Toast;

import com.example.ptt.databinding.ActivityMainBinding;

public class MainActivity extends AppCompatActivity {
    private static final String TAG = "MainActivity";
    private ActivityMainBinding binding;
    private String mLocalIp;

    private boolean isInitSuccess = false;

    @SuppressLint({"ClickableViewAccessibility", "SetTextI18n"})
```

```
    @Override
    protected void onCreate(Bundle savedInstanceState) {
        super.onCreate(savedInstanceState);

        binding = ActivityMainBinding.inflate(getLayoutInflater());
        setContentView(binding.getRoot());
        mLocalIp = Utils.getWiFiIPAddress(this);
        binding.tvLocalIp.setText("本机 IP:" + mLocalIp);
        if (ContextCompat.checkSelfPermission(this,
"android.permission.RECORD_AUDIO") != PackageManager.PERMISSION_GRANTED)
        {    ActivityCompat.requestPermissions(this, new String[]{"android.
permission.RECORD_AUDIO", "android.permission.ACCESS_WIFI_STATE."}, 0);
        }
        //初始化参数
        binding.btnInit.setOnClickListener(v -> {
            if (!isInitSuccess) {
                init();
            }
        });
        binding.btnPtt.setOnTouchListener((v, event) -> {
            switch (event.getAction()) {
                case MotionEvent.ACTION_DOWN:
                    binding.tvTips.setText("正在讲话");
                    AudioR.getInstance().resumeRecording();
                    break;
                case MotionEvent.ACTION_UP:
                    binding.tvTips.setText("按下讲话");
                    AudioR.getInstance().pauseRecording();
                    break;
            }
            return false;
        });
    }


    private void init() {
        if (!Utils.ipValidate(binding.tvRemoteIp.getText().toString())) {
            Toast.makeText(this, "IP 地址不合法", Toast.LENGTH_SHORT).show();
            return;
        }
        //1. 初始化网络参数
        Opus.getInstance().init_network(mLocalIp, Utils.mDefaultPort,
binding.tvRemoteIp.getText().toString(), Utils.mDefaultPort);
        //2. 初始化编解码参数
        Opus.getInstance().init(Utils.mSampleRate, 2, 16);
        isInitSuccess = true;
        binding.btnInit.setClickable(false);
```

```
            //初始化录音
            AudioR.getInstance().startRecording();
            //开始播放
            AudioP.getInstance().startPlay();
            Toast.makeText(MainActivity.this, "初始化成功", Toast.LENGTH_SHORT).
    show();
        }

        @Override
        public void onRequestPermissionsResult(int requestCode, @NonNull String[]
permissions, @NonNull int[] grantResults) {
            super.onRequestPermissionsResult(requestCode, permissions, grantResults);
            if (requestCode == 0) {
                if (grantResults.length > 0 && grantResults[0] == PackageManager.
    PERMISSION_GRANTED) {
                    Log.e(TAG, "onRequestPermissionsResult: 录音权限被允许");
                } else {
                    Log.e(TAG, "onRequestPermissionsResult: 没有录音权限");
                }
            }
        }

        @Override
        protected void onDestroy() {
            super.onDestroy();
            //停止录音
            AudioR.getInstance().stopRecording();
            //停止播放
            AudioP.getInstance().stopPlay();
        }
    }
```

至此，UI 的相关设计和实现基本完成。

10.2.2 编解码及网络接口封装

结合 10.1.3 节中接口的封装及案例需求。创建 Opus 类，负责加载原生代码库和 native 方法的声明，代码如下：

```
//第 10 章/Opus.java
package com.example.ptt;

import android.util.Log;

import java.nio.ByteBuffer;

public class Opus {
```

```
    private static final String TAG = "Opus";
    static {
        System.loadLibrary("ptt");
    }
    private ByteBuffer mEncodeDirectBuffer;   //编码缓冲区
    private ByteBuffer mDecodeDirectBuffer;   //解码缓冲区

    private IPlayCallback mCallback;          //回调，用于通知播放器播放数据

    /**
     * 初始化方法
     * @param sample_rate  采样率
     * @param channels     通道数
     * @param lsb_depth    量化位数
     */
    public void init(int sample_rate, int channels, int lsb_depth){
        mEncodeDirectBuffer = getEncodeDirectBuffer();
        mDecodeDirectBuffer = getDecodeDirectBuffer();
        opus_init(sample_rate, channels, lsb_depth);
    }

    /**
     * 获取DirectBuffer，用于PCM编码数据的写入，在AudioR中写入数据
     * @return mEncodeDirectBuffer
     */
    public ByteBuffer getmEncodeDirectBuffer() {
        return mEncodeDirectBuffer;
    }

    /**
     * 获取DirectBuffer，用于解码后数据的写入，在AudioP中获取数据
     * @return mDecodeDirectBuffer
     */
    public ByteBuffer getmDecodeDirectBuffer() {
        return mDecodeDirectBuffer;
    }

    /**
     * opus引擎初始化
     * @param sample_rate           采样率
     * @param channels              通道数
     * @param lsb_depth             量化位数
     */
    private  native  void  opus_init(int  sample_rate,  int  channels,  int
lsb_depth);

    /**
```

```
         * 网络初始化
         * @param local_ip                  本机IP
         * @param local_port                本机端口
         * @param remote_ip                 对端IP
         * @param remote_port               对端端口
         */
        public native void init_network(String local_ip, int local_port, String
remote_ip, int remote_port);

        /**
         * 获取编码用缓冲区引用
         * @return DirectBuffer引用
         */
        private native ByteBuffer getEncodeDirectBuffer();

        /**
         * 获取解码用缓冲区引用
         * @return DirectBuffer引用
         */
        private native ByteBuffer getDecodeDirectBuffer();

        /**
         * 编码一帧数据
         */
        public native void opus_encoder();

        /**
         * 给播放数据的类使用
         * @param mCallback   callback
         */
        public void setCallback(IPlayCallback mCallback) {
            this.mCallback = mCallback;
        }

        /**
         * 接收解码后的数据
         */
        public void onPcmCallback(int size){
            if (mCallback != null){
                Log.e(TAG, "onPcmCallback: ");
                mCallback.onPlay(size);
            }
        }

        //单例相关
        private static class SingletonHolder{
            private static final Opus INSTANCE = new Opus();
```

```
    }
    private Opus(){}
    public static Opus getInstance(){
        return Opus.SingletonHolder.INSTANCE;
    }
}
```

其中网络数据在原生代码中解码后会回调 onPcmCallback()方法以通知 Java 层获取解码后的数据。onPcmCallback()函数通过 IPlayCallback()接口通知播放模块播放音频数据，接口的定义，代码如下：

```
//第 10 章/IPlayCallback.java
package com.example.ptt;

import java.nio.ByteBuffer;

/**
 * 解码后的数据回调
 */
public interface IPlayCallback {

    void onPlay(int size);
}
```

Opus 类中 native 方法均在 native-lib.cpp 文件中实现。该文件涉及较多本书重点内容，建议读者重点关注此文件，通过实际案例可加深对知识的理解，native-lib.cpp 文件中的代码如下：

```
//第 10 章/native-lib.cpp
#include <jni.h>
#include <string>
#include <stdlib.h>
#include <arpa/inet.h>
#include <sys/types.h>
#include <errno.h>

#include "include/opus/opus.h"
#include "include/LogUtils.h"
//定义 TAG，以便区分不同文件打印
#define TAG "jni_ptt"
//JNI 全局变量
//全局的 JavaVM 指针
JavaVM *g_JVM;
//全局 Java 类引用
jclass g_class;
//全局 Java 端 Opus 的引用
jobject g_object_opus;
```

```
//缓存回调方法的 id
static jmethodID g_callback_methodID;

//默认参数
//默认采样率(Hz)
int g_sample_rate = 8000;
//默认通道数
int g_channel = 2;
//默认量化位数(bit)
int g_lsb_depth = 16;
//默认帧时长(ms)
int g_duration = 20;
//默认样本数
int g_frame_size = g_sample_rate * g_duration / 1000;

//socket 全局变量，本机做服务器端
//服务器端配置
//服务器端 socket fd，本机做服务器端
int g_s_fd;
//服务器端 socket address
struct sockaddr_in g_s_addr;
//服务器端接收线程 ID
pthread_t g_s_tid;

//客户端配置
//客户端 socket fd
int g_c_fd;
//客户端 socket address
struct sockaddr_in g_c_addr;
//最大包大小
#define MAX_PACKAGE_LENGTH (1024)
//服务器端接收数据缓冲区
unsigned char g_s_rcv_buf[MAX_PACKAGE_LENGTH];

//opus 全局变量
//解码器引擎
OpusDecoder *g_decoder = nullptr;
//编码器引擎
OpusEncoder *g_encoder = nullptr;

//DirectBuffer
//编码后缓冲区
opus_int16 *g_opus_buffer = nullptr;
//解码缓冲区
opus_int16 *g_decoder_buffer = nullptr;
```

```
/**
 * 解码线程
 * @param arg   线程参数
 * @return null
 */
void* s_rcv(void *arg){
    int num = -1;
    int ret = -1;
    //获取 JNIEnv
    JNIEnv *env;
    //将线程附加到 JVM 并获取 env
    if (g_JVM->AttachCurrentThread(&env, nullptr) != JNI_OK){
        LOGE("%s(), AttachCurrentThread failed\n", __func__ );
        return nullptr;
    }

    while (1){
        num = recvfrom(g_s_fd, g_s_rcv_buf, sizeof(g_s_rcv_buf), 0, 0, 0);
        //解码
        ret = opus_decode(g_decoder, g_s_rcv_buf, num, g_decoder_buffer,
g_frame_size, 0);
        //通知 Java 解码播放
        env->CallVoidMethod(g_object_opus, g_callback_methodID, ret *
g_channel * (g_lsb_depth/8));
    }
    //将线程从 JVM 分离
    g_JVM->DetachCurrentThread();

    return nullptr;
}

/**
 * opus 的初始化方法
 * @param env           JNI 指针
 * @param thiz          Java 类对象引用
 * @param sample_rate   采样率
 * @param channels      通道数
 * @param lsb_depth     量化位数
 */
void native_opus_init(JNIEnv* env, jobject thiz, jint sample_rate, jint
channels, jint lsb_depth){
    //重新初始化参数
    g_sample_rate = sample_rate;
    g_channel = channels;
    g_lsb_depth = lsb_depth;
    g_frame_size = g_sample_rate * g_duration / 1000;
```

```
    int err;
    //初始化编码器
    g_encoder = opus_encoder_create(g_sample_rate, g_channel,
OPUS_APPLICATION_VOIP, &err);
    if (err != OPUS_OK || g_encoder == NULL){
        LOGE("%s(), opus encoder create error\n", __func__ );
        return ;
    }
    //参数设置
    //固定码率
    opus_encoder_ctl(g_encoder, OPUS_SET_VBR(0));
    //设置码率
    opus_encoder_ctl(g_encoder, OPUS_SET_BITRATE(96000));
    //设置算法复杂度
    opus_encoder_ctl(g_encoder, OPUS_SET_COMPLEXITY(8));
    //仅传输音频
    opus_encoder_ctl(g_encoder, OPUS_SET_SIGNAL(OPUS_SIGNAL_VOICE));
    //量化位数
    opus_encoder_ctl(g_encoder, OPUS_SET_LSB_DEPTH(g_lsb_depth));
    //不使用 DTX，不连续传输(DTX 会降低编码器的功耗和网络带宽占用)
    opus_encoder_ctl(g_encoder, OPUS_SET_DTX(0));
    //不使用前向纠错
    opus_encoder_ctl(g_encoder, OPUS_SET_INBAND_FEC(0));
    LOGE("%s(),  opus_encoder_create success", __func__ );

    //初始化解码器
    g_decoder = opus_decoder_create(g_sample_rate, g_channel, &err);
    if (err != OPUS_OK || g_decoder == NULL){
        LOGE("%s(), opus decoder create error\n", __func__ );
        return ;
    }
    //参数设置
    //量化位数
    opus_decoder_ctl(g_decoder, OPUS_SET_LSB_DEPTH(g_lsb_depth));
    LOGE("%s(), opus_decoder_create success", __func__ );
}

/**
 * 获取编码使用的 DirectBuffer
 * @param env
 * @param thiz
 * @return
 */
jobject native_getEncoderDirectBuffer(JNIEnv* env, jobject thiz){
    return env->NewDirectByteBuffer(g_opus_buffer, MAX_PACKAGE_LENGTH);
}
```

```
    /**
     * 获取解码使用的 DirectBuffer
     * @param env
     * @param thiz
     * @return
     */
    jobject native_getDecoderDirectBuffor(JNIEnv* env, jobject thiz){
        return env->NewDirectByteBuffer(g_decoder_buffer, MAX_PACKAGE_LENGTH);
    }

    /**
     * 编码
     * @param env                  JNI 指针
     * @param thiz                 Java 类对象引用
     * @return void
     */
    void native_opus_encoder(JNIEnv* env, jobject thiz){
        unsigned char opus_buffer[MAX_PACKAGE_LENGTH];
        LOGE("%s(),   g_frame_size: %d    g_opus_buffer = %p  g_encoder = %p\n",
    __func__ , g_frame_size, g_opus_buffer, g_encoder);
        //编码
        int  data_length  =  opus_encode(g_encoder,g_opus_buffer,  g_frame_size,
opus_buffer, MAX_PACKAGE_LENGTH);
        //发送到对端
        sendto(g_c_fd, opus_buffer, data_length, 0, (struct sockaddr *)&g_c_addr,
sizeof(g_c_addr));
        LOGE("%s(), send to client ", __func__ );
    }

    /**
     * 初始化网络
     * @param env                  JNI 指针
     * @param thiz                 Java 引用
     * @param local_ip             本地 IP，用于创建监听
     * @param local_port           本地 port，用于创建监听
     * @param remote_ip            对端 IP，用于发送
     * @param remote_port          对端 port，用于发送
     */
    void native_init_network(JNIEnv* env, jobject thiz, jstring local_ip, jint
local_port, jstring remote_ip, jint remote_port){

        //创建全局引用，用于回调 Java 方法
        g_object_opus = env->NewGlobalRef(thiz);
        //创建 UDP 服务器端，用于接收音频数据
        g_s_fd= socket(PF_INET, SOCK_DGRAM, 0);
        if (g_s_fd == -1){
            LOGE("%s(), socket create failed: %s\n", __func__, strerror(errno));
```

```
        return ;
    }
    const char *clocalip = env->GetStringUTFChars(local_ip, 0);
    g_s_addr.sin_family = AF_INET;
    g_s_addr.sin_port = htons(local_port);
    inet_pton(AF_INET, clocalip, &g_s_addr.sin_addr.s_addr);
    int ret = bind(g_s_fd, (struct sockaddr*)&g_s_addr, sizeof(g_s_addr));
    if (ret < 0){
        env->ReleaseStringUTFChars(local_ip, clocalip);
        LOGE("%s(), bind error: %s\n", __func__ , strerror(errno));
        return ;
    }
    //创建接收线程
    pthread_create(&g_s_tid, NULL, s_rcv, NULL);
    //分离线程
    pthread_detach(g_s_tid);

    //客户端socket初始化
    g_c_fd = socket(AF_INET, SOCK_DGRAM, 0);
    if (g_c_fd == -1){
        LOGE("%s(), socket create failed: %s\n", __func__, strerror(errno));
        return ;
    }
    const char *cremoteip = env->GetStringUTFChars(remote_ip, 0);
    g_c_addr.sin_family = AF_INET;
    g_c_addr.sin_port = htons(remote_port);
    inet_pton(AF_INET, cremoteip, &g_c_addr.sin_addr.s_addr);
    env->ReleaseStringUTFChars(local_ip, clocalip);
    env->ReleaseStringUTFChars(remote_ip, cremoteip);
}


//本地方法数组，用于函数的动态注册
static const JNINativeMethod methods[] = {
        {"opus_init", "(III)V", (void *)(native_opus_init)},
        {"getEncodeDirectBuffer", "()Ljava/nio/ByteBuffer;", (void *)
(native_getEncoderDirectBuffer)},
        {"getDecodeDirectBuffer", "()Ljava/nio/ByteBuffer;", (void *)
(native_getDecoderDirectBuffer)},
        {"opus_encoder", "()V", (void*)(native_opus_encoder)},
        {"init_network",      "(Ljava/lang/String;ILjava/lang/String;I)V",
(void*)(native_init_network)},
};

/**
 * 库加载时调用的第1种方法
```

```
     * @param vm
     * @param reserved
     * @return
     */
    JNIEXPORT jint JNI_OnLoad(JavaVM* vm, void* reserved){
        //定义本地变量 env
        JNIEnv *env;
        g_JVM = vm;
        if (vm->GetEnv((void**)&env, JNI_VERSION_1_6) != JNI_OK){
            //获取 env 失败
            return JNI_ERR;
        }

        //查找类，并保存为全局。FindClass 方法获取的类的引用在调用它的那个 JNI 本地线程中有效
        jclass clazz = env->FindClass("com/example/ptt/Opus");
        if (NULL == clazz){
            //查找类失败
            return JNI_ERR;
        }
        //创建全局引用
        g_class = static_cast<jclass>(env->NewGlobalRef(clazz));
        g_callback_methodID = env->GetMethodID(clazz, "onPcmCallback", "(I)V");
        //动态注册 JNI 方法
        int rc = env->RegisterNatives(clazz, methods, sizeof(methods)/
sizeof(JNINativeMethod));
        if (rc != JNI_OK) return rc;

        //申请缓冲区空间
        g_opus_buffer = (opus_int16 *)malloc(MAX_PACKAGE_LENGTH);
        g_decoder_buffer = (opus_int16 *)malloc(MAX_PACKAGE_LENGTH);
        //返回 JNI 版本
        return JNI_VERSION_1_6;
    }
```

10.2.3　录音功能实现

录音功能通过Android标准API AudioRecord实现。应用程序启动时先初始化录音参数，然后启动录音功能并将状态切换为 INIT。当按钮被按下时，将状态切换为 START，并通过AudioRecord读取音频数据，调用 opus 中的 opus_encoder 类编码发送。当按钮被松开时，将状态切换为 PAUSE，并停止音频数据的读取。

根据以上逻辑，实现录音功能类，代码如下：

```
//第 10 章/AudioR.java
package com.example.ptt;
```

```
import android.annotation.SuppressLint;
import android.media.AudioRecord;
import android.media.MediaRecorder;

import java.nio.ByteBuffer;

/**
 * 录音
 */
public class AudioR {
    private static final String TAG = "Audio";
    private AudioRecord mRecorder = null;    //录音
    private boolean isRecording = false;     //录音标志
    private ByteBuffer pcmBuffer = null;     //PCM 缓冲区
    //录音状态
    private static final int INIT = 0;
    private static final int START = 1;
    private static final int PAUSE = 2;
    private static final int STOP = 3;
    volatile private int status = INIT;

    @SuppressLint("MissingPermission")
    //启动录音，创建 AudioRecord 并获取缓冲区
    public synchronized void startRecording() {
        if (null == mRecorder) {
            //获取原生代码中申请的编码缓冲区
            pcmBuffer = Opus.getInstance().getmEncodeDirectBuffer();
            //计算缓冲区大小
            Utils.mBufferSize = AudioRecord.getMinBufferSize
(Utils.mSampleRate, Utils.mChannels, Utils.mLsbDepth);
            //创建 AudioRecord
            mRecorder = new AudioRecord(MediaRecorder.AudioSource.MIC,
                    Utils.mSampleRate,
                    Utils.mChannels,
                    Utils.mLsbDepth,
                    Utils.mBufferSize
            );
        }
        if (status == INIT){
            //开始录音
            mRecorder.startRecording();
            isRecording = true;
            //获取录音数据
            //PCM 处理线程
            Thread recordingThread = new Thread(this::pcmDataProcess, "Ptt
AudioRecorder Thread");
            recordingThread.start();
```

```
        }
    }

    /**
     * 录音数据处理
     */
    private void pcmDataProcess(){
        int length = (Utils.mSampleRate * 20)/1000 * 2 * 2;
        byte[] bytes = new byte[length];
        while (isRecording){
            //仅状态为 START 时读取数据，执行编码逻辑
            if (status == START) {
                //读取 PCM 数据
                mRecorder.read(pcmBuffer, length);
                //重置数据起始位
                pcmBuffer.position(0);
                //通知编码发送
                Opus.getInstance().opus_encoder();
            }
        }
    }

    /**
     * 暂停录音
     */
    public void pauseRecording(){
        if (isRecording) {
            status = PAUSE;
        }
    }

    /**
     * 继续录音
     */
    public void resumeRecording(){
        if (isRecording) {
            status = START;
        }
    }

    /**
     * 停止录音，释放资源
     */
    public void stopRecording(){
        if (isRecording && mRecorder != null) {
            mRecorder.stop();
        }
```

```
        isRecording = false;
        status = STOP;
        mRecorder = null;
    }

    //单例相关

    private static class SingletonHolder{
        private static final AudioR INSTANCE = new AudioR();
    }
    private AudioR(){}
    public static AudioR getInstance(){
        return SingletonHolder.INSTANCE;
    }
}
```

10.2.4 播放功能实现

播放功能通过Android标准API AudioTrack实现。相对于录音，播放不需要和用户交互，故而播放在应用程序启动时就直接启动，实现播放功能，代码如下：

```
//第10章/AudioP.java
package com.example.ptt;

import android.media.AudioManager;
import android.media.AudioTrack;

import java.nio.ByteBuffer;

public class AudioP implements IPlayCallback{
    private AudioTrack mAudioTrack = null;  //播放API
    private boolean isPlaying = false;      //播放状态
    private ByteBuffer mDirectBuffer;       //解码缓冲区

    /**
     * 开始播放
     */
    public synchronized void startPlay(){
        if (null == mAudioTrack){
            //创建AudioTrack，用于PCM的播放
            mAudioTrack = new AudioTrack(AudioManager.STREAM_MUSIC,
                    Utils.mSampleRate,
                    Utils.mChannels,
                    Utils.mLsbDepth,
                    Utils.mBufferSize,
                    AudioTrack.MODE_STREAM);
```

```
            //获取原生代码中申请的解码缓冲区
            mDirectBuffer = Opus.getInstance().getmDecodeDirectBuffer();
        }
        //设置数据回调，当原生代码调用 opus 中的 onPcmCallback 方法时，调用该回调方法，
        //以便及时获取解码后的音频数据
        Opus.getInstance().setCallback(this);
        //开始播放
        mAudioTrack.play();
        isPlaying = true;
    }

    /**
     * 接收到解码后的 PCM 数据
     * @param size 实际数据长度
     */
    @Override
    public void onPlay(int size) {
        if (null == mAudioTrack || size == 0 || !isPlaying){
            return ;
        }
        //重置数据起始位
        mDirectBuffer.position(0);
        //播放解码后的 PCM
        mAudioTrack.write(mDirectBuffer, size, AudioTrack.WRITE_BLOCKING);
    }
    /**
     * 停止播放
     */
    public synchronized void stopPlay(){
        if (null != mAudioTrack){
            mAudioTrack.stop();
        }
        isPlaying = false;
        mAudioTrack = null;
    }

    //单例相关
    private static class SingletonHolder{
        private static final AudioP INSTANCE = new AudioP();
    }
    private AudioP(){}
    public static AudioP getInstance(){
        return AudioP.SingletonHolder.INSTANCE;
    }
}
```

以上便是案例的所有核心源代码。读者可按照提供的代码实现一个局域网对讲功能的应

用。使用时将两部手机连接到同一局域网中，打开应用程序。可以在 UI 界面中看到本机的 IP 地址。分别在两部手机中输入对端的 IP 地址，并按下 INIT 按钮。当看到初始化成功的提示时即可通过按下按钮讲话。

注意： 章节中展示的仅为核心代码，非工程全部代码。工程的全部代码可扫描目录上方二维码下载。

10.3 本章小结

本章通过构建一个局域网对讲功能的案例，有效地将书中涉及的关键知识点进行了整合和应用。这些知识点包括但不限于函数签名的理解、开源库的封装与集成技巧、线程管理及其在 Java 方法调用中的应用、全局属性（如全局对象引用、JavaVM 等）的获取与使用方法、函数的动态注册机制，以及 DirectBuffer 的高效数据缓冲使用等。

通过这一实战案例，读者不仅能够深入地理解这些基础理论知识，还能在实际开发中加以应用，从而加深对它们的认识和理解。这种将理论知识与实践操作相结合的学习方式，有助于提升读者的编程能力和解决问题的能力，为未来的开发工作打下坚实的基础。

第 11 章 NDK 开发调试

无论是哪种类型的开发工作，出错都在所难免，而调试对于找出和解决问题至关重要。本章将带领读者了解如何使用 Android Studio 调试原生代码、常见的崩溃原因及如何快速定位崩溃点的相关知识。

11.1 使用 Android Studio 调试 Native 代码

11.1.1 启用调试功能

使用 build 配置中包含的 debuggable true（Kotlin 脚本中 isDebuggable = true）的 build 变体。

通常，可以选择每个 Android Studio 项目中都包含的默认 Debug 变体（使它在 build.gradle 文件中不可见）。不过，如果想将新 build 类型定义为可调试，则必须将 debuggable true 添加到该 build 类型中。

使用 build.gradle 为自定义构建变体启用 Debug 功能，代码如下：

```
android {
    buildTypes {
        customDebugType {
            debuggable true
            ...
        }
    }
}
```

新版本的 Android Studio 使用 Kotlin 作为 Android 的默认构建脚本。

使用 build.gradle.kts 为自定义构建变体启用 Debug 功能，代码如下：

```
android {
    buildTypes {
        create("customDebugType") {
            isDebuggable = true
            ...
```

```
        }
    }
}
```

通常，在没有自定义构建变体的场景时可忽略该配置。

11.1.2 开始调试

1. 调试的基本步骤

以最常用的行断点为例。在开始调试之前，首先创建一个新的 Native 工程。在 native-lib.cpp 方法中添加会发生异常的代码逻辑，代码如下：

```
extern "C" JNIEXPORT jstring JNICALL
Java_com_example_ndk_1debug_MainActivity_stringFromJNI(
        JNIEnv* env,
        jobject /* this */) {
    std::string hello = "Hello from C++";

    int a = 10;
    int b = 0;
    int c = a  + 1;
    int d = c + 1;
    int e = a / b;     //这里是一个崩溃点

    return env->NewStringUTF(hello.c_str());
}
```

连接好设备或模拟器，使用鼠标左键单击代码行左侧，添加一个行断点并开始调试，如图 11-1 所示。

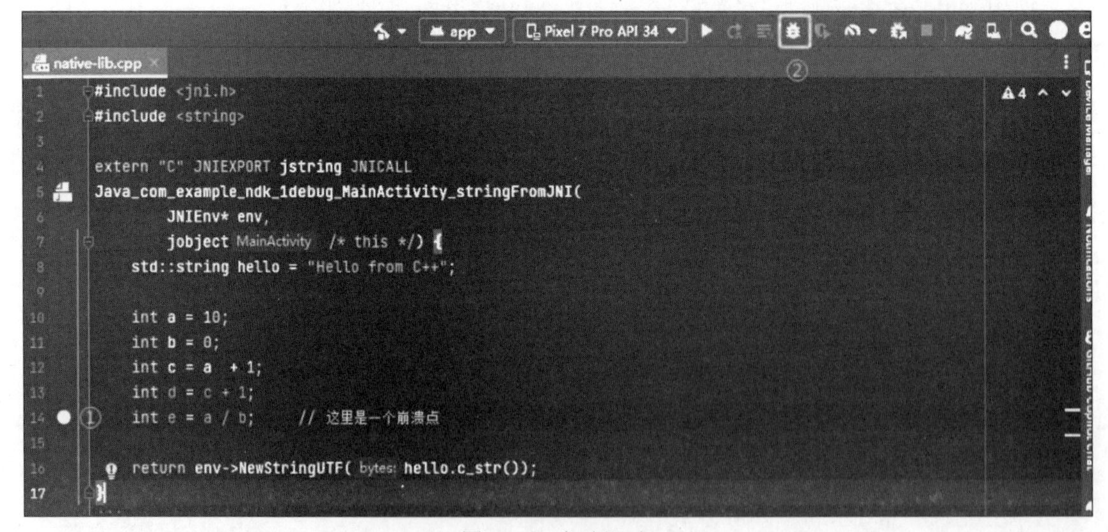

图 11-1　启动调试

标记示意：

① 添加一个行断点

② 开始调试

当程序运行到断点处时，将在断点处阻塞并调出 Debug 窗口，以便开发者更好地观察断点处程序运行的情况，Debug 窗口如图 11-2 所示。

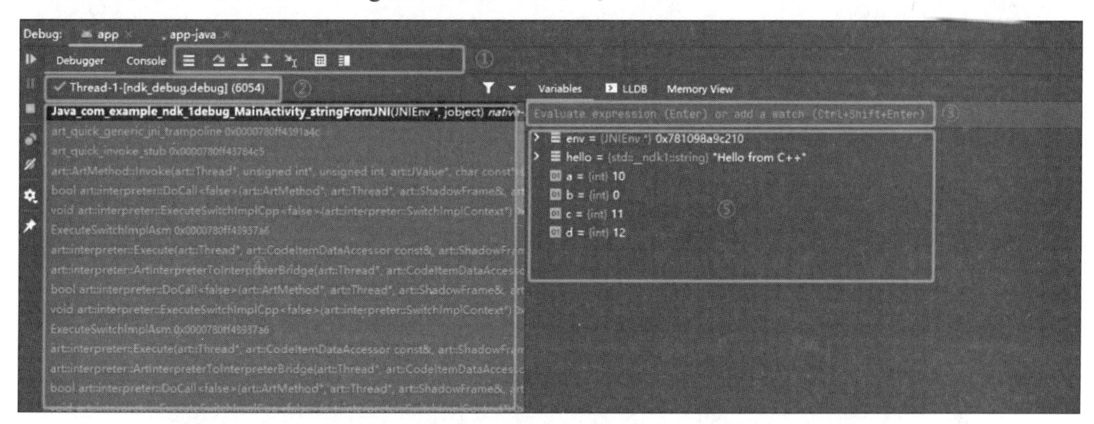

图 11-2　Debug 窗口

标记示意：

① 执行和导航工具栏

② 线程选择器

③ 求值和监视表达式条目

④ 堆栈显示

⑤ 变量窗口

以上粗略地介绍了如何使用 Android Studio 调试应用程序，接下来将详细讲解 Android Debug 应用程序的相关知识。

2. 使用断点

首先需要了解 Android Studio 支持哪些断点。这些断点类型适应不同的场景，可触发不同的调试操作。断点主要有以下几种类型。

1）行断点

最常见的类型是行断点，用于在指定的代码行暂停应用的执行。暂停时，开发者可以检查变量，对表达式求值，然后继续逐行执行，以确定运行时出现错误的原因。行断点在 Android Studio 中用一个红色的实心圆点表示，使用时只需在需要调试的行前单击鼠标左键便可完成行断点的插入。适用于单步、指定某一行的调试场景，行断点的插入如图 11-3 所示。

2）方法断点

方法断点会在进入或退出特定方法时暂停应用的执行（原生代码不支持方法断点）。方法断点在 Android Studio 中使用红色实心菱形表示，在需要调试的方法行前单击即可完成方

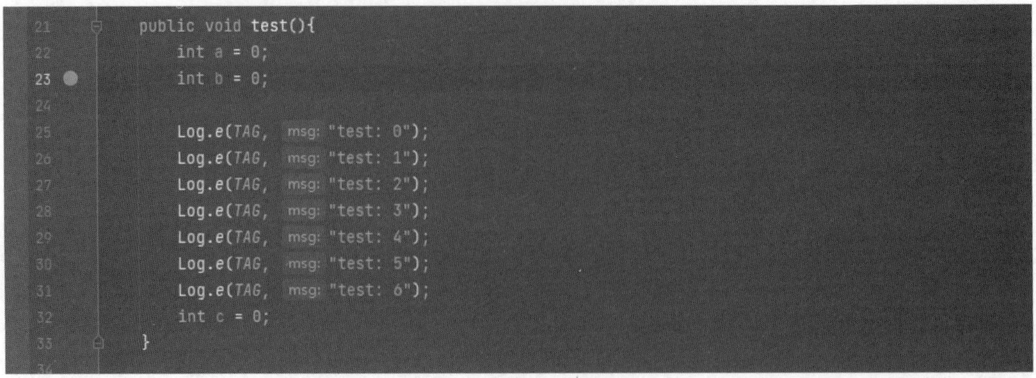

```
21  public void test(){
22      int a = 0;
23      int b = 0;
24
25      Log.e(TAG,  msg: "test: 0");
26      Log.e(TAG,  msg: "test: 1");
27      Log.e(TAG,  msg: "test: 2");
28      Log.e(TAG,  msg: "test: 3");
29      Log.e(TAG,  msg: "test: 4");
30      Log.e(TAG,  msg: "test: 5");
31      Log.e(TAG,  msg: "test: 6");
32      int c = 0;
33  }
34
```

图 11-3　行断点的插入

法断点的插入。适用于只关心方法的运行结果、多个继承子类（在接口或基类方法上设置方法断点）的场景，方法断点的插入如图 11-4 所示。

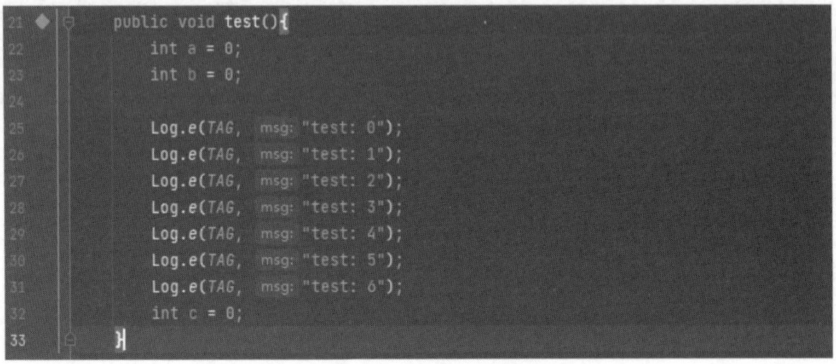

```
21  public void test(){
22      int a = 0;
23      int b = 0;
24
25      Log.e(TAG,  msg: "test: 0");
26      Log.e(TAG,  msg: "test: 1");
27      Log.e(TAG,  msg: "test: 2");
28      Log.e(TAG,  msg: "test: 3");
29      Log.e(TAG,  msg: "test: 4");
30      Log.e(TAG,  msg: "test: 5");
31      Log.e(TAG,  msg: "test: 6");
32      int c = 0;
33  }
```

图 11-4　方法断点的插入

3）字段断点

字段断点会在对特定字段执行读取或写入操作时暂停应用的执行（原生代码不支持字段断点）。字段断点在 Android Studio 中使用红色实心小眼睛表示，在需要调试的字段行前单击鼠标左键即可完成字段断点的插入。适用于监听字段的访问和修改场景，字段断点的插入如图 11-5 所示。

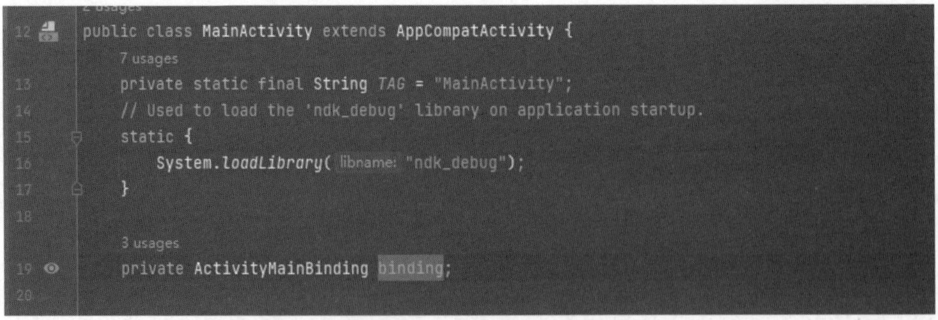

```
    2 usages
12  public class MainActivity extends AppCompatActivity {
        7 usages
13      private static final String TAG = "MainActivity";
14      // Used to load the 'ndk_debug' library on application startup.
15      static {
16          System.loadLibrary( libname: "ndk_debug");
17      }
18
        3 usages
19      private ActivityMainBinding binding;
20
```

图 11-5　字段断点的插入

4）异常断点

在抛出异常时，异常断点会暂停应用的执行，同时支持 Java/Kotlin 及原生代码。异常断点在 Android Studio 中使用红色实心闪电符号表示。异常断点属于全局性的断点，并不需要在特定某一行或某种方法中手动插入断点，而是在整个应用程序中添加一个全局的异常断点。适用于应用程序异常时的快速定位。插入异常断点需要打开 View Breakpoints 窗口，如图 11-6 所示。

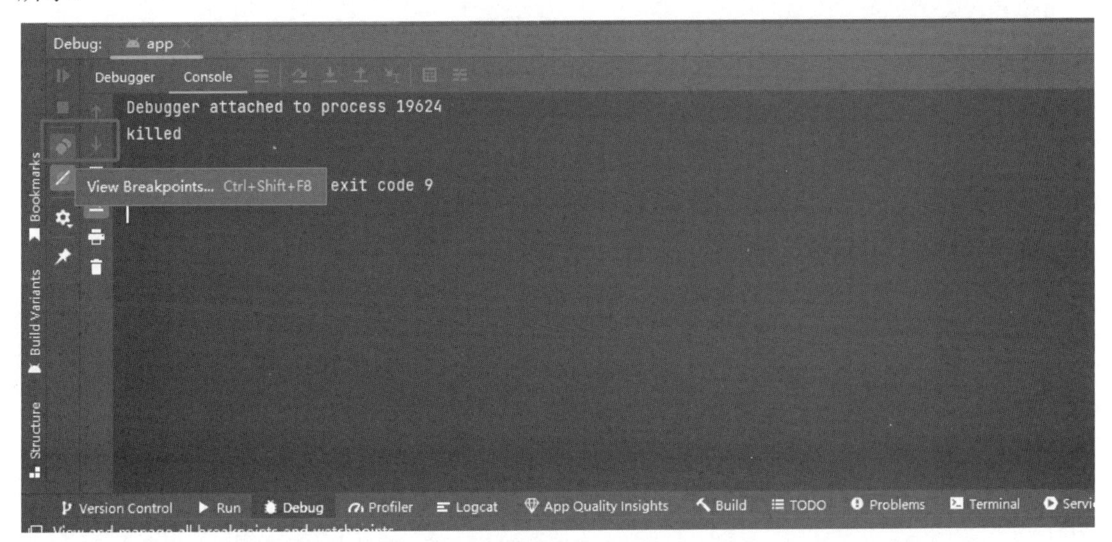

图 11-6　Breakpoints

Breakpoints 窗口默认显示已经添加的断点。勾选 Java Exception Breakpoints 复选框，单击右下角 Done 按钮即可完成 Java 异常的监听，如图 11-7 所示。

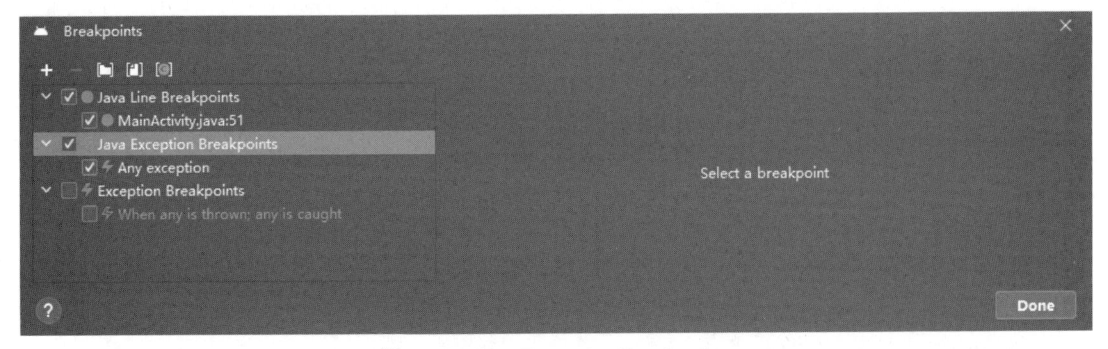

图 11-7　Java Exception Breakpoints

此时，在 Java 代码中添加一个会出现异常的方法。注意，不需要显式地在方法中插入任何断点，如图 11-8 所示。

启动调试，当应用程序执行到该方法时会自动被挂起，并出现异常断点的标识，如图 11-9 所示。

```java
    1 usage
54  public void nullPointer() {
55      String str = null;
56      str.length();
57  }
```

图 11-8　空指针异常方法

```java
    1 usage
54  public void nullPointer() {
55      String str = null;   str: null
56      str.length();   str: null
57  }
58
```

图 11-9　异常中断

同理，Exception Breakpoints 作为更为广泛的异常断点类型，在需要定位 native 异常时可在 Breakpoints 中复选 Exception Breakpoints 复选框，如图 11-10 所示。

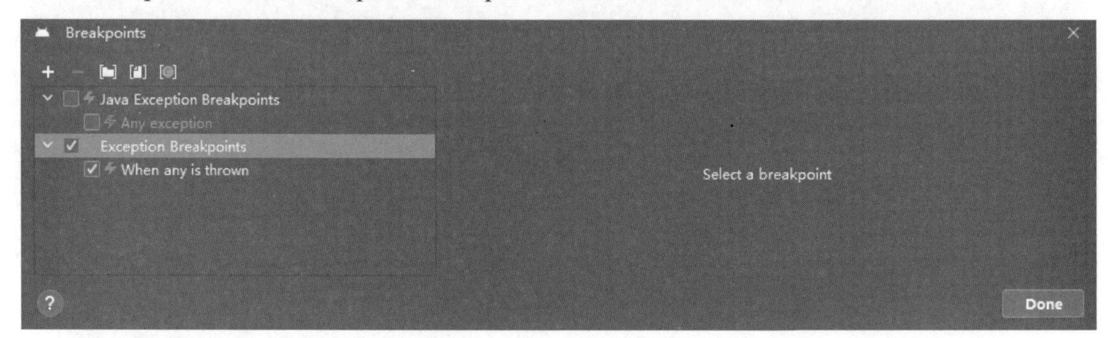

图 11-10　Exception Breakpoints

此时，在 native-lib.cpp 文件中添加一个会出现异常的方法。注意，同样不需要显式地在方法中插入任何断点，如图 11-11 所示。

```cpp
11  extern "C" JNIEXPORT jstring JNICALL
12  Java_com_example_ndk_1debug_MainActivity_stringFromJNI(
13          JNIEnv* env,
14          jobject MainActivity /* this */) {
15      std::string hello = "Hello from C++";
16      func();
17      int a = 10;
18      int b = 0;
19      int c = a  + 1;
20      int d = c + 1;
21      int e = a / b;     // 这里是一个崩溃点
22
23      return env->NewStringUTF( bytes: hello.c_str());
24  }
```

图 11-11　原生异常代码

启动调试，当应用程序执行到该方法时会自动被挂起，并出现异常断点的标识，如图 11-12 所示。

```
11  extern "C" JNIEXPORT jstring JNICALL
12  Java_com_example_ndk_1debug_MainActivity_stringFromJNI(
13          JNIEnv* env,   env: 0x781098a9c210
14          jobject MainActivity /* this */) {
15      std::string hello = "Hello from C++";   hello: "Hello from C++"
16      func();
17      int a = 10;   a: 10
18      int b = 0;   b: 0
19      int c = a  + 1;   c: 11
20      int d = c + 1;   d: 12    c: 11
21      int e = a / b;      // 这里是一个崩溃点   b: 0    a: 10
22
23      return env->NewStringUTF( bytes: hello.c_str());
24  }
```

图 11-12　原生异常断点

3. 管理断点

1）删除断点

- 对于非异常断点：单击边缘处的断点即可删除。
- 对于所有断点：打开 Breakpoints 窗口，选择断点，然后单击删除，如图 10-13 所示。

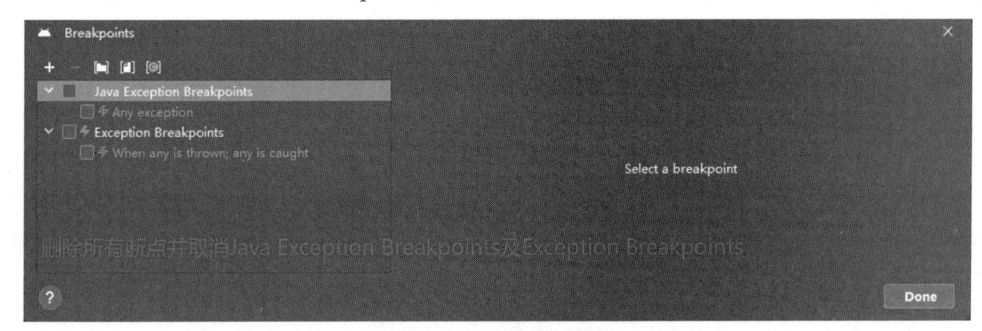

图 11-13　删除所有断点

2）静音断点

如果暂时不需要在断点处停止，则可以将其静音。这样，无须离开调试器会话即可恢复正常的程序操作。之后，可以取消静音断点并继续调试，如图 11-14 所示。

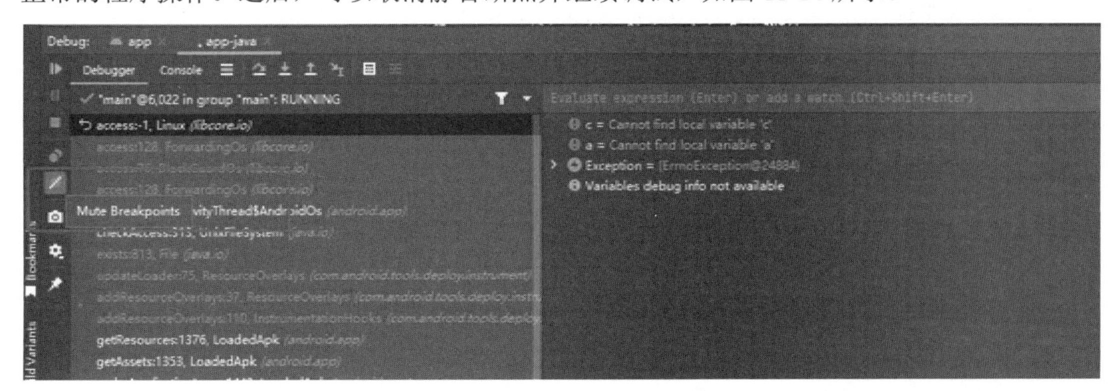

图 11-14　静音断点

3）启用/禁用断点

删除断点后，其内部配置将丢失。如果要暂时关闭单个断点而不丢失其参数，则可以将其禁用。

- 对于非异常断点：右击它并根据需要设置启用选项。如果没有为其分配删除断点，则可以使用鼠标中键切换它们，右键选项如图 11-15 所示。

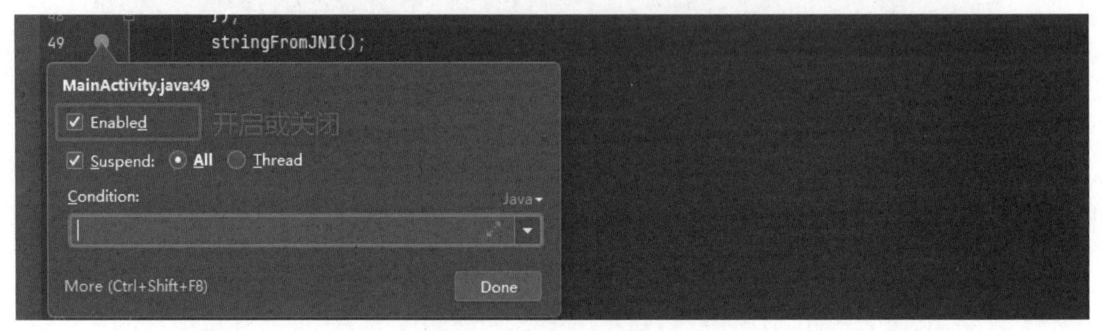

图 11-15　启用/禁用断点

- 对于所有断点：打开 Breakpoints 窗口，然后选中/取消选中列表中的断点，如图 11-16 所示。

图 11-16　所有断点管理

4）断点配置

- Suspend：除 Exception Breakpoints 断点外，所有断点均支持挂起选项配置。通常包括两种配置，见表 11-1。

表 11-1　Suspend 选项

选　　项	描　　述
All	当任何一个线程遇到断点时，所有线程都会被暂停
Thread	只有遇到断点的线程才会被暂停

- Condition：此选项用于指定每次遇到断点时检查的条件。如果条件计算结果为 true，则执行所选操作，否则将忽略断点。Condition 断点的设置如图 11-17 所示。

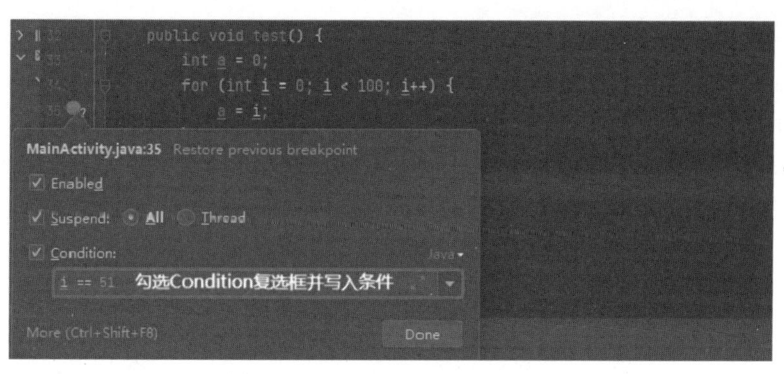

图 11-17　Condition 断点的设置

- Log：当遇到断点时，可选择 3 种日志内容记录断点处的日志信息，见表 11-2。

表 11-2　Log 记录

Log	描　述
Breakpoint hitmessage	类似的日志消息 Breakpoint reached at ocean.Whale.main(Whale.java:5)
Stack trace	前帧的堆栈跟踪。如果想在不中断程序执行的情况下检查哪些路径通向此点，则将非常有用
Evaluate and log	计算并记录表达式的结果，表达式的结果取自 return 语句。当没有 return 时结果取自最后一行代码，该代码不必是表达式，也可以是文字

- Remove once hit：指定断点被命中一次后是否应从项目中删除。
- Disable until hitting the following breakpoint：在 Disable until hitting the following breakpoint 下拉列表中选择一个断点后，它将充当当前断点的触发器。这会禁用当前断点，直到命中指定的断点。断点的配置方式如图 11-18 所示。

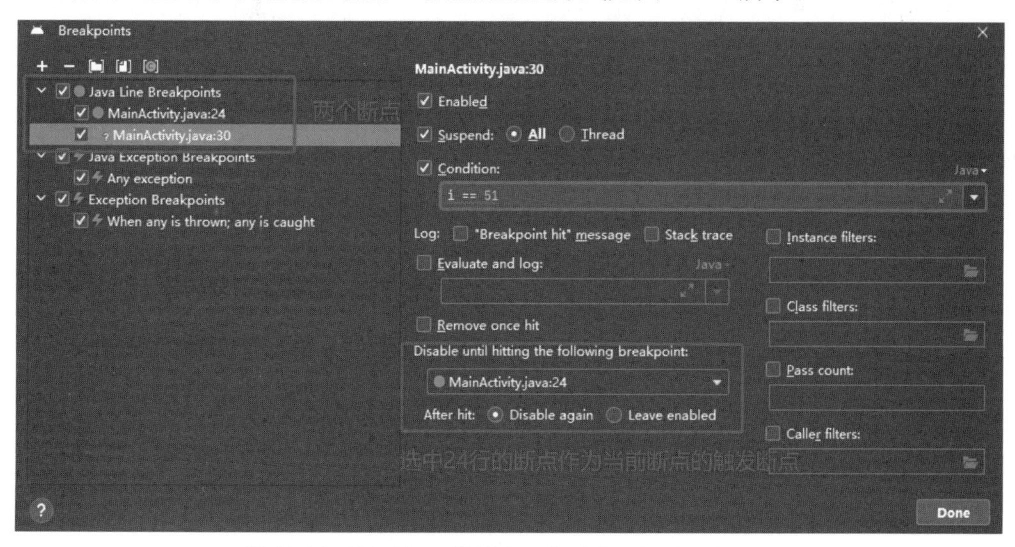

图 11-18　Disable until hitting the following breakpoint

还可以选择在发生这种情况后是否再次禁用它或保持其启用状态。当只需在某些条件下或某些操作后暂停程序时，此选项很有用。在这种情况下，触发断点通常不需要停止程序的执行，并且不会暂停。

- Filters：调试器能够通过过滤类、实例和调用者方法来微调断点操作，并仅在需要时暂停程序。Android Studio 支持的过滤器见表 11-3。

表 11-3 Filters

Filters	描 述
Instance filters	实例过滤器，将断点操作限制到特定的对象实例。这种类型的过滤器仅在非静态上下文中有效
Class filters	将断点操作限制在特定的类别中
Caller filters	根据当前方法的调用者限制断点操作。选择是否仅当从某种方法调用（或不调用）当前方法时才需要在断点处停止
Catch class filters	捕获类过滤器，允许开发者仅在指定类中捕获异常时暂停程序，仅适用于异常断点

- Pass count：指定断点仅在被触发一定次数后才有效。这对于涉及在长时间运行的循环中暂停应用程序或有选择地记录频繁事件的调试方案非常有用。一旦计数完成，它就会重置并重新开始。这意味着如果将 Pass count 设置为 10，则断点每被触发 10 次就会起作用。

如果同时设置了 Pass count 和 Condition，则 IDE 会首先满足条件，然后检查 Pass count。

注意：当设置了 Pass count 时，实例和类过滤器将不可用。

- Field access/modification：仅适用于字段断点的访问和修改配置。字段断点选项见表 11-4。

表 11-4 Field

选 项	描 述
Field access	选择在读取字段时使观察点工作
Field modification	选择在写入字段时使观察点工作

- Method entry/exit：仅适用于方法断点的进入和退出配置。方法断点选项见表 11-5。

表 11-5 Method

选 项	描 述
Method entry	选择使断点在进入方法或其子类方法时起作用
Method exit	选择使断点在退出方法或其子类方法时起作用

- Caught/uncaught exception：仅适用于异常断点捕获异常的配置。异常断点选项见表 11-6。

表 11-6　Exception

选　项	描　述
Caught exception	选择在捕获到指定异常时使断点起作用
Uncaught exception	选择在未捕获指定异常时使断点工作。这允许开发者检查程序状态并在程序或线程因未处理的异常而崩溃之前检测原因

4. 断点状态

断点在不同配置及运行场景下有不同的状态，断点不同状态的详细描述见表 11-7。

表 11-7　断点状态

状　态	描　述
已验证	启动调试器会话后，调试器会检查在断点处暂停程序是否在技术上可行。如果可以，则调试器会将该断点标记为已验证
警告	如果从技术上来讲可以在断点处暂停程序，但存在相关问题，则调试器会将断点状态设置为警告，例如，当无法在某种方法的实现处暂停程序时，可能会发生这种情况
无效的	如果从技术上来讲无法在断点处暂停程序，则调试器会将其标记为无效。这种情况经常发生，因为该行上没有可执行代码
不活跃/依赖	如果断点被配置为禁用直到遇到另一个断点，而这尚未发生，则该断点将被标记为不活动/依赖
静音	由于已被静音，所以所有断点均暂时处于非活动状态
已禁用	由于已被禁用，所以此断点暂时处于非活动状态
非暂停	为此断点设置了暂停策略，因此当触发时它不会暂停执行

5. 断点图标

不同类型和状态的断点在 IDE 中对应不同的图标。对应的断点图标见表 11-8。

表 11-8　断点图标

	行断点	方法断点	字段断点	异常断点
正常情况	●（红色）	◆（红色）	（红色）	（红色）
已禁用	○（红色）	◇（红色）	（红色）	（红色）
已验证	（红色）	（红色）	（红色）	
静音	●（灰色）	◆（灰色）	（灰色）	
不活跃/依赖	（红色）	（红色）	（红色）	
静音不活跃/依赖	（灰色）	（灰色）	（灰色）	
静音已禁用	○（灰色）	◇（灰色）	（灰色）	
非暂停	●（黄色）	◆（黄色）	（黄色）	

续表

	行断点	方法断点	字段断点	异常断点
已验证未暂停	（黄色）	（黄色）	（黄色）	
无效的	（灰色）			

6. 执行和导航工具栏

当应用程序执行到断点处被挂起时，可使用执行和导航工具栏中的工具进行调试。IDE主要提供了3种工具，用于单步调试，如图11-19所示。

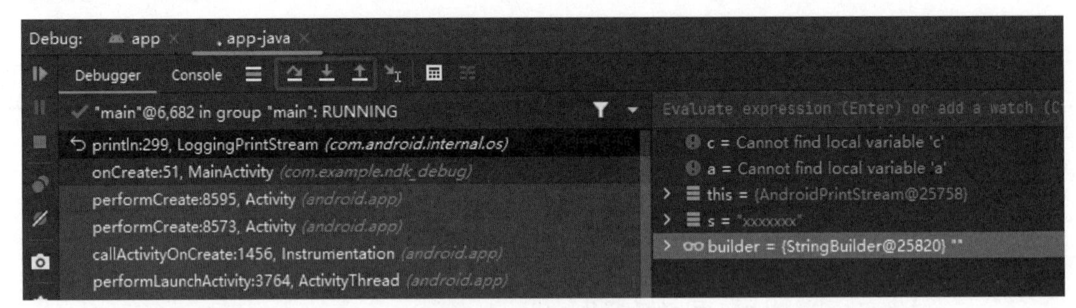

图11-19 单步调试工具

- Step over：跳过当前代码的执行并转到下一行，方法的实现也会被跳过。如果被跳过的代码中存在断点，则会停在这些断点处。
- Step into：进入当前调试行的方法中（如果是方法），当不确定当前方法是否执行正确时使用。
- Step out：退出当前方法并回到调用者处。当需要退出当前方法调试时使用。

7. 检查变量

系统将应用停止在某个断点处后，开发者可以在Debug窗口的Variables窗格中检查变量。此外，还可以在Variables窗格中使用选定帧内提供的静态方法和/或变量对临时表达式求值。

在调试过程中可通过添加观察点来监听变量值的变化。IDE支持选中变量后右击直接添加观察点及在Debug窗口中添加观察点两种方式。

（1）右击添加变量观察点，支持普通变量及表达式，如图11-20所示。

（2）Debug窗口添加观察点，与右击添加观察点不同的是，Debug窗口支持自定义表达式，如图11-21所示。

标记示意：

① 添加一个表达式/变量；

② 添加一个观察点。

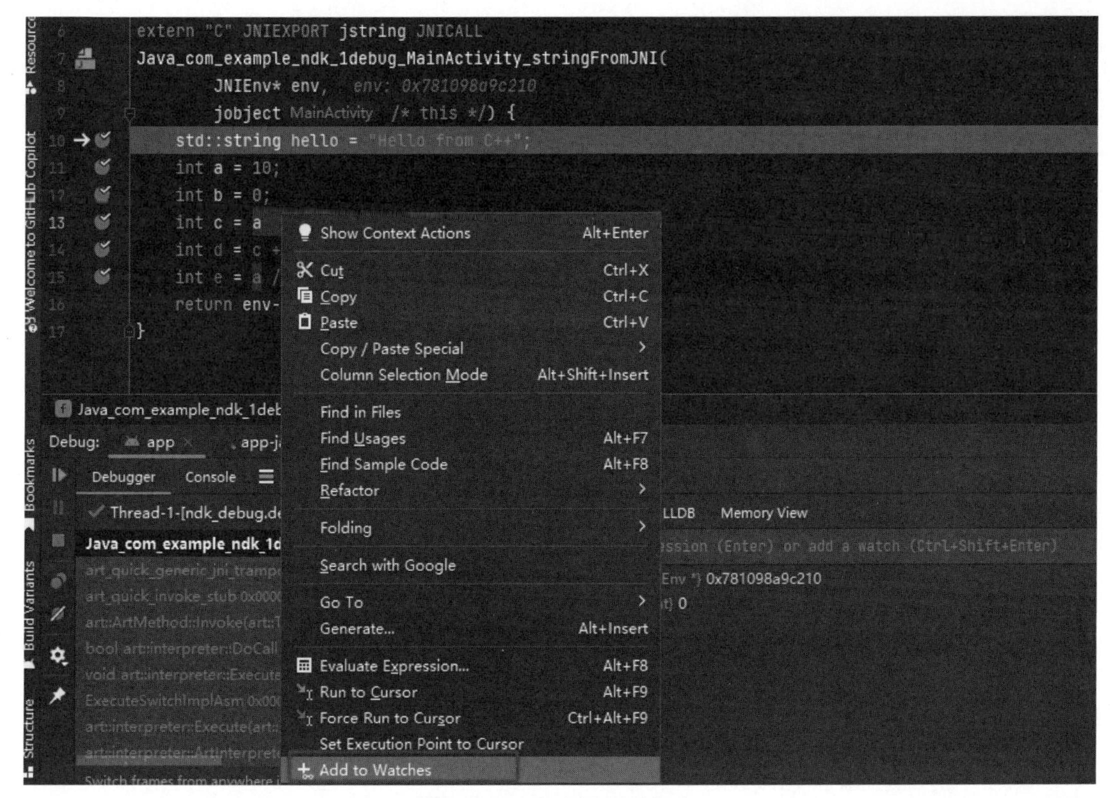

图 11-20　右击添加观察点

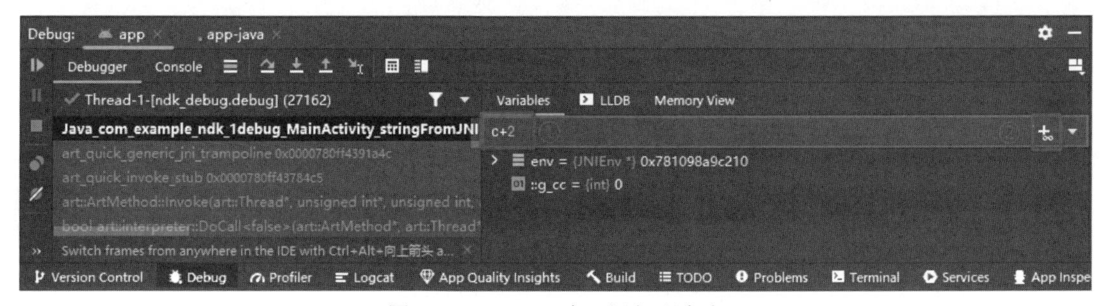

图 11-21　Debug 窗口添加观察点

11.2　问题跟踪

除了常见的代码逻辑错误外，应用程序崩溃还可能与一系列规范和实现细节有关。本节将讨论其中的一些常见问题，并重点关注 Native 函数返回值导致的崩溃。

11.2.1　Native 函数返回值崩溃

返回值导致的崩溃对初学者是一个很难发现的问题。通常，初学者会将关注点主要放在代码逻辑上，从而容易忽略返回值。

1. SIGILL

SIGILL 是 Linux 系统中的一个错误信号，通常表示非法指令（Illegal Instruction）。

1）定义与用途

（1）SIGILL 是 Linux 系统中用于通知进程发生特定事件的信号之一。

（2）当进程尝试执行一个非法指令或不被支持的指令时，操作系统会将 SIGILL 信号发送给该进程。

2）产生原因

（1）CPU 架构不匹配。

（2）.so 文件或代码段被破坏。

（3）程序主动崩溃，如使用_builtintrap()等函数故意触发非法指令。

（4）程序引用了不存在或不被支持的指令。在执行时访问了不允许访问的内存区域。

3）错误处理

当程序收到 SIGILL 信号时，操作系统会终止进程的执行，并向其发送错误信息。

2. 返回值缺失示例

因返回值缺失而引发的崩溃，示例代码如下：

```
extern "C"
JNIEXPORT jint JNICALL
Java_com_example_ndk_1debug_MainActivity_return_1test(JNIEnv *env, jobject
thiz) {
    int cc;
    cc ++;
}
```

单击“运行”按钮，程序崩溃，堆栈信息如图 11-22 所示。

```
A  Fatal signal 4 (SIGILL), code 2 (ILL_ILLOPN), fault addr 0x780f86131751 in tid 28481 (ndk_debug.debug), pid 28481 (ndk_debug.debug)
A  Cmdline: com.example.ndk_debug.debug
A  pid: 28481, tid: 28481, name: ndk_debug.debug  >>> com.example.ndk_debug.debug <<<
A        #00 pc 0000000000020751  /data/app/~~j7c#tn4pV7unB4FKNsR4rw==/com.example.ndk_debug.debug-qarqp8nym-LI-E4csRZEsg==/base.apk!libndk_debug.so
A        #07 pc 00000000000002a0  <anonymous:7812aa19b000> (com.example.ndk_debug.MainActivity.onCreate+0)
```

图 11-22　返回值缺失崩溃堆栈

根据 IDE 提供的崩溃堆栈信息，结合 SIGILL 定义和用途及产生原因很难和返回值问题联系起来，这给问题排查带来了很大的麻烦，且这类问题使用调试的方式也很难看出，所以在开发时需要注意返回值缺失问题。

11.2.2　动态库 Debug 版本和 Release 版本的区别

在软件开发过程中，动态库是不可或缺的一部分。它们允许开发者将代码分解为多个独立的模块，这些模块可以在运行时被应用程序动态地加载，然而，在构建动态库时，开发者通常会面临选择 Debug 版本还是 Release 版本的问题。这两种版本不仅在编译选项和优化级别上有所不同，而且在调试过程中也表现出显著差异。以下将详细探讨这两种版本之间的主要区别，特别是在调试方面的差异。

1．编译选项和调试信息

1）Debug 版本

Debug 版本在编译时会生成包含源代码调试信息的符号表（Symbol Table）。这些调试信息对于开发人员来讲是至关重要的，因为它们允许开发人员在调试过程中查看变量的值、跟踪函数调用栈等。

由于包含了调试信息，所以 Debug 版本的动态库文件通常会比 Release 版本大很多，然而，这种大小的增加是值得的，因为它为开发人员提供了在开发阶段进行详细调试和测试的能力。

2）Release 版本

与 Debug 版本不同，Release 版本在编译时通常不会生成符号表，以减小程序文件的大小并提高执行效率。这意味着在 Release 版本中，开发人员将无法使用调试工具来查看源代码级别的调试信息。

Release 版本会开启更多的优化选项，如指令重排、循环展开、函数内联等，以进一步提高程序的运行速度和性能。这些优化可能会导致代码在 Release 版本中的行为与 Debug 版本中的行为有所不同，因此开发人员需要确保在 Release 版本中进行充分测试。

2．调试过程

1）Debug 版本

在 Debug 版本中，开发人员可以使用调试工具（如 LLDB、ndk-gdb 等）来加载动态库，并设置断点、单步执行代码、查看变量值等。这些功能使开发人员能够深入地了解代码的执行过程，从而更容易地找到和修复问题。

由于 Debug 版本包含了详细的调试信息，因此开发人员可以更容易地跟踪到问题的根源。此外，由于 Debug 版本通常没有进行优化，因此代码的执行过程与源代码更加接近，这也使调试过程更加直观和易于理解。

2）Release 版本

在 Release 版本中，由于不包含调试信息，所以开发人员将无法使用调试工具来查看源代码级别的调试信息。这意味着开发人员需要依靠日志输出、性能分析工具等手段来查找和定位问题。

由于 Release 版本经过了优化，所以代码的执行过程可能与源代码有所不同。这可能会导致某些在 Debug 版本中容易发现的问题在 Release 版本中变得难以察觉，因此，开发人员需要确保在 Release 版本中进行充分测试，并仔细比较 Debug 版本和 Release 版本的执行结果。

11.2.3　如何快速定位 Native 崩溃

应用程序的崩溃并不总是在开发时暴露，甚至在经过严苛测试后也无法全部覆盖特殊场景。特别是针对生产环境下的应用程序崩溃，由于安全、性能等原因，堆栈信息并不能打印出崩溃的详细信息，所以，如何根据仅有的堆栈信息定位到崩溃位置在实际工作中显得尤为重要。

1. addr2line

addr2line是一个在GNU binutils软件包中提供的命令行工具。它利用程序的符号信息（通常包含在可执行文件或共享库文件中），将内存地址映射回源代码中的行号。这种映射能力使开发者能够在没有调试器的情况下，通过分析程序崩溃时产生的堆栈跟踪信息，快速定位到源代码中引发问题的具体位置。

谷歌提供了能够定位NDK动态库版本llvm-addr2line，llvm-addr2line位于NDK根目录下的toolchains/llvm/prebuilt/linux-x86_64/bin中。

2. addr2line的工作原理

addr2line的工作原理主要依赖于程序的符号表。符号表是一个数据结构，用于记录程序中每个函数、变量等符号的名称、地址等信息。当程序崩溃时，操作系统会捕获崩溃时的堆栈跟踪信息，包括每个函数调用点的地址。addr2line工具利用这些地址信息，在符号表中查找对应的符号名称和源代码行号，从而完成地址到源代码的映射。

3. addr2line的使用方法

addr2line工具的使用相对简单，主要通过命令行参数来指定要分析的地址信息和符号表文件。一般来讲，开发者需要将程序崩溃时产生的堆栈跟踪信息（包含地址信息）作为输入，同时指定包含符号信息的可执行文件或共享库文件。addr2line会解析这些输入信息，并输出每个地址对应的源代码行号。

命令如下：

```
llvm-addr2line -f -e <可执行文件路径><地址>

-f：显示完整的函数名和文件名。
-e：指定可执行文件/库文件的路径。
<地址>：要转换的地址，通常是崩溃堆栈中的地址。
```

在使用addr2line时，主要需要注意以下几点。

- 确保符号信息可用：为了使用addr2line进行地址到源代码的映射，需要确保程序的可执行文件或共享库文件中包含了符号信息。这通常需要在编译程序时开启调试选项（如-g）来生成符号表。
- 处理地址偏移：在某些情况下，程序崩溃时产生的地址信息可能是一个相对偏移量，而不是绝对的内存地址。在这种情况下，需要使用额外的信息（如加载基地址）来计算实际的内存地址。
- 多线程和共享库的支持：对于多线程程序和使用了共享库的程序，addr2line可能需要额外的参数来正确地处理线程堆栈和共享库中的符号信息。

4. addr2line的应用实例

首先，准备一个Native方法，代码如下：

```
extern "C"
```

```
    JNIEXPORT jint JNICALL
    Java_com_example_ndk_1debug_MainActivity_return_1test(JNIEnv *env, jobject
thiz) {
        int *count = NULL;    //空指针
        *count = 1;           //赋值
        return 0;
    }
```

在应用程序启动时调用该方法，单击“运行”按钮将在 Logcat 中看到崩溃堆栈信息。堆栈信息大致可分为 3 部分，分别是头信息、寄存器信息及 backtrace 信息。

1）堆栈头信息分析

堆栈头信息如图 11-23 所示。

```
--------------------------- PROCESS STARTED (9034) for package com.example.ndk_debug.debug ---------------------------
performing dump of process 9008 (target tid = 9008)
*** *** *** *** *** *** *** *** *** *** *** *** *** *** *** ***
Build fingerprint: 'google/sdk_gphone64_x86_64/emu64xa:14/UE1A.230829.036/11036701:user/release-keys'
Revision: '0'
ABI: 'x86_64'
Timestamp: 2024-05-27 15:02:21.194191900+0000
Process uptime: 1s
Cmdline: com.example.ndk_debug.debug
pid: 9008, tid: 9008, name: ndk_debug.debug  >>> com.example.ndk_debug.debug <<<
uid: 10195
signal 11 (SIGSEGV), code 1 (SEGV_MAPERR), fault addr 0x0000000000000000
Cause: null pointer dereference
```

图 11-23　堆栈头信息

从头信息中大致可以得到以下有用信息。

- ABI：库的指令集相关信息。
- Timestamp：崩溃事件戳，用于标识崩溃时间。
- Cmdline：进程信息，这里是包名。
- pid：进程 ID，线程 ID，崩溃的线程名称。
- uid：用户 ID。
- Cause：崩溃原因是空指针异常。

2）堆栈寄存器信息分析

堆栈寄存器信息如图 11-24 所示。

```
A    x0  0000000000000000  x1  0000007808803500  x2  000000000000000c  x3  ffffffffffffffff
A    x4  000000780880350c  x5  000000000000000c  x6  6f77206f6c6c6568  x7  00646c726f77206f
A    x8  000000000000000c  x9  49b9830202e9f3ea  x10 0000000000430000  x11 000000000000000c
A    x12 0000ffffffff3ff   x13 00000000335ecfc0  x14 0000000000000000  x15 ffffffffffffffff
A    x16 0000007b2d81ef08  x17 0000007b2d7ab860  x18 0000007b31b4e000  x19 b4000079eea23010
A    x20 0000000000000000  x21 b4000079eea23010  x22 0000007b30d4e000  x23 b4000079eea230c0
A    x24 00000078089a80b8  x25 b40000795ea299b0  x26 0000007b30d4e000  x27 000000000000000b
A    x28 0000007fe571a5c0  x29 0000007fe571a5a0
A    lr  00000078088036cc  sp  0000007fe571a560  pc  0000007b2d7ab750  pst 0000000020001000
```

图 11-24　堆栈寄存器信息

ARM 架构中各个寄存器的作用如下。

- x0～x7：这 8 个寄存器通常用于函数调用时传递参数和接收返回值。在函数调用过程中，参数从 x0 到 x7 依次传递，返回值通常存储在 x0 中。
- x8：常用作间接函数调用指针（Indirect Result Location Register）。在某些情况下，它也可用于存储返回值。
- x9～x15：这些寄存器通常作为通用寄存器使用，可以存储临时数据或中间计算结果。
- x16, x17：这两个寄存器通常用作平台调用寄存器（Platform Registers），即用于保存平台调用中间结果或临时数据。在函数的调用过程中，也可用于存储跳转地址。
- x18：这个寄存器在不同平台上有不同的用途。在某些平台上，它是保留寄存器（Platform Register），在其他平台上则是全局指针寄存器（Global Pointer）。
- x19~x28：这些寄存器是“被调用者保存”寄存器（Callee-Saved Registers），即在函数调用期间，调用的函数必须保存并恢复这些寄存器的值。这些寄存器通常用来存储局部变量或保持函数间的状态。
- x29：通常作为帧指针（Frame Pointer），指向当前函数调用的堆栈帧的基地址，帮助管理局部变量和函数参数。
- x30：链接寄存器（Link Register, LR），存储函数调用返回地址。当调用一个函数时，返回地址会存储在 x30 寄存器中。
- sp：栈指针（Stack Pointer），指向当前堆栈的顶端，管理函数调用和局部变量的存储。在函数调用和返回时，sp 会发生变化。
- pc：程序计数器（Program Counter），保存下一条将被执行的指令的地址。pc 寄存器的值在程序的执行过程中不断递增，指向下一条机器指令。

从堆栈寄存器信息中大致可以得到以下有用信息。

- x0：值为 0，表明可能是一个空指针解引用，这可能导致空指针解引用错误。
- x2：值为 000000000000000c，换算成十进制为 12，这可能是某个数据的值或偏移量。
- x3：值为 ffffffffffffffff，这是一个-1 的二进制表示，通常用于表示错误或无效状态。
- sp：值为 0000007fe571a560，表示当前栈顶的地址。
- pc：值为 0000007b2d7ab750，表示当前执行的指令。

通过学习这些寄存器的作用和用途，开发者可以更好地理解程序的执行状态，尤其是在调试和解决崩溃问题时，例如，在上述堆栈信息中，x0 的值为 0，这表明可能发生了空指针解引用，从而导致了 SIGSEGV（段错误）信号。

3）backtrace 分析

backtrace 信息如图 11-25 所示。

backtrace 显示了程序崩溃时的调用堆栈，每层调用堆栈都表示函数调用关系。这些信息对于分析崩溃原因和定位问题非常有帮助。最上一层（#00）代表最终崩溃的执行函数，但并非引起崩溃的真正元凶。

当前 backtrace 的分析路径如下。

图 11-25　backtrace 信息

- #00：地址为 000000000000064c，段错误发生在 return_1test 函数中，该函数是该示例工程中的函数。说明是由该函数导致的崩溃。
- #01：地址为 0000000000222244，函数调用为 art_quick_generic_jni_trampoline，这类函数属于系统函数调用。

再接着往下会发现都是 Android 平台函数的相关调用，基本可以断定是由 return_1test 函数引起的崩溃。

4）使用 addr2line 定位发生崩溃的行

首先，在 app/build/intermediates/merged_native_libs/debug/out/lib/arm64-v8a 目录下找到带符号表的动态库。判断库是否携带符号表可以使用 file 命令，命令如下：

```
    file libmyapplication.so
    libmyapplication.so: ELF 64-bit LSB shared object, ARM aarch64, version 1 (SYSV),
dynamically linked, BuildID[sha1]=4349294065e169afaab35cd2a061f54f9fb0e734, with
debug_info, not stripped
```

如果看到 not stripped 关键字，则表示该库携带了符号表。

其次，使用 llvm-addr2line 获取代码行号，命令如下：

```
    llvm-addr2line.exe -f -e libndk_debug.so  000000000000064c
    //异常函数
    Java_com_example_ndk_1debug_MainActivity_return_1test
    //异常文件和行号
    native-lib.cpp:9
```

至此，完成了 Native 库崩溃的快速定位工作。

11.3　本章小结

本章详尽地阐述了调试的基本知识，包括断点的分类及特性、断点的配置方法、单步调试的操作步骤及如何添加观察点。此外，还分析了初学者在学习 NDK 时常见的错误及其定位方法。最后，介绍了利用 addr2line 工具快速定位 Native 崩溃点的相关知识。希望读者通过本章的学习，能够熟练掌握这些调试技能，从而显著地提升解决问题的效率。

第 12 章 线上崩溃 Log 捕获

31min

在第 11 章 NDK 开发调试中，详细地讲解了如何使用 Android Studio 调试应用程序，以及如何通过 addr2line 工具快速定位 Native 崩溃。然而，这种方法主要适用于开发阶段。在实际项目中，应用的崩溃通常发生在用户设备上，开发者无法通过 adb 抓取崩溃堆栈，自然也无法使用 addr2line 工具定位崩溃，因此，处理线上崩溃的关键在于应用程序发生崩溃时，以便及时捕获崩溃堆栈日志，并在适当条件下将日志发送到后台进行分析。

本章并非讲解市场上收费平台的使用方法，而是基于已学习的知识，封装开源库 Breakpad，实现应用内捕获崩溃日志的动态库。通过解析日志文件，达到快速定位 Native 崩溃的目的。

12.1 使用谷歌开源库捕获崩溃信息

Breakpad 客户端库负责监控应用程序是否发生崩溃（异常）、在崩溃发生时通过生成转储来处理这些崩溃，并提供将转储上传到崩溃报告服务器的方法。这些任务分为“处理程序”（“异常处理程序”的缩写）库和“发送程序”库，前者链接到正在监控崩溃的应用程序，后者旨在链接到单独的外部程序。

由于客户端处理程序的主要任务之一是生成转储，因此了解转储文件将有助于理解处理程序。

12.1.1 转储文件

在处理器中，转储数据至关重要。转储通常包含以下信息。

（1）崩溃发生时的 CPU 上下文（寄存器数据），以及导致崩溃的线程的指示，其中包括通用寄存器，以及指令指针（程序计数器）等专用寄存器。

（2）有关崩溃进程中每个执行线程的信息，包括以下两点。

① 每个线程堆栈使用的内存区域。

② 每个线程的 CPU 上下文，由于各种原因，它与崩溃线程情况下的崩溃上下文不一样。

（3）已加载的代码段（或模块）列表，包括以下信息。

① 提供代码的文件的名称（.exe、.dll、.so 等）。

② 代码段对于进程可见的内存区域的边界。

③ 当代码模块的调试信息可用时，对此类信息进行引用。

通常，转储是崩溃的结果，但也可以设置其他触发器，以便在开发人员认为合适的任何时间生成转储。Breakpad 处理器可以处理 minidump 格式的转储，这些转储既可以由 Breakpad 客户端“处理程序”生成，也可以由生成此格式转储的其他程序生成。Windows 系统上的 DbgHelp.dll!MiniDumpWriteDump 函数会生成此格式的转储，并且是该平台上 Breakpad 处理程序实现的基础。

12.1.2 平台支持

Breakpad 处理器库能够处理在运行 x86、x86-64 和 PowerPC 处理器的 mac OS X 系统、运行 x86 或 x86-64 处理器的 Windows 和 Linux 系统及运行 ARM 或 x86 处理器的 Android 系统上生成的转储。处理器库本身是用标准 C++ 编写的，应该可以在大多数类 UNIX 环境中正常运行。它已在 Linux 和 mac OS X 上进行了测试。

12.1.3 工作过程

Breakpad 被集成到应用程序中，整个应用程序分为 3 部分：应用程序代码、Breakpad 客户端和调试信息。

调试信息被单独提取，存储为符号文件并保存到服务器。符号文件用于后续解析 minidump 文件，帮助开发者定位崩溃问题。

当应用程序崩溃时，Breakpad 客户端会生成一个 minidump 文件，记录崩溃时的状态。用户设备将生成的 minidump 文件发送到服务器，服务器解析符号文件和 minidump 文件，开发者可以准确地定位崩溃点并分析问题。工作过程如图 12-1 所示。

12.1.4 Breakpad 封装

封装思路：以源码的方式将 Breakpad 集成到一个 Android module 中，在其他工程使用时以打包好的模块提供。

1. Breakpad 源码下载

截至本书编写时，源码的最新 tag 版本为 2023.06.01。使用 git 的方式将源码克隆至本地，下载最新版本即可，命令如下：

```
git clone https://github.com/xiph/opus.git
```

2. Android 工程创建

创建一个最基本的 Android 工程，依次单击 File→New→New Module，然后选择 Android Native Library，如图 12-2 所示。

单击 Finish 按钮，完成模块的创建。

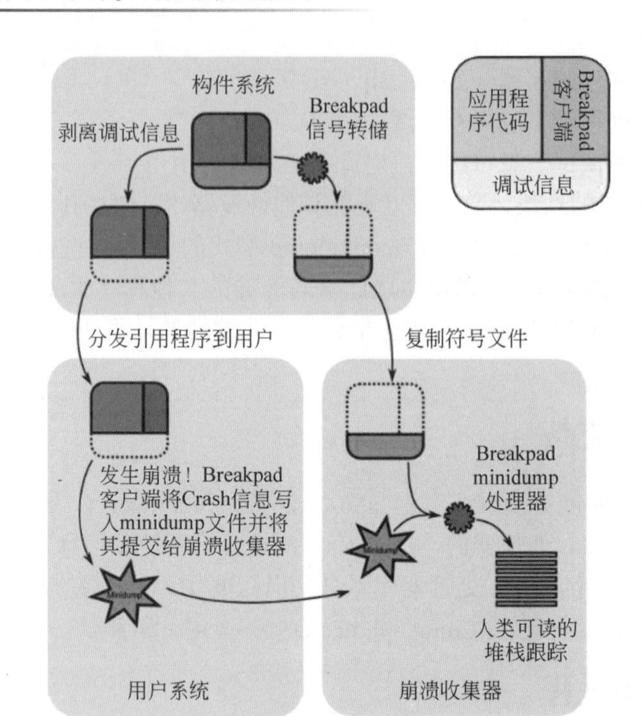

图 12-1 工作过程

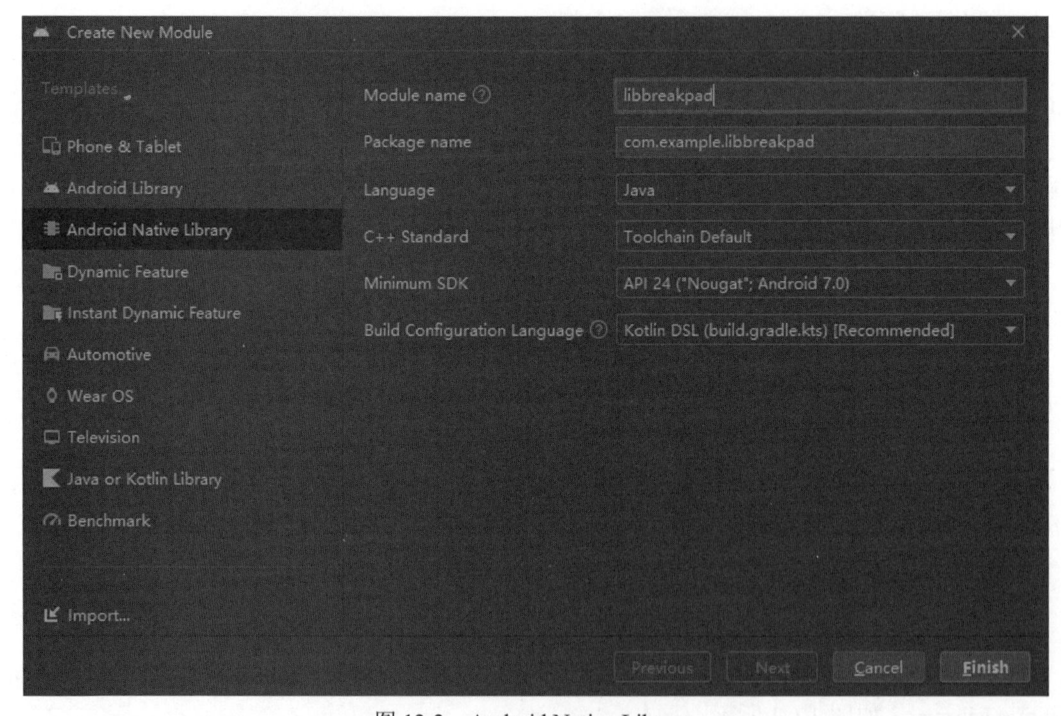

图 12-2 Android Native Library

3. 源码导入

创建完成后的 Android Native Library 结构如图 12-3 所示。

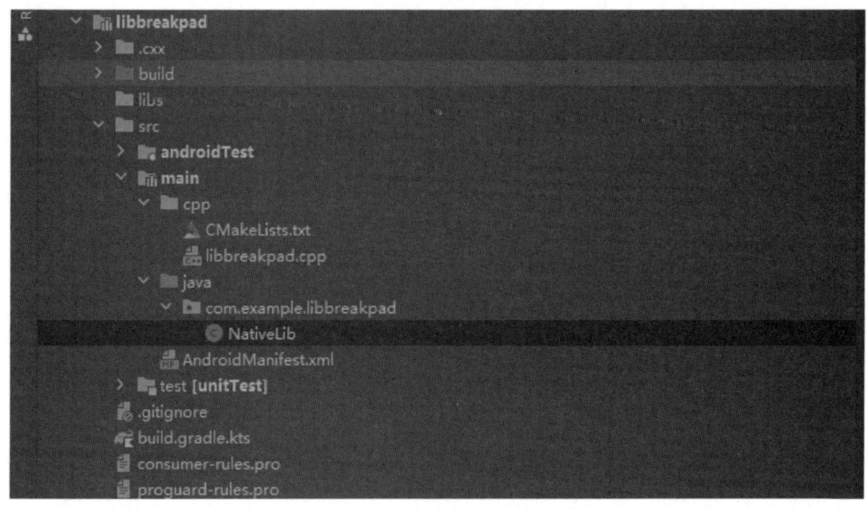

图 12-3 Module 代码结构

打开源码目录，进入 android/google_breakpad 目录。打开 Android.mk 文件，代码如下：

```
LOCAL_PATH := $(call my-dir)/../..
include $(CLEAR_VARS)
LOCAL_MODULE := breakpad_client
LOCAL_CPP_EXTENSION := .cc
LOCAL_ARM_MODE := arm
LOCAL_SRC_FILES := \
    src/client/linux/crash_generation/crash_generation_client.cc \
    src/client/linux/dump_writer_common/thread_info.cc \
    src/client/linux/dump_writer_common/ucontext_reader.cc \
    src/client/linux/handler/exception_handler.cc \
    src/client/linux/handler/minidump_descriptor.cc \
    src/client/linux/log/log.cc \
    src/client/linux/microdump_writer/microdump_writer.cc \
    src/client/linux/minidump_writer/linux_dumper.cc \
    src/client/linux/minidump_writer/linux_ptrace_dumper.cc \
    src/client/linux/minidump_writer/minidump_writer.cc \
    src/client/linux/minidump_writer/pe_file.cc \
    src/client/minidump_file_writer.cc \
    src/common/convert_UTF.cc \
    src/common/md5.cc \
    src/common/string_conversion.cc \
    src/common/linux/breakpad_getcontext.S \
    src/common/linux/elfutils.cc \
    src/common/linux/file_id.cc \
    src/common/linux/guid_creator.cc \
```

```
    src/common/linux/linux_libc_support.cc \
    src/common/linux/memory_mapped_file.cc \
    src/common/linux/safe_readlink.cc

LOCAL_C_INCLUDES        := $(LOCAL_PATH)/src/common/android/include \
                           $(LOCAL_PATH)/src \
                           $(LSS_PATH)

LOCAL_EXPORT_C_INCLUDES := $(LOCAL_C_INCLUDES)
LOCAL_EXPORT_LDLIBS     := -llog

include $(BUILD_STATIC_LIBRARY)
```

此文件为 Breakpad 提供给用户编译 Android 版本的脚本。在这里，参考该文件以确定编译 Android 动态库所需要的文件。将 Android.mk 文件中 LOCAL_SRC_FILES 所包含的源文件及 src 和 src/common/android/include 中的头文件导入 Module 中，如图 12-4 所示。

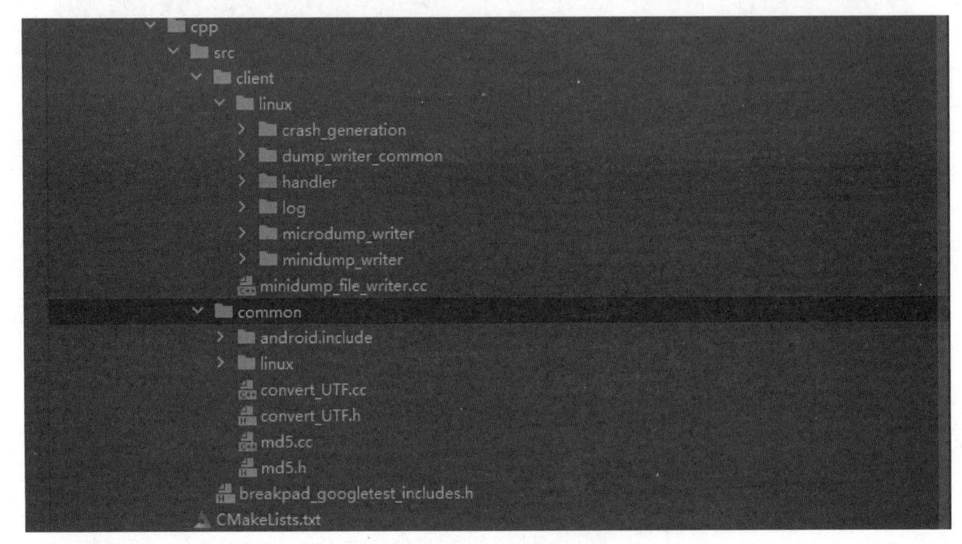

图 12-4　源文件目录结构

4. 模块编译配置

根据 12.1.4 节中的文件导入规则，在实际的编译过程中会因为头文件缺失而导致编译失败，因此，读者可根据实际编译提示的错误，导入缺少的头文件以完成编译。

1）库文件编译

首先，在基本的文件导入后，开始编写 CMake 脚本，CMake 脚本如下：

```
#最小 CMake 版本
cmake_minimum_required(VERSION 3.22.1)

#项目名称
project("libbreakpad")
```

```
#开启汇编支持
enable_language(ASM)
#使用 GLOB_RECURSE 递归地查找所有子目录中的符合规则的源文件
file(GLOB_RECURSE SOURCES "src/*.cpp" "src/*.c" "src/*.cc" "src/*.S" "*.cpp"
"*.c" "*.cc")

#包含头文件
include_directories(.)
include_directories(src)
include_directories(src/common/android/include)
include_directories(src/common/android/include)
include_directories(src/common/android/include)

#生成库
add_library(${CMAKE_PROJECT_NAME} SHARED
        #源文件列表
        ${SOURCES}
        )

#链接库
target_link_libraries(${CMAKE_PROJECT_NAME}
        #List libraries link to the target library
        android
        log)
```

注意： Breakpad中含有汇编（以.S结尾）文件。在CMake中汇编文件需要使用enable_language(ASM)开启汇编编译。

除此之外，还需要注意Breakpad对外部库的依赖在源码中是无法找到的。Breakpad依赖linux-syscall-support，可通过git命令下载并导入，命令如下：

```
//谷歌原仓库
git clone https://chromium.googlesource.com/linux-syscall-support
//other 仓库
git clone https://github.com/getsentry/linux-syscall-support.git
```

下载完成后将linux-syscall-support目录重命名为lss，并复制到src下的third_party目录中，如图12-5所示。

2）功能代码编写

本节主要演示如何使用Breakpad捕获和解析本地崩溃堆栈，更多功能可参阅官方文档。

首先，需要定义一个Breakpad初始化接口。由于Breakpad的初始化仅需一个存储路径作为参数，因此其初始化接口的定义如下：

```
/**
 * 初始化
```

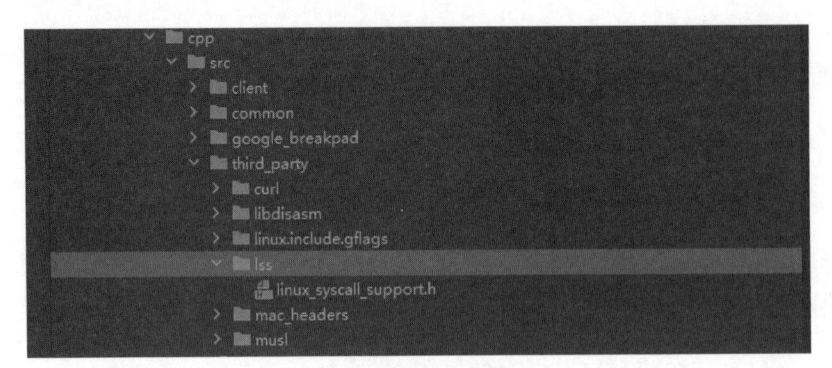

图 12-5 lss 依赖

```
    */
    public native void init(String file_path);
```

其次，需要对 init 接口进行实现。init 方法原生实现的代码如下：

```
    extern "C"
    JNIEXPORT void JNICALL
    Java_com_example_libbreakpad_BreakpadManager_init(JNIEnv *env, jobject thiz,
jstring path_) {
        //获取 Java 传递的存储路径
        const char *path = env->GetStringUTFChars(path_, nullptr);
        //保存到全局 string
        filePath = path;
        //构造描述符
        google_breakpad::MinidumpDescriptor descriptor(path);
        //加 static 是为了延长它的生命周期，否则方法执行完就没了，也就监测不到了，也可以放
        //全局
        //创建 handler，并将描述符传递进去，包括一个异常回调
        static google_breakpad::ExceptionHandler eh(descriptor, nullptr, DumpCallback,
nullptr, true, -1);
        //释放字符串资源
        env->ReleaseStringUTFChars(path_, path);
    }
```

DumpCallback 为异常发生时的回调函数。当异常发生时，Breakpad 会将堆栈信息文件保存到 init 函数传递的 path 中。之后会回调 DumpCallback 函数告知开发者保存的文件信息。

DumpCallback 的实现，代码如下：

```
    bool
    DumpCallback(const google_breakpad::MinidumpDescriptor &descriptor, void
*context, bool succeeded) {
        //打印文件路径
        LOGE("Dump path: %s\n", descriptor.path());
        //获取时间
        time_t t = time(NULL);
```

```
        struct tm *stime = localtime(&t);
        char tmp[64];
        //按格式获取一个新的文件名
        sprintf(tmp, "%04d_%02d_%02d_%02d_%02d_%02d", 1900 + stime->tm_year,
1 + stime->tm_mon,
                stime->tm_mday, stime->tm_hour, stime->tm_min, stime->tm_sec);
        LOGE("NEW file path: %s\n", (filePath + "/native_" + tmp + ".dmp").c_str());
        //重命名文件
        rename(descriptor.path(), (filePath + "/native_" + tmp + ".dmp").c_str());
        //return false 是让我们自己的程序处理完之后交给系统处理
        return false;
    }
```

DumpCallback对Breakpad保存的文件进行了重命名，主要是为了方便识别。

5. 测试

1）库代码

完整的Java代码如下：

```
package com.example.libbreakpad;

public class BreakpadManager {
    static {
        System.loadLibrary("libbreakpad");
    }

    /**
     * 初始化
     */
    public native void init(String file_path);

    /**
     * native 崩溃测试
     */
    public native void test_native_crash();

    //静态内部类单例模式
    private static BreakpadManager INSTANCE = null;

    private BreakpadManager() {
    }

    public static BreakpadManager getInstance() {
        if (INSTANCE == null) {
            INSTANCE = new BreakpadManager();
        }
        return INSTANCE;
    }
```

```
    }
```

完整的native代码如下：

```
    #include <iostream>
    #include <jni.h>
    #include <string>
    #include <android/log.h>
    #include <stdio.h>
    #include <time.h>
    #include <ctime>
    #include "src/client/linux/handler/minidump_descriptor.h"
    #include "src/client/linux/handler/exception_handler.h"

    #define TAG "NativeCrash" //这个是自定义的LOG的标识
    #define LOGE(...) __android_log_print(ANDROID_LOG_ERROR,TAG ,__VA_ARGS__)
    //定义LOGE类型

    using namespace std;

    //保存文件路径
    std::string filePath;

    /**
     * DumpCallback 回调函数
     */
    bool DumpCallback(const google_breakpad::MinidumpDescriptor &descriptor,
void *context, bool succeeded) {
        LOGE("Dump path: %s\n", descriptor.path());
        //重命名文件
        time_t t = time(NULL);
        struct tm *stime = localtime(&t);
        char tmp[64];
        sprintf(tmp, "%04d_%02d_%02d_%02d_%02d_%02d", 1900 + stime->tm_year, 1
+ stime->tm_mon,
                stime->tm_mday, stime->tm_hour, stime->tm_min, stime->tm_sec);
        LOGE("NEW file path: %s\n", (filePath + "/native_" + tmp + ".dmp").c_str());
        rename(descriptor.path(), (filePath + "/native_" + tmp + ".dmp").c_str());
        //return false 是让我们自己的程序处理完之后交给系统处理
        return false;
    }

    /**
     * Breakpad init
     */
    extern "C"
```

```
    JNIEXPORT void JNICALL
    Java_com_example_libbreakpad_BreakpadManager_init(JNIEnv *env, jobject thiz,
jstring path_) {
        const char *path = env->GetStringUTFChars(path_, nullptr);
        LOGE("path: %s\n", path);
        filePath = path;
        google_breakpad::MinidumpDescriptor descriptor(path);
        //加 static 是为了延长它的生命周期，不然方法执行完就没了，也就监测不到了，也可以放
        //全局
        static google_breakpad::ExceptionHandler eh(descriptor, nullptr, DumpCallback,
nullptr, true, -1);
        env->ReleaseStringUTFChars(path_, path);
    }


    /**
     * 测试 native crash
     */
    extern "C"
    JNIEXPORT void JNICALL
    Java_com_example_libbreakpad_BreakpadManager_test_1native_1crash(JNIEnv
*env, jobject thiz) {
        LOGE("start native crash");
        int *a = NULL;
        *a = 1;
        LOGE("end native crash");
    }
```

2）主工程配置

由于是以 Moudle 的方式创建的，因此需要在主工程 build.gradle.kts 中导入该模块的依赖，代码如下：

```
dependencies {
    //…
    implementation(project(mapOf("path" to ":libbreakpad")))
    //…
}
```

3）库 API 的使用

在主工程中调用库初始化方法及测试方法，代码如下：

```
public class MainActivity extends AppCompatActivity {
    private ActivityMainBinding binding;

    @Override
    protected void onCreate(Bundle savedInstanceState) {
        super.onCreate(savedInstanceState);
```

```
        binding = ActivityMainBinding.inflate(getLayoutInflater());
        setContentView(binding.getRoot());
        //初始化，getCacheDir().getPath()为应用内缓存目录
        BreakpadManager.getInstance().init(getCacheDir().getPath());
        //native 崩溃测试
        BreakpadManager.getInstance().test_native_crash();
    }
}
```

4）获取堆栈文件

打开 Android Studio 中的 Device Explorer 窗口，根据打印的路径信息找到相关路径。例如本例中的/data/user/0/com.example.breakpad/cache/ native_2023_12_29_22_49_27.dmp。使用鼠标右键将文件保存到相应的位置，以便后续进行解析。

5）堆栈信息解析

解析 dmp 文件需要使用 minidump_stackwalk 工具，该工具能够将 Breakpad 保存的堆栈信息转换为文本文件，然而，最新版本的 Android Studio 已经不再提供 minidump_stackwalk 工具。读者可以选择下载旧版本的 Android Studio，或者在 Linux 环境下自行编译。以 Linux 环境为例，编译步骤如下：

（1）下载 Breakpad 源代码及其依赖项（具体步骤可参考 12.1.4 节中的模块编译配置）。

（2）将 linux-syscall-support 目录重命名为 lss，并将其复制到 src 目录下的 hird_party 子目录中。

编译命令如下：

```
#编译依赖 zlib.h
sudo apt-get install zlib1g-dev
make distclean
./configure
make
sudo make install
```

通过以上步骤，即可在 Linux 环境中成功编译 minidump_stackwalk 工具。

使用 minidump_stackwalk 命令将 dmp 文件解析为文本文件，命令如下：

```
minidump_stackwalk native_2023_12_29_22_49_27.dmp  > crash.txt
```

打开 crash.txt 文件即可看到被解析后的堆栈信息，如图 12-6 所示。

得到堆栈信息后便可使用 addr2line 工具定位崩溃点（参考第 11 章中的 addr2line 的使用）。

6）addr2line 定位崩溃

找到带有符号表的动态库，以及崩溃地址对崩溃点进行定位。以本章案例为例，命令如下：

```
llvm-addr2line -f -e liblibbreakpad.so 0x4b750
Java_com_example_libbreakpad_BreakpadManager_test_1native_1crash
libbreakpad.cpp:60
```

查看 libbreakpad.cpp 的第 60 行，可以看到崩溃是由于空指针赋值导致的，如图 12-7 所示。

```
 1 Operating system: Android
 2                   0.0.0 Linux 4.19.232 #16 SMP PREEMPT Fri Dec 29 21:57:12 CST 2023 aarch64
 3 CPU: arm64
 4      4 CPUs
 5
 6 GPU: UNKNOWN
 7
 8 Crash reason:  SIGSEGV /SEGV_MAPERR
 9 Crash address: 0x0
10 Process uptime: not available
11
12 Thread 0 (crashed)
13  0  base.apk + 0x4b750
14      x0 = 0x0000000000000006    x1 = 0x0000006d022b18bd
15      x2 = 0x0000000000000005    x3 = 0x0000000000000003
16      x4 = 0x0000007fcf58e210    x5 = 0x00000000658edc77
17      x6 = 0x0000000029aaaaf1    x7 = 0x0000007033be2000
18      x8 = 0x0000000000000001    x9 = 0x0000000000000000
19     x10 = 0x0000000000000002   x11 = 0xfffffffffffffffd
20     x12 = 0x0000007fcf58e330   x13 = 0x0000000000000013
21     x14 = 0x0000007fcf58f678   x15 = 0xffffffffffffffff
22     x16 = 0x0000007018eb0740   x17 = 0x0000007014f33794
23     x18 = 0x0000007033bba000   x19 = 0xb400006eec674be0
24     x20 = 0x0000000000000000   x21 = 0xb400006eec674be0
25     x22 = 0x0000007032903000   x23 = 0xb400006eec674c90
26     x24 = 0x0000006d55c5a0b0   x25 = 0xb400006e5c679eb0
27     x26 = 0x0000007032903000   x27 = 0x0000000000000015
28     x28 = 0x0000007fcf58fb20    fp = 0x0000007fcf58fb00
29      lr = 0x0000006d022cd73c    sp = 0x0000007fcf58fad0
30      pc = 0x0000006d022cd750
31     Found by: given as instruction pointer in context
```

图 12-6　堆栈信息

```
52  /**
53   * 测试native crash
54   */
55  extern "C"
56  JNIEXPORT void JNICALL
57  BreakpadManager.test_native_crash(JNIEnv *env, jobject BreakpadManager thiz) {
58      LOGE("start native crash");
59      int *a = NULL;
60      *a = 1;
61      LOGE("end native crash");
62  }
```

图 12-7　崩溃点

12.2　线上崩溃信息捕获的注意事项

12.1 节讲解了如何利用谷歌开源库 Breakpad 在应用内捕获 Native 崩溃堆栈信息。对于商用平台，通常在应用下次启动时将崩溃信息通过网络上传至服务器。服务器利用类

minidump_stackwalk 的工具解析 dmp 文件，并使用 addr2line 工具定位崩溃点，然后将定位的结果展示到 Web 上供开发者查看。

1. 保留带符号表的动态库

生产环境下，为了性能、安全等方面的考虑，应用内的动态库通常不会携带符号表，因此，保留带符号表的库或单独保存符号表就显得尤为重要了。

2. 版本管理

在实际开发中，版本由 Bug 或需求推动。每产生一个版本可能会有不同程度的更新。为了 Bug 定位的准确性，通常会保留对应版本符号表或带有符号表的库。

第 13 章 NDK 开发推荐做法

在 Android 开发中，使用 NDK 能够提升应用的性能和实现更多底层功能，然而，NDK 开发涉及 Java 和 C/C++代码的交互，需要特别注意一些最佳实践，以确保代码的高效性和可维护性。本章将详细介绍 NDK 开发中的推荐做法，包括数据传递、JNI 线程使用注意事项、JNI 接口开发建议及动态库瘦身等方面。

13.1 数据传递

在 NDK 开发中，数据传递是一个关键环节，它会直接影响应用的性能和资源管理。以下是一些在数据传递方面的最佳实践。

13.1.1 减少跨层传递次数

减少 Java 层与 Native 层之间的数据传递次数可以显著地提升性能。频繁地进行数据传递不仅会增加 CPU 的负担，还会导致不必要的内存开销。为了减少传递次数，建议做到以下两点。

（1）将多次数据传递合并为一次，如果需要多次传递小数据，则可以将这些数据打包在一起，一次性地进行传递。

（2）缓存结果，如果某些数据在多次调用中不会变化，则可以缓存这些数据，而不是每次都从 Java 层传递到 Native 层。

13.1.2 减少数据转换

数据转换会带来性能损耗，尤其是在大量数据传递时更为明显。为了减小数据转换的开销，建议做到以下两点。

（1）使用直接字节缓冲区（Direct ByteBuffer），这种缓冲区允许 Java 和 Native 代码共享内存，从而减小数据复制的开销。

（2）避免复杂的数据结构转换，在设计数据结构时，尽量选择简单且在 Java 和 C/C++中都易于处理的数据类型。

13.1.3 设计高效接口

设计高效的接口可以有效地减少数据传递的开销。在接口设计时，应尽量简化参数列表，避免传递复杂的数据结构。可以将多个参数合并成一个结构体传递，从而减少函数调用的次数和数据传递的复杂性。

13.1.4 综合考虑性能和资源管理

在进行数据传递时，需要综合考虑性能和资源管理，例如，在进行大量数据处理时，应合理分配内存，避免内存泄漏和资源浪费。同时，要注意数据的生命周期管理，确保在适当的时机释放不再使用的资源。

13.1.5 尽量避免跨层异步通信

跨层异步通信虽然可以提高应用的响应性，但也会带来复杂的线程管理问题和潜在的资源竞争问题。因此，建议在设计应用时，尽量避免跨层异步通信，或者使用高效的线程管理机制来确保数据的一致性和资源的有效利用。

13.2 JNI 线程使用时的注意事项

在 JNI 开发中，线程的管理和使用需要特别注意。JNI 接口在多线程环境下可能会出现竞争条件、死锁等问题，因此，开发者应遵循以下原则：

（1）确保线程安全，在多线程访问共享资源时，应使用适当的同步机制，确保线程安全。

（2）避免频繁地进行线程切换，频繁地进行线程切换会带来性能损耗，应尽量避免不必要的线程创建和销毁。

（3）JNIEnv 指针不能跨线程使用，每个线程都应获取自己的 JNIEnv 指针。

（4）谨慎创建全局引用，以及时释放不用的全局引用，避免内存泄漏。

13.3 JNI 接口开发建议

在开发 JNI 接口时，需要遵循一些最佳实践，以确保接口的高效性和可维护性：

（1）避免长时间运行的 Native 方法，长时间运行的 Native 方法会阻塞 Java 线程，影响应用的响应性。应尽量将耗时操作放在子线程中执行。

（2）使用缓存的字段和方法 ID，在 JNI 中频繁调用字段和方法会带来性能开销，建议将这些 ID 缓存起来，避免重复查找。

（3）处理好异常，在 JNI 方法中捕获并处理所有异常，确保不会因未处理的异常而导致应用崩溃。

13.4 动态库瘦身

动态库的大小会直接影响应用的启动时间和内存使用。以下是一些有效的动态库瘦身方法：

（1）移除未使用的代码和符号，通过链接器选项，移除未使用的代码和符号，减小动态库的体积。可以使用 strip 命令移除未使用的符号。

（2）使用优化编译选项，在编译时使用优化选项，如-O2 或-O3，以提高代码的运行效率和减小体积。

（3）选择合适的 ABI，针对目标设备选择合适的 ABI，避免在应用中包含不必要的 ABI 文件。

（4）使用静态链接库，对于一些小型库，可以选择静态链接，从而避免动态库的体积增加。

通过遵循上述 NDK 开发的推荐做法，可以有效地提升应用的性能，优化资源管理，并提高代码的可维护性和稳定性。

参 考 文 献

辛纳. Android C++高级编程——使用 NDK[M]. 于红，佘建伟，冯艳红，译. 北京：清华大学出版社，2014.

图 书 推 荐

书　　名	作　　者
仓颉语言实战（微课视频版）	张磊
仓颉语言核心编程——入门、进阶与实战	徐礼文
仓颉语言程序设计	董昱
仓颉程序设计语言	刘安战
仓颉语言元编程	张磊
仓颉语言极速入门——UI 全场景实战	张云波
HarmonyOS 移动应用开发（ArkTS 版）	刘安战、余雨萍、陈争艳 等
公有云安全实践（AWS 版・微课视频版）	陈涛、陈庭暄
虚拟化 KVM 极速入门	陈涛
虚拟化 KVM 进阶实践	陈涛
移动 GIS 开发与应用——基于 ArcGIS Maps SDK for Kotlin	董昱
Vue+Spring Boot 前后端分离开发实战（第 2 版・微课视频版）	贾志杰
前端工程化——体系架构与基础建设（微课视频版）	李恒谦
TypeScript 框架开发实践（微课视频版）	曾振中
精讲 MySQL 复杂查询	张方兴
Kubernetes API Server 源码分析与扩展开发（微课视频版）	张海龙
编译器之旅——打造自己的编程语言（微课视频版）	于东亮
全栈接口自动化测试实践	胡胜强、单镜石、李睿
Spring Boot+Vue.js+uni-app 全栈开发	夏运虎、姚晓峰
Selenium 3 自动化测试——从 Python 基础到框架封装实战（微课视频版）	栗任龙
Unity 编辑器开发与拓展	张寿昆
跟我一起学 uni-app——从零基础到项目上线（微课视频版）	陈斯佳
Python Streamlit 从入门到实战——快速构建机器学习和数据科学 Web 应用（微课视频版）	王鑫
Java 项目实战——深入理解大型互联网企业通用技术（基础篇）	廖志伟
Java 项目实战——深入理解大型互联网企业通用技术（进阶篇）	廖志伟
深度探索 Vue.js——原理剖析与实战应用	张云鹏
前端三剑客——HTML5+CSS3+JavaScript 从入门到实战	贾志杰
剑指大前端全栈工程师	贾志杰、史广、赵东彦
JavaScript 修炼之路	张云鹏、戚爱斌
Flink 原理深入与编程实战——Scala+Java（微课视频版）	辛立伟
Spark 原理深入与编程实战（微课视频版）	辛立伟、张帆、张会娟
PySpark 原理深入与编程实战（微课视频版）	辛立伟、辛雨桐
HarmonyOS 原子化服务卡片原理与实战	李洋
鸿蒙应用程序开发	董昱
HarmonyOS App 开发从 0 到 1	张诏添、李凯杰
Android Runtime 源码解析	史宁宁
恶意代码逆向分析基础详解	刘晓阳
网络攻防中的匿名链路设计与实现	杨昌家
深度探索 Go 语言——对象模型与 runtime 的原理、特性及应用	封幼林
深入理解 Go 语言	刘丹冰
Spring Boot 3.0 开发实战	李西明、陈立为

续表

书　　名	作　　者
全解深度学习——九大核心算法	于浩文
HuggingFace 自然语言处理详解——基于 BERT 中文模型的任务实战	李福林
动手学推荐系统——基于 PyTorch 的算法实现（微课视频版）	於方仁
深度学习——从零基础快速入门到项目实践	文青山
LangChain 与新时代生产力——AI 应用开发之路	陆梦阳、朱剑、孙罗庚、韩中俊
图像识别——深度学习模型理论与实战	于浩文
编程改变生活——用 PySide6/PyQt6 创建 GUI 程序（基础篇·微课视频版）	邢世通
编程改变生活——用 PySide6/PyQt6 创建 GUI 程序（进阶篇·微课视频版）	邢世通
编程改变生活——用 Python 提升你的能力（基础篇·微课视频版）	邢世通
编程改变生活——用 Python 提升你的能力（进阶篇·微课视频版）	邢世通
Python 量化交易实战——使用 vn.py 构建交易系统	欧阳鹏程
Python 从入门到全栈开发	钱超
Python 全栈开发——基础入门	夏正东
Python 全栈开发——高阶编程	夏正东
Python 全栈开发——数据分析	夏正东
Python 编程与科学计算（微课视频版）	李志远、黄化人、姚明菊 等
Python 数据分析实战——从 Excel 轻松入门 Pandas	曾贤志
Python 概率统计	李爽
Python 数据分析从 0 到 1	邓立文、俞心宇、牛瑶
Python 游戏编程项目开发实战	李志远
Java 多线程并发体系实战（微课视频版）	刘宁萌
从数据科学看懂数字化转型——数据如何改变世界	刘通
Dart 语言实战——基于 Flutter 框架的程序开发（第 2 版）	亢少军
Dart 语言实战——基于 Angular 框架的 Web 开发	刘仕文
FFmpeg 入门详解——音视频原理及应用	梅会东
FFmpeg 入门详解——SDK 二次开发与直播美颜原理及应用	梅会东
FFmpeg 入门详解——流媒体直播原理及应用	梅会东
FFmpeg 入门详解——命令行与音视频特效原理及应用	梅会东
FFmpeg 入门详解——音视频流媒体播放器原理及应用	梅会东
FFmpeg 入门详解——视频监控与 ONVIF+GB28181 原理及应用	梅会东
Python 玩转数学问题——轻松学习 NumPy、SciPy 和 Matplotlib	张骞
Pandas 通关实战	黄福星
深入浅出 Power Query M 语言	黄福星
深入浅出 DAX——Excel Power Pivot 和 Power BI 高效数据分析	黄福星
从 Excel 到 Python 数据分析：Pandas、xlwings、openpyxl、Matplotlib 的交互与应用	黄福星
云原生开发实践	高尚衡
云计算管理配置与实战	杨昌家
HarmonyOS 从入门到精通 40 例	戈帅
OpenHarmony 轻量系统从入门到精通 50 例	戈帅
AR Foundation 增强现实开发实战（ARKit 版）	汪祥春
AR Foundation 增强现实开发实战（ARCore 版）	汪祥春